北京工业大学国家级专业技术人员继续教育基地教材

制冷空调环保节能技术

马国远　孙　晗　主编

中国建筑工业出版社

图书在版编目（CIP）数据

制冷空调环保节能技术/马国远，孙晗主编．—北京：中国建筑工业出版社，2019.12（2024.2重印）
北京工业大学国家级专业技术人员继续教育基地教材
ISBN 978-7-112-23998-6

Ⅰ.①制…　Ⅱ.①马…②孙…　Ⅲ.①制冷装置-空气调节器-节能-继续教育-教材　Ⅳ.①TB657.2

中国版本图书馆 CIP 数据核字（2019）第 149255 号

本书是为制冷空调领域的技术人员撰写的介绍制冷空调领域新技术及进展的参考书。本书包括制冷空调技术的发展概述、制冷/热泵循环研究进展、制冷剂的替代进展、制冷压缩机及其技术进展、制冷空调自控技术、建筑热回收技术、热驱动的制冷技术、蒸发冷却技术、可再生能源在制冷空调中的应用、数据中心自然冷源利用技术及应用共十章。本书注重介绍技术进展，并兼顾基本概念与基本原理的论述，力求体系严密、结构清晰，突出系统性与实用性的有机结合。全书取材广泛，内容有所拓宽，着意培养工程技术人员的创新思维。

本书适用于制冷空调领域的工程师、技术人员、高校教师、研究生及本科生学习和参考。

责任编辑：张文胜
责任设计：李志立
责任校对：王　烨

北京工业大学国家级专业技术人员继续教育基地教材
制冷空调环保节能技术
马国远　孙　晗　主编

*

中国建筑工业出版社出版、发行（北京海淀三里河路 9 号）
各地新华书店、建筑书店经销
北京科地亚盟排版公司制版
建工社（河北）印刷有限公司印刷

*

开本：787×1092 毫米　1/16　印张：14¼　字数：353 千字
2019 年 10 月第一版　　2024 年 2 月第二次印刷
定价：**45.00** 元
ISBN 978-7-112-23998-6
（34299）

前　言

制冷空调技术，位列20世纪对人类社会生活影响最大的20项工程技术之第十位，已经成为支撑现代社会体系和经济发展的核心技术之一。食品的贮藏和高效分配离不开以制冷技术为基础的冷藏链，它不仅为现代社会提供充足、营养和健康的食品，也支撑了人口的持续稳定增长；空调技术可为人类提供舒适的起居空间，使人们摆脱严寒和酷暑的折磨，既有效地扩展了人们生活的地域范围，更催生了一个又一个现代化超级都市（群）；从食品、纺织、医药到电子、化工、能源等工业门类，其生产环境和生产工艺的保障，更离不开大量巨型的制冷空调装备；不管是太空探索还是深海下潜，所有科学实验活动都离不开环境模拟技术和生命保障系统，而制冷空调又是环境模拟和生命保障的最核心技术。可以毫不夸张地说，人类生活、生产和科学研究的方方面面已经离不开制冷空调技术，它对人类社会的文明进步产生了巨大的推动作用。

改革开放后，制冷空调行业得到飞速发展，已成为我国装备制造业的有生力量和国民经济的重要组成部分。进入21世纪后，我国已经先后成为全球制冷空调设备的最大生产国、消费国和出口国，2018年制冷空调产业年产值达7000亿元，出口交货值达到1200亿元，从业人员已经超过300万。然而，大量制冷空调产品的使用，既带来巨量的能源消费，也产生严重的环境问题。据有关机构测算，我国各类在用制冷空调设备耗电量约占全社会用电总量的20%以上，大中城市夏季空调用电负荷约占夏季高峰负荷的60%以上；我国制冷剂的消耗占全球的50%以上，是全球最大的制冷剂消耗国。制冷空调设备目前使用的制冷剂，主要为氢氟氯烃（HCFCs）和氢氟烃（HFCs），对大气臭氧层具有破坏作用或具有温室效应潜能或上述两个问题都有，属于《蒙特利尔议定书》及其基加利修正案限控的物质。为了有效落实制冷空调行业的节能减排目标，2019年6月13日，国家发展改革委等七部门印发的《绿色高效制冷行动方案》中提到，到2022年，家用空调、多联机等制冷产品的市场能效水平提升30%以上，绿色高效制冷产品市场占有率提高20%，实现节电约1000亿kWh/年。到2030年，大型公共建筑制冷能效提升30%，制冷总体能效水平提升25%以上，绿色高效制冷产品市场占有率提高40%以上，实现节电约4000亿kWh/年。为实现这一目标，制冷空调行业除了逐步淘汰非环保的制冷剂外，更需要采取“提质增效、节约开源”并举的用能方略，一方面有效地全面提升制冷空调设备的能效水平，另一方面要按需合理使用制冷空调，综合回收利用能量，扩大可再生能源的使用份额。

为了使广大处于生产和管理一线的技术人员能够准确地把控制冷空调行业的用能方略和环保政策，研制节能环保的制冷空调产品，高效合理地使用制冷空调设备和装置，本书较为系统地梳理和总结了近年来制冷空调领域节能环保技术的研究和开发进展，并结合制冷空调行业的生产实践，分类整理成本书，以便读者能全面了解和掌握这方面研发的前沿和资讯。本书由马国远教授组织北京工业大学制冷与低温工程系的部分教师编写。其中，第一章、第三章、第四章由马国远、丁若晨、崔增燕、戴晗、薛佳等编写，第二章、第九章由许树学编写，第五章、第七章由孙晗编写，第八章由刘忠宝编写，第六章、第十章由周峰编写。北京工业大学机电学院李富平老师为本书绘制了部分插图。全书由马国远教授、孙晗博士统稿。本书可供制冷空调领域的工程技术人员参考，也可以作为在校大学生和研究生相关课程的教学参考书，还可供相关领域的工程技术人员在研究和应用制冷空调领域环保节能技术时参考。

北京工业大学继续教育学院一直开展在职工程师的技术培训和继续教育工作，并建有国家级专业技术人员继续教育基地，其培训目标正好和笔者撰写此书的意图不谋而合。为此，北京工业大学国家级专业技术人员继续教育基地为本书的出版提供了一定的资助，并作为其制冷空调工程师继续教育指定的参考资料。谨此对北京工业大学继续教育学院表示衷心的感谢！

在本书编写过程中，参阅了大量制冷空调领域的新近文献，特别是北京工业大学的相关学位论文，同时得到了我国制冷空调行业和北京工业大学的部分领导、专家和同行，以及中国建筑工业出版社张文胜老师等的关心、指导和帮助，在此一并表示诚挚的感谢！由于编者水平有限，错误和不当之处在所难免，敬请本书的使用者和广大同行给予批评指正。

编者

2019 年 6 月

目　录

第一章 制冷空调技术的发展概述

第一节 概 述

采用人工方法，在有限空间内建造一个不同于大自然环境的局域环境的工程技术，即为制冷空调技术，也称人工环境技术。通常描述环境的参数有空气的温度、湿度、压力、成分、洁净度、气味，以及颗粒物和有害气体含量等。作为核心参数的温度，其调节方式有加热升温和冷却降温两种，除了自然界存在的热源和冷源可供使用外，人工制冷是唯一的降温方法，而与制冷孪生的热泵是一种高效清洁的加热升温方法。作为主要参数的湿度，其调节方式有加湿和除/降湿两种，加湿有干蒸汽、电极、超声波、湿膜和喷水等方式，其机理就是将水蒸气或者水汽化后升腾到空气中；除湿有冷冻降温、吸收、吸附等方式，其机理就是将空气中的水蒸气凝结为水或者捕集后排放到局域环境之外。压力的调节一般采用风机或真空泵来实现，通常用来模拟不同海拔高度的空气环境。气体成分种类的改变依据目的的不同而方法不同，如升高氮气或二氧化碳的含量有利于食品贮藏、抑制鼠虫滋生，而提高氧气的含量有利于健康和提高工作效率。洁净度是衡量空气中悬浮的固体微粒多少的指标，它对医疗效果、产品质量和实验结果均有较大的影响，因此，医院手术室、电子和制药车间，以及重要的科学实验场地均需要严格控制空气的洁净度。当然，环境空气中存在有害或污染物时，必须将其稀释或者剔除，例如，出现雾霾天气时需要除去室内空气或引入新风中 PM2.5 细微颗粒等。

制冷技术及其孪生的热泵技术，是建造人工环境最为复杂且昂贵的核心技术，对其研究开发持续时间长且投入多，已经形成稳定的独立产业，并成为设备制造业的重要分支。制冷技术，目前呈现以蒸气压缩式制冷系统为主，吸收、吸附、喷射、热电、热声及磁制冷等制冷技术共存的局面。蒸气压缩式制冷系统是由压缩机、蒸发器、冷凝器和节流元件等组成的封闭系统，压缩机为其核心部件，其他为附属设备或部件。蒸气压缩式制冷技术的发展，除了工质和热力循环外，基本上是围绕其部件的研究开发而展开的；而作为蒸气压缩式技术替代或补充的其他制冷技术，则随着科学技术的进步而呈现多样化和阶段性发展，例如，新材料技术往往会推动热电、磁等固体制冷技术的发展，新工质对的出现往往推动吸收或吸附等化学制冷技术的发展，新的物理现象或科学原理的发现或深入研究，往往会推动脉管、热声、激光等新型制冷方法的发展。

热是人类的第一需求，即基本需求，而冷是人类的第二需求，即改善需求，因此，人们对舒适生活的追求和品质改善的需求，一直是制冷技术发展的最强大推动力。早期的制冷技术是用来全年制冰的，这使炎炎夏日享用晶莹凉爽的冰品从皇宫高第走入寻常百姓家成为可能，其出现终止了存续几千年的采冰、贮冰这一古老行当。因此，冷吨即 1 天 24

小时能把水制成冰的吨数，成为最早衡量制冷机能力的单位，并一直沿用至今。后来，在其基础上发展出了冷藏技术，用于贮藏食品，冷藏库是其早期标志性的装备；随着食品消费量的急速增长和人们对食品营养和安全要求越来越高，20 世纪六七十年代西方率先提出了冷藏链的概念，即从产地到消费者餐桌上的各个环节中，食品始终在低温环境中流通和贮藏，由此发展出了冷藏链技术和装备。制冷最早用于车间降温除湿，并由此产生了工艺空调技术，即对生产环境空气参数进行调节，来改善产品的质量；随着人们对提高工作效能和改善起居舒适性的需求，对工艺空调进行改进和发展而产生了舒适性空调技术。舒适空调的快速发展，有效地改变了建筑密度和高度，使城市的人口承载量大幅度提升，在二者相互促进的作用下，催生了现代化的超大城市群，促进了人类文明的进程。因此，空调技术被评为 20 世纪最有影响的技术之一。

在食品冷藏链中，水果、蔬菜和蛋类等鲜活食品冷藏温度通常为 0～12℃，而肉类的加工冷藏温度通常为－10～－40℃，特殊品种可低至－60℃；而建筑物舒适空调的温度通常为 20～27℃。除了以上两大民生领域的应用外，随着人类社会发展和技术进步，制冷空调技术已经广泛应用于国民经济的各个部门以及人们生活的方方面面，尤其是在航空航天、国防、高新技术、科学研究和科学实验中，其早已发展成为通用工业技术。例如，对超导、超流等物理现象的科学探索需要温度接近 0K 的空间，气体液化与分离流程、超导技术应用需要 120K 以下的极低温环境，生命科学和低温医学领域需要－40℃以下的温度环境，航天、探月等工程项目需要模拟太空和月球的温度等。作为重要节能技术的热泵，可以充分利用大自然的低品位热能，回收和利用生产、生活与工艺流程中的余热，现已形成了较大规模的产业。热泵制取热量的温度通常在 40～120℃，特殊情况下可达 250℃。

第二节 发展带来的新需求

我国制冷行业历经改革开放的前 30 年和改革开放后的 40 年两个阶段。前一阶段主要通过自力更生，满足人民生活和工业企业、国防科技基本需要的初级阶段。后一阶段是高速发展阶段，我国制冷行业在这一阶段得到飞速发展，已经成为现代化社会发展、进步过程中不可或缺的重要领域，制冷产品多样，质量稳步提高，已经与建筑、食品、交通、信息、能源、医疗等行业和各种高科技领域密不可分，并具有产值体量大、国际化程度高、行业渗透力强、国际影响力显著等特征。目前我国已经成为世界最大的制冷空调设备制造国和消费国。

图 1-1 是 1987～2014 年我国制冷全行业工业总产值和同时期国内生产总值（GDP）的增长状况。在改革开放初期制冷行业工业总产值很小，几乎是从零起步，之后，随着改革开放的深入，制冷空调行业与我国经济一起驶入快车道，得以高速发展。在改革开放的前 20 年（1978～1997 年），制冷行业产值与 GDP 几乎是同步发展；而最近 20 年的发展速度明显高于 GDP 的增长。从 1999 年到 2012 年，我国 GDP 增长了近 6 倍，年增长率 14.8%，而制冷行业产值却增长了 8.3 倍，平均年增长率 17.7%。这表明，我国经济发展从解决“温饱”问题逐步发展到提高国家竞争力、提高科学技术水平和人民生活质量的阶

段。而我国现代化水平和人民生活质量的提高反过来对制冷技术和产品的各种需求也不断提高，由此又推动了制冷行业的快速发展。

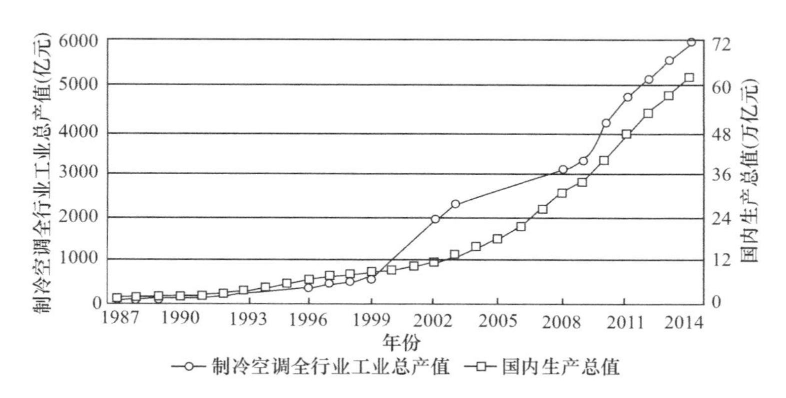

图 1-1 我国制冷空调全行业工业总产值与国内生产总值

如上所述，社会高速发展和经济快速增长，推动了制冷空调技术和产品的加速成长，而制冷空调技术创新与发展反过来又进一步促进社会进步和经济繁荣。在这种相互作用和促进发展的过程中，资源的过度消耗和环境的严重破坏，不仅严重削弱了发展的可持续性，也严重恶化了人类的生存条件。为了保护地球和改善人类生存的环境，国际社会签署了《关于消耗臭氧层物质的蒙特利尔议定书》《联合国气候变化框架公约的京都议定书》和《巴黎气候变化协定》。为了落实这项国际协议并承担国际义务，我国制定了制冷剂替代国家方案和一系列的节能减排政策，这些协议和政策成为我国近 30 年来制冷空调发展的最主要驱动力。我国经历 30 多年的高速发展之后，2014 年随着国际经济形势的变化，我国经济经发展步入了新常态。新常态下，为了推动发展模式和经济增长方式的转变，在国家层面推出了供给侧结构性改革、“互联网＋”行动计划、蓝天保卫战、“中国制造 2025”、“一带一路”、新型城镇化建设等一系列政策和战略，为制冷空调行业发展带来了新动能和新需求。2017 年党的十九大胜利召开，标志着中国特色社会主义进入新时代，贯彻创新、协调、绿色、开放、共享的新发展理念，建设生态文明，已经成为中华民族永续发展的千年大计；回应人民对美好生活的向往，将会成为我国今后长期的奋斗目标。这将会为我国制冷行业发展进一步注入新动能、带来新需求，并促使制冷空调技术朝着更加高效节能、绿色低碳和改善民生的方向快速发展。

第三节 技术进展

一、部件、机组和装置

在介绍制冷空调技术进展之前，先来理清制冷部件、机组和装置之间的关系。蒸气压缩式制冷系统的核心部件就是压缩机，其功用就是提升制冷剂气体的压力并输送、循环气体；压缩机工作时，只完成热力循环中的一个热力过程——压缩过程，它不会产生制冷或制热效果，其基本性能特性可用流量与压力比之间的变化曲线来描述。制冷系统，即由压缩机、蒸发器、冷凝器和节流元件等部件组成，制冷剂密封其中，且运行时能够实现制冷/制热功能的完整系统，它通常是以空调器（机）、制冷（热泵）机组等产品的形式出现，也称制冷机组。在制冷机组（系统）中，制冷剂完成了一个由压缩、蒸发、冷凝及节流等过程组成的完整热力循环，即制冷（热泵）循环，其基本性能特性可用制冷（热）量与蒸发、冷凝温度之间的变化曲线来描述。小型的机组可以直接给用户使用，大型的机组往往作为冷（热）源使用。为了满足贮存、舒适或工艺等各种需求，而将产生冷量的设备和消耗冷量的设备有机组合成为一个整体，称之为制冷装置，即制冷设备与耗冷设备的合体，如冷藏库、建筑物空调、低温试验箱和电冰箱等。冷（热）量的输配通常是由载冷（热）流体来完成的，如水、防冻液体、制冷剂液体和空气、氮气和二氧化碳气体等，合理设计流体管路，来保证冷量的供需平衡，是制冷装置设计的核心技术工作。其基本性能特性可用制冷（热）量与装置内、外环境温度或蒸发、冷凝侧载冷流体温度之间的变化曲线来描述。

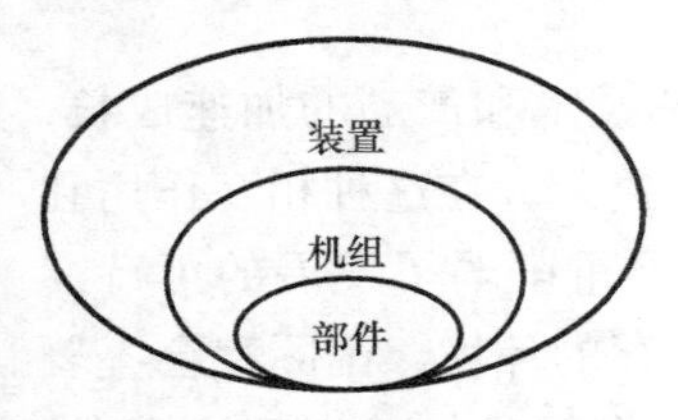

图 1-2　制冷部件、机组和装置之间的关系

图 1-2 示出了制冷部件、机组和装置之间的包含关系，即部件（压缩机）包含在机组中，是机组的核心部分；机组包含在装置中，是装置的主体部分。如果把制冷装置比作一个人，压缩机就是心脏，制冷剂就是血液，控制器就是大脑，机组就是躯体。从技术创新的重要性来看，它们的排序应该是部件、机组和装置，因为压缩机等部件的变革对制冷技术进步的推动是巨大的、深远的，例如滚动活塞压缩机和涡旋压缩机的应用，对制冷空调技术进步的推动作用已经持续了 30 多年；从技术应用的便利性来看，它们的排序正好相反，制冷装置的技术改进往往是集成创新，实用性较强，相对而言往往容易实现，例如，集中空调中的变风量末端技术、置换送风技术，以及冷藏库中的气调技术等，往往对制冷空调技术进步的推动作用是局部的，影响面相对较小，但仍然很重要。

压缩机属于精密制造领域，产品研发、设计与制造工艺往往需要通盘考虑、同步进行，后者有时显得更重要。其技术人员把压缩机作为产品看待，重点关注气路、油路与零部件结构优化等，使整机同时具备优良的热力性能和动力性能；气路优化可以提高效率，油路合理可以改善可靠性，受力平衡可以减小振动与噪声，力矩分析可以适配电机驱动等；发生在间隙处的泄漏与摩擦，既是压缩机中一个相克相生的矛盾体，也是影响 COP 的核心因素，拿捏间隙的火候最能体现技术人员的智慧。制冷机组也属于机械制造领域，其产品研发与设计的核心是系统匹配，即部件的设计或选配和管路优化，以保证机组在各种工况和各种负荷下均能高效稳定地运行。这一工作看似简单，实则很复杂，因为机组装好后，除了几何尺寸是不变的，运行时所有的情况都是变化的，包括工况、负荷和磨损、污垢等。其技术人员把压缩机作为部件看待，并以其为核心为之配置系统，使其性能充分、全面地发挥出来。所以，部件特性曲线及其动态匹配、制冷剂管路的优配是其核心工作。另外，为机组设计控制系统及其控制器，也是非常重要的工作。集中空调和冷藏库是两个典型的制冷装置，往往属于工程设计和建设领域，其设计的核心是保证冷量的按需分配，同时使产冷和耗冷之间动态匹配，也即设备的合理选配和输配管路的优化，以保证装置的各设备在各种工况和各种负荷下均能高效稳定地运行。其技术人员把制冷机组等各个设备通过输配管路和载冷介质联系为一个有机整体，设备能力曲线与用户负荷曲线的动态匹配、水路和风路的优配，同时兼顾舒适、健康或食品质量及节能减排，以及扩大自然冷源和可再生能源的应用等，这些都是其核心的技术工作内容。

二、改革开放40年的主要技术发展

从技术变革推动力的角度看，推动制冷空调技术进步的方式无外乎两种：一种是主动方式，即由部件的技术进步来推动机组、装置发展的正向推动方式。如20世纪八九十年代，压缩机的旋转化，促进了空调产品的技术进步。另一种是被动方式，即先由用户提出对装置新的需求，反过来推动机组、部件的研发和技术进步。例如，在近二十年出台的节能减排政策的刺激下，带来了许多制冷空调装置的新需求，如，治理雾霾催生了寒冷地区清洁供暖技术、信息及通信行业的节能降费发展出数据机房自然冷却技术、新能源车的快速发展推出了电动车热泵技术等。

改革开放以来，尽管制冷空调技术发生了翻天覆地的巨大变化，仔细梳理制冷空调技术的发展，其主要的技术创新和发展可以简单地归纳为“4化+1化”，即压缩机的旋转化、制冷剂绿色化、驱动系统直流化和制冷机组热泵化，以及大数据、互联网时代下带来制冷空调产品智能化，或称信息化。由于智能化或信息化是整个时代的发展趋势，不是制冷空调领域特有的技术发展，因此，它不能简单地与制冷技术领域独有的前4化放到一起。压缩机旋转化、驱动系统直流化和产品的信息化，更多地是以主动方式来推动制冷空调技术的进步；而制冷剂绿色化和制冷机组热泵化，则主要是以被动方式来促进制冷空调技术的发展。下面对此做一简要介绍。

（一）压缩机的旋转化

以20世纪七八十年代的滚动活塞压缩机和八九十年代的涡旋压缩机产品化并在空调器（机）中批量应用为标志，当时的预期是滚动活塞压缩机在3HP（HP即马力，压缩机输入功率的单位，1HP约为0.75kW）以下机型替代全封闭活塞压缩机，用于房间空调器和单元式空调机中；涡旋压缩机在2～15HP范围内替代活塞压缩机，用于单元式空调机和轻商用空调机组中。到20世纪80年代末期，容量在2HP以下的房间空调几乎全部采用了滚动活塞压缩机；而容量在3～6HP以下的单元式空调机到20世纪90年代末期也几乎全部采用了涡旋压缩机。由于这两种压缩机均为回转式，也称旋转式，又都是替代了当时非常普遍的活塞压缩机，因此这一轮压缩机技术的进步往往称为压缩机的旋转化。之后，随着电机驱动和调速技术的快速发展，这二者逐步采用直流无刷电动机驱动，其中变频驱动的机型也大幅度增加，使其全工况下的能效水平得到显著提升。相对于变频调速的容量调节方式，这期间又出现了机械容量调节方式，典型的产品就是数码涡旋压缩机，它利用柔性压缩技术，可以让动涡旋盘部分脱离静涡旋盘加大轴向泄漏来调节压缩机输气量，通过动涡旋盘脱离的占空比可在10%～100%范围内实现连续容量调节。2000年以后，由于寒冷地区对热泵的需求力度加大，陆续又开发出适合寒冷气候区空气源热泵用的压缩机，带补气口的涡旋压缩机于2004年前后面市，之后又有带补气口的滚动活塞压缩机和单机二级的双缸滚动活塞压缩机面市。最近的研发主要集中在容量扩大方面，涡旋压缩机单机容量已达60HP，而单机容量为20HP的滚动活塞压缩机也已展出，滚动活塞压缩机向上挤占涡旋压缩机传统领地和涡旋压缩机向上挤压螺杆压缩机应用空间的趋势已经非常明显，3～6HP容量范围内涡旋压缩机让位于滚动活塞压缩机几乎已无悬念，6～15HP容量范围将是下一个竞争激烈的领域。新能源汽车的发展，又开发出适合电动车空调用的压缩机机型，而制冷剂替代过程中，也陆续开发出适应环保要求的制冷剂压缩机机型。近期，滚动活塞压缩机又陆续开发出三缸机、大小缸的双缸机以及冷冻用的机型。时至今日，压缩机这股旋转化的趋势仍在继续和深入。

压缩机旋转化的过程中，也有一些经验和教训值得记住和借鉴。对于滚动活塞压缩机，最大的经验教训就是冰箱用压缩机的出局，这是业内很多人士所始料不及的，主要原因是其噪声较大而能效比优势不明显；另一个是其在汽车空调中没有得到批量应用，可能的原因是其力矩波动较大和外形尺寸不够紧凑。对于涡旋压缩机，冷冻用压缩机目前还很难与活塞压缩机形成竞争优势，应用量较小；另外，与变频压缩机相比，数码涡旋压缩机调节效率方面的优势也逐步消失，而在信息化和物联网的大环境下机械调节的滞后性和低灵敏性则逐渐显现。

（二）制冷剂绿色化

为了保护人类的生存环境，在国际多边框架下签署了保护臭氧层公约和温室气体减排公约。为了适应公约的要求，制冷剂进行了两次替代（详见第三章）。第一次发生在20世纪90年代至21世纪初期，逐步淘汰了对臭氧层有破坏作用（ODP）的制冷剂；第二次发生在近期，逐步削减高温室效应潜能（GWP）的制冷剂，这次替代特别关注替代后机组的能效比，因为能效比低意味着多耗能，多耗能就意味着增加了温室气体的排放。在这个过程中，人们发现自然界天然存在的物质，即天然制冷剂，能很好地符合这两个公约的要求，直接推动了制冷剂回归天然物质的进程，因此，逐步采用零ODP和低GWP制冷剂的这一过程，往往简明地称为制冷剂的绿色化，也称天然化或环保化。制冷剂的变更，压缩机的结构尺寸、工作压力和润滑油，还有换热器、管路、安全保护等均随之变化，促使了制冷技术近30年来持续的变革，至今仍未结束。

（三）驱动系统直流化

现代制冷空调产品，几乎全部采用的是封闭式压缩机，即电动机和压缩机共用主轴并置于同一密闭壳体内。因此，电动机的效率也是影响空调机组能效比的至关重要的因素。另外，除了变转速调节，其他典型的能量调节方式在全封闭压缩机中几乎无法实现，而空调产品的全工况能效要求又不断地提高，这就刺激人们持续研发基于调节频率的变转速调节方式，即变频驱动技术。20世纪80年代的电机主要是异步感应电动机，以及基于该电机的变频控制技术。20世纪90年代以后，逐步研发出电机转子采用磁性材料的直流无刷电机，以及基于此电机的脉宽调制（PWM）变频技术。与普通异步电动机相比，直流无刷电机具有更高的效率，2000年以后全封闭压缩机几乎全部采用了直流无刷电机驱动，使压缩机的能效比得到显著提高。因此，这一技术发展也称为驱动系统的直流化或永磁化。

（四）制冷机组热泵化

20世纪90年代，随着我国经济发展和人民生活水平提高，在长江中下游等非传统供暖地区，人们对冬季供暖的需求十分迫切，刺激了我国空气源热泵的首轮快速发展，只有制冷功能的传统空调器及单元式空调机纷纷增加制热功能，成为热泵型空调。另外，风冷热泵冷热水机组也快速发展起来，为中小型公共建筑的集中空调系统提供冷热源，最典型的产品就是制冷量为65～70kW的模块式风冷热泵冷热水机组。应用初期，热泵主要遇到的技术问题就是除霜可靠性和低温制热性能均表现不佳的问题，经过一段时间的工程实践和产品研发，这些问题得到了克服或改善，使热泵的应用得到稳步提升。然而到了20世纪90年代末期，黄河流域和华北地区等传统供暖区出现了冬季空气严重污染的问题，极大地影响到生产、生活和健康，人们开始尝试将空气源热泵推广应用到寒冷地区，这时面临要解决的核心技术问题就是如何提高热泵在低温环境中制热性能的问题。带补气口的涡旋压缩机准二级压缩系统，能够较好地解决这一问题，率先在低温热泵产品中得到应用。在此项技术的示范和引领下，随后又开发出滚动活塞压缩机的补气机型和单机二级压缩机型，并基于这些压缩机陆续研发和生产出小型低温热泵产品。而替代中小型燃煤锅炉的需求，使得补气螺杆压缩机和单机二级压缩螺杆机在大型低温热泵产品也得到了陆续应用，并刺激了离心压缩机低温热泵的研发；并出现了复叠式低温热泵机组，同时带能源塔的热泵系统也得到了工程示范应用。这样，建筑物空调用的各种制冷机组，绝大部分产品均具有热泵制热功能，并且这一热泵化的趋势仍在继续和深入。2013年后京津冀区域推出“煤改清洁能源”工程，即用电等清洁供暖方式替代农户传统的燃煤供暖，再次刺激了小型家用热泵的市场。“煤改清洁能源”工程采用的热泵产品主要有户用热泵冷热水机组、热泵空调器和热泵热风机等，从初步应用情况来看，目前这些产品还不能满足农户的多样化需求，仍需要继续研发出更贴近农户需求的热泵产品，我国这一独特的需求或许能为孕育热泵的新品种创造了条件。

在空气源热泵发展的初期，地下水源热泵和土壤源热泵得到了政府大力扶持和用户青睐，由于寒冷季节地下水和深层土壤的温度远高于大气温度，因此空气源热泵遇到的低温制热问题对它们来说是不存在的，因而在20世纪90年代中后期得到了快速发展。从产品的技术角度看，它们就是水—水热泵或卤水—水热泵，并无特别之处，其核心技术问题是热源的开采及其利用可持续性。2010年前后，随着各地方地下水开采的法规越来越严，以及土壤采热成本及其附加能耗越来越高，地下水源热泵和土壤源热泵的应用就越来越少了。后来，人们提出的以海水、湖水及江河水为热源的热泵，基本都处于示范阶段，可能主要是因为丰富热源所在地往往和热用户中心相距较远，其经济性和使用便利性难以令人满意。总之，地下水、地表水和土壤源热泵的应用受到的限制往往较多，只有因地制宜地选用，才会带来较好的应用效果。

热泵在长江中下游、黄河流域及华北等地应用产生的积极效果，也引出了热泵在严寒地区推广使用的呼声和动力。从技术上讲，热泵应用到严寒地区是没有问题的，因为目前−30～−40℃的冷藏库比比皆是就是最好例证；但是从市场上讲，热泵应用到严寒地区的前景不太广阔，且市场份额将是十分有限的。这是由热泵制热的基本特征所决定的。首先，热泵消耗电能获得热量，也是电热的一种方式，其能效比基本上反映了电得热的放大倍数，它随室内外温差的增加而降低，但它们不是线性关系，而是呈双曲函数关系，也就是说能效比会随着气温降低急剧变小。例如，当室内环境温度为20℃时，热泵在－15℃室外环境温度下能效比为2～2.2，那么，－25℃环境下能效比则为1.4～1.5；－35℃环境下能效比则为1.2～1.3。在严寒地区，热泵核心的竞争对手应是电暖器和电锅炉，而不是其他加热设备，因为这时热泵的节电、节费效果均变得很差，如果电价较低或有补贴或者峰谷电价差别大时更是这样，节省电费效果几乎不会成为选择加热方案的影响因素。其次，热泵是目前所有获得热量方式中最贵的一种，因此，仅有制热功能的热泵或者热负荷占支配地位的严寒地区，应用热泵使其这一劣势得到强化或者放大，将不会具备市场竞争力；冷暖两用才是热泵的最大优势，可以有效地弱化热泵的这一劣势，而使其具备较强的市场竞争力。因此，严寒地区应用热泵将不会是市场选择的结果，只有以冷需求为主、热需求次之的夏热冬冷地区，或者热需求为主、冷需求次之的寒冷地区，才是热泵的主力市场，这些地区也是我国人口密集、经济发达且社会购买力巨大的地区。

（五）制冷空调产品智能化

在信息技术和通信技术快速发展的时代，智能化或者信息化是所有工业领域甚至整个社会的发展趋势，而不仅仅是制冷空调领域独有的趋势。制冷空调的智能化主要表现在产品智能化和产品生产过程的智能化。20世纪80年代的制冷空调产品由传统的继电器控制逐步转换为自动控制，是主要基于单片机、DDT和PLC实现的；20世纪90年代以后，实现了芯片或PLC全自动控制、液晶屏显示的模式；2000年以后，随着互联网的快速发展，实现了远程控制和集中控制，同时使产品具备自学习功能；在物联网和大数据时代，通过有效分析处理制冷空调机组运行产生的海量数据，又反过来促进新产品研发、提升产品的智能化水平。生产工艺也从传统的流水线转为自动流水线，大量机器人、机械手的投入使用，实现无人全自动流水线。总之，制冷空调智能化的趋势不可逆转，产品变得越来越智能，接入物联网后，操控会越来越便利，生产过程机器人参与越来越多，人参与会越来越少。

三、部件技术进展

（一）旋转压缩机新技术

旋转压缩机，即滚动活塞或滚动转子压缩机，是滑片压缩机变异后的结构，因此早期也称固定滑片压缩机。20世纪80年代以来，旋转压缩机已经发展成为房间空调器压缩机的独有机种，随后空调变频化进一步促进其技术发展。压缩机变频技术可分为直流调速（变频）和交流变频两种，而直流调速（变频）压缩机因其更佳的节能效果而被广泛使用。数据显示，目前日本的房间空调器，基本均采用了直流调速（变频）压缩机；我国2018年1～4月份，采用直流调速（变频）压缩机的房间空调器的销售占比已超过70%。

近年来，旋转压缩机的技术变化主要体现在以下几个方面：

1. 适应制冷剂的替代变化

20世纪90年代以来，制冷剂经历了两次替代：第一次是采用零ODP（臭氧层破坏潜能）的 HFC（氢氟烃）类物质替代 ODP 值较高的 CFC（氯氟烃）和 HCFC（氢氯氟烃）类制冷剂，使 R134a、R404A、R407C 和 R410A 等 HFC 类物质变为主流制冷剂，旋转压缩机为了适应这些新工质而在润滑性能、承压能力及运行工况参数等进行变革；第二次是采用低 GWP（温室效应潜能）制冷剂替代高 GWP 的 HFC 类制冷剂，使 R290、R744 等天然物质成为理想的替代制冷剂，这样旋转压缩机就发展出了适合前者强可燃性、后者高工作压力的机型。另外，由于 CO_2 的制冷循环效率较低，大约只有 R22 的 2/3。房间空调器制冷系统上必须配置有膨胀机以及实施专门的提效优化，其能效才能与 R22 系统抗衡，然而这样的空调器成本就成为显著的劣势。

2. 拓展容量范围和应用领域

旋转压缩机初期主要应用房间空调器，并以输入功率 1～2HP 的机型为主，之后向上扩展到 6HP 进入单元式空调机领域，目前旋转压缩机单台最大可达 20HP 并进入轻商空调机领域，与涡旋压缩机展开竞争。旋转压缩机向下拓展到 1/5HP 用于小型除湿机，目前已经发展出制冷量为几十瓦的微电子器件冷却用的机型。旋转压缩机另外拓展的应用领域是电动车空调和冷冻冷藏装置，目前正处在小规模使用阶段。

3. 进一步高效化

高效化始终是压缩机改进的动力，采用低 GWP 制冷剂后高效化就显得更重要，因为高效化会直接减少能量消耗，也能达到了减排的目的，这也是替换为低 GWP 制冷剂的目的。近年来，旋转压缩机的高效化技术主要有：

（1）变频变容技术。对于压缩机长期低频运转产生低效的问题，可通过将双缸压缩机中的其中一个气缸改造为可控制其“工作”或“不工作”的“变容气缸”，进而研发出转速和排量双重可调控的变频变容旋转压缩机。当需求为低能力输出时，把其中的一个气缸“关闭”，只让一个气缸工作，此时压缩机的排量减少一半；同时把压缩机的转速提升一倍，从而保证了压缩机的输出能力不变（仍处于低能力输出状态），但电机效率和压缩效率均得到提高，确保变频空调器整机的节能运行。

（2）独立压缩技术。对于经济器制冷系统，从经济器出来的中压气体和从蒸发器出来的低压气体分别进入压缩机两个不同的气缸进行压缩后，排气汇合后再进入冷凝器。经实验验证，基于上述“独立压缩技术”空调器系统（含压缩机）的工作原理，跟常规循环的房间空调器相比，其整机 APF 能效提升幅度可达相当可观的 10%。

（3）双温双控压缩机技术。本质上该技术与前述的“独立压缩技术”相同，只不过是在“用途”上有所差异。空调器为了满足除湿的要求，往往需要较低的蒸发温度，从而导致了压缩机的压比增大，系统能效降低；反之，提高蒸发温度对提升系统能效有利，却使房间的相对湿度增大，人体舒适感变差。“双温双控压缩机”技术的目的是应用于温湿度独立控制或双区独立温控的空调器系统、新风系统等，同时，也使空调器能效也得以提高。

4. 配合空调器的热泵化

旋转压缩机随着热泵空调器的应用扩大也得以不断的改进和发展。热泵用旋转压缩机早期主要是适应空调制冷工况和热泵工况的差异性而对结构进行改进，如增大气液分离器的容积和回油能力等。近年来，旋转压缩机主要是配合热泵向寒冷或严寒地区推广应用而进行研发，提高其低环境温度工况的适应性和制热能力。研制出的新机型主要有强化补气、单机二级压缩双缸机型、单机双级压缩三缸机型等。强化补气系统是二级压缩系统的简化变异系统，也称准二级压缩系统。对压缩机来说，强化补气和单机二级压缩的本质区别就在于中压气体注入的位置，前者注入处于工作过程中的压缩腔，后者注入气缸外的腔体中，并与一级压缩腔的排气混合后再被二级压缩腔吸入。旋转压缩机不具备单向压缩特征，从理论上讲补气口与吸气腔有连通时段的存在。为了避免出现这种连通，补气旋转压缩机一般有两种结构：一种是补气口开在缸体以外的零件上，在吸气过程和压缩初期，让其他零件能遮盖着补气口，补气阶段才让补气口和压缩腔连通；另一种是补气口开在缸体上，并在补气通道上加阀门，该阀门在吸气过程和压缩初期关闭，补气阶段才打开。两级压缩的旋转压缩机是双缸结构，即由高、低压级两个气缸组成，通过单台压缩机实现两级压缩：制冷剂由低压级气缸压缩后排出，在中间腔内与补气混合，再经高压级气缸压缩后排出压缩机。从原理上看，高、低压气缸的容积比对单机二级压缩系统的性能影响较大，是设计时应该重点优化的参数。其特点为：系统结构紧凑，通过两级节流中间补气，降低了单个压缩腔的压缩比，提高压缩效率；通过补气，提高系统制热量和制冷量，并有效降低压缩机的排气温度。之后，格力公司在两缸单机二级压缩机的基础上又研制出三缸单机二级压缩机（简称三缸压缩机），进一步改善其性能并扩展运行工况范围，下面还会进一步介绍。

（二）三缸旋转压缩机变容量调节技术

两缸单机二级压缩机的缺点在于，受制于尺寸和结构的限制，压缩机低压级的排量难以大幅增大，在环境温度进一步下降时热泵系统的制热量仍然不足。理论分析发现，影响压缩机性能的高、低压气缸的最佳容积比是随工况变化的。这样，热泵空调系统在实际使用中，全年的大气环境温度变化导致运行工况随之变化。以我国东北地区冬季制热为例，冷凝温度设定为45℃，当环境温度从－25℃变化到12℃（蒸发温度与环境温度的温差设定为5℃）时，依据上述计算方法得到的最佳容积比从0.44变化到0.82。因此，在环境温度大幅变化的地区，为了保证全年所有工况下热泵系统达到高效化，双级压缩机的容积比需随工况进行变化。而两缸单机双级压缩机的容积比固定，无法兼顾在制热全工况内的能效要求。为此，格力公司研制出的三缸双级变容积比压缩机，通过增加一个低压级气缸，扩大了压缩机工作容积，同时也能实现变容积比技术，确保了系统的能效最优。

三缸双级压缩变容积比压缩机的泵体部分具有三个压缩气缸，呈上、中、下布置，其下气缸和中气缸为低压级气缸，将由压缩机分液器吸入的低压制冷剂压缩至中间压力；上气缸为高压级气缸，将中压的制冷剂以及由系统经济器补入的制冷剂压缩至排气压力。在中气缸上侧布置有中隔板，在下气缸下侧布置有下法兰，这两个零件都具有内部空腔，能够容纳中间压力的制冷剂。泵体零件上有贯穿的流通通道，中压制冷剂气体能通过流通通道进入上气缸。在上气缸吸气口处设置有补气孔，系统经济器补入的气体通过该孔进入上气缸进行压缩。三缸双级变容积比压缩机的下气缸为变容缸，通过变容控制部件引入高压或低压，控制变容销钉位置，进而解锁或锁着下气缸滑片，从而使该气缸处于满载或空载的状态。

应用三缸双级变容积比压缩机的3HP空调，全年能源消耗效率（*APF*）达4.05Wh/Wh，超出国家一级能效3.70的标准；在低温工况下制热性能优异，在－15℃时热泵制热量能达到额定制热量的93.9%；在−20℃时依然有80%以上的热泵制热量，且出风温度达到40℃以上；在室外−35℃环境温度下可正常稳定运行。三缸双级变容积比压缩机技术解决了空气源热泵在低温环境下制热量不足、能效低和可靠性差的关键问题，对寒冷、严寒地区建筑领域的节能减排有显著作用和重大的推广应用价值，促进了空调行业的产业升级。本技术未来可以向压缩机与热泵系统的耦合特性、控制策略最优化等方向进一步探索。

（三）磁悬浮离心式压缩机

磁悬浮离心式压缩机主要由以下几部分组成：二级压缩部分、变频控制部分、磁浮轴承、永磁同步电机、轴承控制以及用于控制的压力和温度传感器和扩大运行范围的进气导叶。由于使用了磁悬浮轴承，转子在运转时是浮动的，没有机械接触，不需要润滑，因此，磁悬浮压缩机在运行过程中没有传统机械轴承的摩擦损失，加之永磁变频电机的使用，使磁悬浮压缩机具有较高的满负荷效率和卓越的部分负荷效率；由于不需要润滑油，因此没有传统离心机所需的油路系统、冷却系统和相应的油路控制系统，使得磁悬浮压缩机结构更加简单。同时，由于使用了没有机械摩擦的磁浮轴承，使压缩机可以具有更高的转速，这就使压缩机的尺寸进一步减小。

自1999年丹佛斯Turbocor推出世界首款磁悬浮离心式压缩机产品以来，行业内已有多家空调主机公司开始将磁悬浮压缩机应用到制冷和空调产品中，市场发展良好。近年来，在强势市场的推动下，几家大型压缩机公司也开始了磁悬浮压缩机的技术研究。到2017年年底，已有超过70000台丹佛斯Turbocor磁悬浮压缩机在世界各地稳定高效地运行。应用场所也拓展至整个商用空调领域。其中，舒适性空调应用包括场所酒店、剧院展馆、办公楼宇、医院、公交运输站、学校图书馆等；工业制冷领域应用场所包括工厂厂房、数据中心等。

（四）小管径换热器

空调器用换热器主要是翅片管式换热器，其中管子采用铜管，翅片采用铝片。从制冷空调系统节约成本、提高能效和环保的角度考虑，需要发展紧凑式换热器。翅片管式换热器是紧凑化的一个主要方法，是用较小管径的铜管替代现有换热器中直径较大的铜管，既将主流换热管外径从9.52mm或者更大进一步下降到7mm、5mm或以下。

采用小管径的好处是很明显的。首先，能够明显减少铜的消耗量，有效降低换热器成本。若将管径由9.52mm缩小为5mm，单位管长铜管的表面积减少47.4%。这就意味着，即使铜管的厚度不变，单位管长的铜用量减少47.4%。实际上，由于耐压强度的增加，铜管的壁厚减薄，铜材的减少量可达62.9%。由于铜管的成本占换热器材料成本的80%以上，这就意味着采用更小管径，换热器的材料成本可以降低50%以上。其次，能够明显降低制冷剂的充注量。例如，将管径由9.52mm缩小为5mm，则换热器的内容积可以缩小75.4%。这就意味着管径减小后，系统的充注量仅为原来的25%。采用小管径也带来明显的挑战。采用小管径后，同样管长的换热面积明显下降；在同样流量下的换热压降明显上升；原来的基础传热关联式的预测精度大幅下降。同时，管径缩小后，由于加工工艺的限制，也对小管径的应用带来了新的挑战。但对于系统的充注量严格限定的场合，因为小管径带来充注量减小的优势，则可以促进小管径换热器的推广应用。比如R290是一种可燃制冷剂，严格限定其充注量对于空调器的安全性是很重要的，因此 R290 空调器均是采用小管径换热器。

国内产学研各界经历了十余年合作，使小管径技术的开发与应用走到了国际前列，中国成为世界上最大的小管径换热器的生产与应用国家。经过十余年的发展，小管径技术得到了很大的发展。应用 5mm 换热管的空调器已经占到全部空调器产量的 20%左右。目前更细管径的换热器，比如 4mm 管和 3mm 管，也已经可以大规模应用。

（五）全铝微通道平行流换热器

全铝微通道平行流换热器，由铝制的集流管、多孔的微通道扁管、铝翅片钎焊而成，扁管等间距平行排布，翅片均匀置于扁管之间的空间，扁管两端与集流管连接。相比于铜管铝翅片换热器，微通道换热器具有如下优异性能：传热能力可提高幅度高达 30%，在相同换热能力条件下体积可减小 10%～20%，成本下降可达 30%。另外，还具有重量轻、冷媒充注少、易于大批量生产等优点。在家用、商用等空调领域，作为铜管铝翅片换热器的替代选择，全铝微通道平行流换热器具有非常大的应用潜力。但是，全铝微通道平行流换热器内部为亚毫米尺度的流动传热，有别于常规毫米尺度的流动传热，因此需要对其进行专门的研究和设计。例如在集流管内部，两相流制冷剂的不均匀分配会引起不同扁管换热能力的不均衡，从而导致微通道换热器能力衰减严重。因此，流量分配控制技术、传热和流动机理是微通道换热器的技术难点和研究重点。

全铝微通道平行流蒸发器内部的两相流量分配控制主要由集液管内结构决定；通过在集液管内部设置导流板，可以使集液管压力梯度尽量减小，同时实现两相制冷剂的均匀分配。据此，上海交通大学提出了微通道平行流蒸发器适用的三种集液管结构，即径向节流结构、轴向节流结构、插管式结构，用于控制制冷剂两相流在不同扁管流路的流量分配。“径向节流结构”通过在集液管内适当位置设置带节流孔竖直隔板实现，希望通过隔板的阻拦作用使压力梯度尽量减小，其特点为：采用带节流孔竖直隔板，工艺性好，隔板位置及节流孔孔径大小可通过实验标定，当蒸发器尺寸变化时便于调整，可对集液管内压力分布进行有效控制。“轴向节流结构”通过在集液管内设置带节流孔水平隔板实现，原理与“径向节流”一致，通过损失一定的制冷剂压力，达到降低集液管内压力梯度的目的；其结构特点与“径向节流”相比，主要区别为：在集液管内隔板为水平放置，节流孔在水平隔板上的位置、形状、孔径等均为可调参数，但是工艺较为复杂。“插管式结构”通过使制冷剂流经集液管内管路上的开孔，达到降低集液管内压力梯度，均匀分配两相制冷剂的目的；其结构特点是，制冷剂入口管路插入集液管直到底部，在入口管路插入集液管的部分上开孔，使两相制冷剂从入口管路上的开孔处流出，进入各根扁管。该结构在批量生产制造时，只需将加工好的入口管路插入集液管，工艺性较好。径向节流及轴向节流流量分配控制结构均能提高两相制冷剂在平行流蒸发器内的分配均匀性，而插管式结构流量分配均匀性最佳。

全铝微通道平行流换热器未来的发展主要体现在使用天然工质和改进扁管结构等方面。丙烷和二氧化碳均为环保特性优异的天然工质，丙烷有可燃性，需要微通道换热器来有效减少其使用量；而二氧化碳的运行压力非常高，达到 R134a 循环压力的 8～10 倍，开发高耐压的微通道平行流换热器将是未来的微通道技术发展方向。折叠扁管由三层材料组成的双面铝经过折叠而成，可在复合铝材表面层选择性地使用防腐材料，因此，相比于挤压管，折叠管具有更好的耐腐蚀性。采用折叠扁管的微通道换热器也是未来微通道技术发展的方向。

四、机组技术进展

（一）强化补气热泵技术

强化补气热泵技术是针对热泵应用到寒冷地区出现的低环温工况制热能力低和运行可靠性差等问题而提出的技术方案。近20年研发和工程应用表明，对压缩机中间腔强化补气构成的经济器热泵系统，被认为是改善热泵低温制热性能理论上合理、构造简单、实际可行的技术方案。从系统流程上看，强化补气热泵系统主要有：闪发器系统及其变异后的过冷贮液器系统、过冷器系统，以及它们的改进系统。

带喷射器和贮液过冷器的热泵（制冷）系统（简称EVIe系统）的构成如图1-3所示。采用带补气功能的压缩机和贮液过冷器，用喷射器将它们之间连接起来，构成热泵系统的工作辅路，即补气回路，这是它区别传统热泵系统的本质特征。而压缩机、冷凝器、膨胀阀和蒸发器则构成其工作主路，即为传统热泵系统。当辅路开启时，用过冷贮液器上部的高压制冷剂蒸气作为喷射器的工作流体，引射蒸发器出口的低压制冷剂蒸气，在喷射器出口形成中压制冷剂蒸气，并通过压缩机补气口直接喷入压缩腔或中间腔内，即该热泵系统按照准二级压缩-喷射复合循环工作，能有效增大热泵的低温工况制热量和能效比，还可以有效地改善其高温工况的制冷性能；当辅路断开时，该热泵系统仍按照单级压缩循环工作，具备传统热泵系统的特性。因此，该热泵系统在极端工况下按照复合循环工作，以提高工作性能和运行稳定性，在普通工况下仍按照单机循环工作，保持传统热泵的特点。因此，该系统能够很好地适应气温大范围变化的工况，在寒冷地区高效、稳定地全年运行，可以作为清洁、高效、便利的供暖技术手段。

若用带节流元件旁通路将喷射器短接后，EVIe系统就蜕变为带贮液过冷器热泵（制冷）系统（简称EVI系统），如图1-4所示。与EVIe系统相比，EVI系统构成简单、易

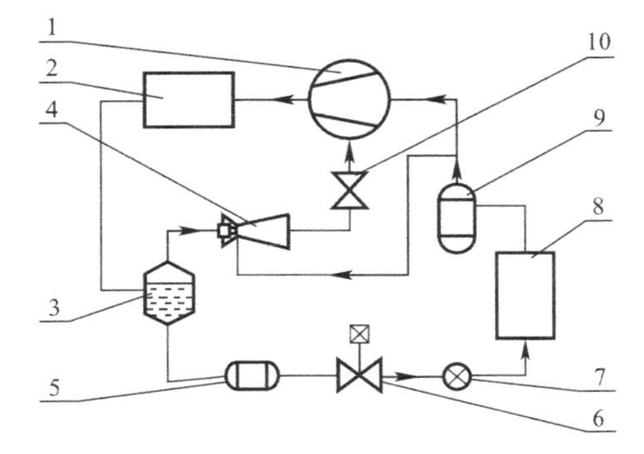

图1-3　带喷射器和贮液过冷器的热泵（制冷）系统（简称EVIe系统）

1—压缩机；2—冷凝器；3—贮液过冷器；4—喷射器；5—干燥过滤器；6—电磁阀；7—节流元件；8—蒸发器；9—气液分离器；10—截止阀

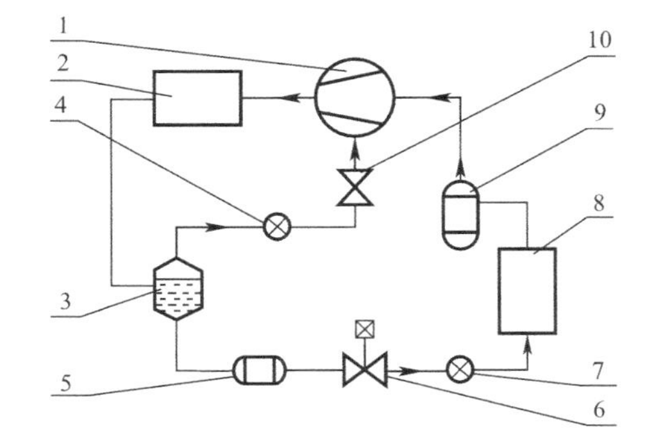

图1-4　带贮液过冷器热泵（制冷）系统（简称EVI系统）

1～3，5～10同图1-3；4—辅节流元件

于实现、成本低，特别适合家用热泵等小型系统，因为这时喷射器可回收的膨胀功较小而凸显出其成本增加。对于 EVI 系统，有时也可以将膨胀阀从补气回路移至贮液过冷器前的主路上，此时贮液过冷器又称为闪发器或闪蒸器，这时即为典型的闪发器热泵系统。闪发器系统的能效水平较高，但系统稳定性较差。

过冷器热泵系统如图 1-5 所示，其贮液器与过冷器分别设置，且过冷器为间壁式换热器。在电磁阀 10 出口至涡旋压缩机 2 补气口之间并联一个辅路。从冷凝器 3 来的高压液体制冷剂在电磁阀 10 出口处分别流入主路和辅路两个回路：流入辅路的液体制冷剂经辅路膨胀阀 11 后进入过冷器 12，流入主路的液体制冷剂直接进入过冷器 12。辅路和主路的制冷剂在过冷器 12 中产生热交换，辅路制冷剂汽化后进入压缩机 2 补气口，完成向压缩机的强化补气。此热泵系统也可以扩大其工况范围，提高其能效水平。

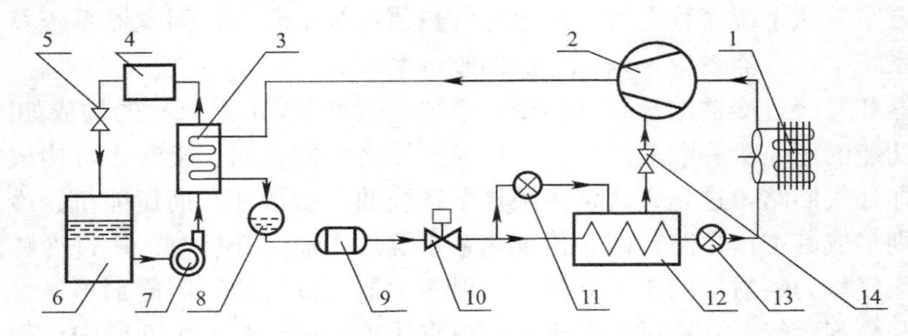

图 1-5　带过冷器热泵系统（发明专利 CN01109633.0）

1—蒸发器；2—压缩机；3—冷凝器；4—风机盘管；5—调节阀；6—水箱；7—水泵；8—贮液器；9—过滤器；10—电磁阀；11—辅路膨胀阀；12—过冷器；13—膨胀阀；14—截止阀

从热力完善度和能效比来看，EVIe 系统最优，因此在低温工况下可以更有效地改善压缩过程，有利于提高空气源热泵的低温制热性能和运行可靠性；但另一方面，EVI 系统构成更加简单，成本较低，可调节性好且易于实现，也可作为小型低温空气源热泵系统优先考虑的选择。而过冷器系统的热力完善度和能效比水平适中。对采用双压缩机的二级压缩热泵系统和复叠热泵系统的研究也有报道，但是它们实现普通工况和极端工况的工作模式转换有较大的难度，且其成本较高，因此，产品在实际工程中应用较少。

实验结果表明：

（1）相对于单级系统，EVI 系统的排气温度可降低 10～15℃，与 EVI 系统相比，EVIe 系统的排气温度降低 5～10℃。

（2）与单级压缩热泵系统相比，EVI 系统可使制热量提高 10%～30%，EVIe 系统的制热量稍高于 EVI 系统。

（3）EVIe 系统与 EVI 系统的输入功率随蒸发温度变化不大，但比单级系统总体高 1.5%～3.4%；相同蒸发温度下，EVIe 热泵系统的输入功率低于 EVI 系统约 4%。

（4）与单级系统相比，EVI 系统的制热能效比 COP 可提高约 10%；与 EVI 系统相比，EVIe 系统制热能效比 COP 平均提高 3%～5%，并且蒸发温度越低，COP 的提高幅度越大。

目前应用到补气热泵机组的压缩机主要有带补气口的涡旋压缩机、滚动活塞压缩机和螺杆压缩机等形式。补气热泵系统看似与单机二级压缩热泵系统类同，实则有原则上的区别。区别一是中压气体补到何处去，前者是补到了正在工作的压缩腔内，后者则需要压缩机至少有两个压缩腔，中压气体补到两个压缩腔之间，而不是压缩腔内；区别二是前者的热力循环完善度较小，因为它只是后者的简化流程，即在一个压缩腔内实现了类似二级压缩的流程，因此，也称准二级压缩流程。补气热泵技术未来将进一步朝着性能优化和流程优化的方向发展，补入湿蒸汽可望得到实际应用，多次补气等新技术也会得到进一步发展。

（二）多联式空调机技术

在20世纪70年代石油危机爆发后，日本学者对中小型建筑中的集中空调系统在结构形式和调控技术上进行创新，提出了直接膨胀式集中空调系统形式，即多联式空调机系统（简称多联机）。多联机的本质是由一台（或多台）室外机与多台室内机通过制冷剂配管连接组成的单一制冷循环系统，通过调节室外机模块运行数量、压缩机转速或台数、各室内机电子膨胀阀（EEV）的开度以及室内机风机的转速来改变各室内机的制冷（热）量，实现对各区域或房间温度的独立调控。相比于风机盘管＋新风系统，多联机具备以下优势：

（1）采用多末端独立控制和变制冷剂流量控制的多联机空调系统形式，室内机分散独立控制，提高了系统的运行效率，便于实现行为节能。

（2）在设计和安装中，多联机的室外机组通常置于建筑物的屋顶、地面或中间设备层，不需要设置专门的机房；而且，室外机与室内机之间采用铜管连接，管径小，节省了安装空间、工作量和工期，降低了建筑造价。

多联机在发展历程中的重要技术方案有：

（1）多联机的分散控制策略。自动控制是多联机产品的关键技术，多联机自动控制的核心是控制策略。多联机在其发展初期主要采用集中控制方法，为了克服其在实际工程应用中存在的不足，提出了分散控制策略，即指由室外机控制压缩机的吸/排气压力及吸气过热度，由各室内机控制各自室温，其核心思想在于实现室内、室外机控制器的相对独立性，以降低信息处理的集中程度和室内、室外机之间的通信量。目前，该控制策略已在绝大多数多联机产品中得以应用。

（2）热回收多联机技术。它是在建筑同时具有冷、热需求的背景下提出来的，对于多联机的单个室内机末端而言，它只能进行制冷或制热；而对于整个系统而言，一些室内机在进行制冷，而另一些房间在制热。由于热回收型多联机同时利用了制冷系统中的冷凝换热量和蒸发换热量，因此系统的能源利用效率较高。

（3）温湿度独立控制用高温显热多联机技术。随着温湿度独立控制技术的提出，高温显热多联机技术应运而生。其基本原理是将室内的显热和潜热分开处理，由高温多联机承担房间的大部分显热负荷，而新风负荷、室内潜热负荷和少部分显热负荷则由单独设置的新风除湿机来承担。

自1982年日本大金工业株式会社研发出第一台多联机以来，多联机技术得到了快速发展和广泛应用。在多联机系统的循环设计、产品研发和自动控制方面，日本（以大金公司的VRV系列产品为代表）一直处于世界前沿。我国多联机的研发始于20世纪90年代中期，近20年来其技术得到迅猛发展，目前已成为世界最大的研发、应用和生产大国。未来，多联机将会围绕运行能效、稳定性改进、制冷剂替代和减量、在线性能测量以及故障诊断等方面展开研发。

(三) 空气源热泵除霜技术

作为高效清洁供热装置的空气源热泵，在冬季制热运行时室外换热器结霜是必然的现象，若形成稳定、密实的霜层后会使热泵机组运行效率快速降低，运行状况恶化，甚至影响机组运行安全，这时就必须对换热器进行除霜操作，消除霜层以恢复其换热能力。

常见的除霜技术有：机械除霜、热融霜和抑制结霜三大类。机械除霜，即直接将霜层从换热表面剥离掉，如传统的手工铲霜和目前超声波振动除霜等；热融霜，即将霜加热融化成水后排走，这是目前主流的除霜方法，根据热量来源不同，主要有电热除霜、逆循环除霜、蓄热或辅助热源除霜等；抑制结霜，即延缓或减弱结霜过程，使霜层变薄或稀疏，主要有空气预除湿、表面涂层、外加电磁场等方法。

1. 超声波除霜技术

超声波具有以下特性：引起媒质质点的振动及加速度明显变化的机械效应，使液体产生微小气泡的空化机制，以及使介质内部温度升高的热学机制。根据超声波这三种特性，人们研究不同类型的利用超声波除霜方法：

（1）超声波抑霜。超声波以其频率高、波长短、能量集中，具有机械效应、声压效应以及空化效应的特点，可以有效地促进传热传质，进而影响到冷表面的结霜过程。在自然对流条件下，人们对施加 20kHz 频率的超声波和未施加超声波两种作用机制下平板表面的结霜现象进行了显微可视化研究。结果表明，在超声波作用下霜层生长厚度平均仅为在相同条件下未加超声波作用霜层厚度的 28%，形成的霜层致密，霜层表面相对平坦光滑，霜层分布相对规则，沿着超声波传播的方向形成“霜线”形状的霜层结构。

（2）超声波振动除霜。在超声波振荡作用下，超声波作用的瞬间会使霜层的稳定结构被破坏，霜层剥落或者明显变薄。蒸发器的复杂结构使得在其中传播的导波不断与界面发生发射和折射的相互作用，为使超声波振动能够有效地从蒸发器铜管传递到翅片上，需要在蒸发器表面加装传振板。超声除霜试验表明：超声波能够除掉蒸发器表面一定区域内的结霜，其除霜能耗是传统逆除霜技术能耗的 1/88～1/22，其除霜效率是逆向除霜效率的 7～29 倍。

2. 热融霜技术

热融霜技术方案，通常包括除霜方法和控制方案两部分：前者即为实现融霜的技术方案，要保证有足够的能量将霜层快速融化掉；后者即为进入和退出除霜工况的控制方案，要保证进入和退出除霜时机准确、除霜过程快速高效，还要兼顾热泵机组在除霜过程中的安全保护措施，以及除霜后机组快速恢复到正常工作状态。除霜方法、控制方案相互独立，可以根据需要进行组合并设计出合适的除霜技术方案。除霜方法主要有：

（1）电加热除霜，电加热管主要有预埋在换热器中和外置在换热器进风口等两种布置方式。

（2）逆循环除霜，除霜时让热泵暂时从制热模式转换为制冷模式，这时制冷剂流向发生了改变，压缩机排出的高压高温气体流向室外换热器，释放热量，融化霜层。

（3）热气旁通除霜，即除霜时打开热气旁通阀，将压缩机排气送入室外换热器融霜，冷凝后的制冷剂液体通过气液分离器被压缩机直接吸入。

（4）蓄热除霜，热泵系统中给室内换热器并联/串联一个蓄热罐，制热模式时供热同时蓄热，除霜模式时只从蓄热罐吸热。

（5）助热源除霜，主要通过蓄热装置储存来自太阳能等各种辅助热源的产热，并利用其加热压缩机的吸气，以达到多热源辅助除霜的目的。

除霜控制方案的重点是除霜切入点和结束点的选择，核心点是霜层厚度的识别或判定方法。霜层识别有间接法和直接法，前者是根据热泵机组的工况参数、运行参数和性能参数来推断判定结霜的程度；后者利用传感器直接感知霜层厚度并发出信号。目前产品上常用的除霜控制方案均为间接法，直接法正在研发和推广阶段。当重度结霜时，60%～70%的化霜水仍滞留在翅片管表面，且多集中在换热器的下部，如何选择恰当的除霜结束点，既可以除去化霜水，又避免出现干热状态，是控制技术的关键。目前常用的控制方法在实际应用时都存在局限性。这些除霜控制方法如表 1-1 所示。传统的除霜控制方法日趋智能化、综合化，另外，针对传统控制方法准确度不高的问题，人们相继提出多种新型的除霜控制方法，如：基于光电耦合原理的光-电转换（TEPS）法，根据霜层遮光程度直接可判断冷表面上霜层的生长情况；温度-湿度-时间（THT）法，通过监测环境温度、湿度和时间，并依据“分区计时、逐区归一、累加评判”的技术方案控制除霜；平均性能最优法，通过检测蒸发温度随时间的变化率，找出性能恶化点作为除霜开始的时间。

常用的控制方法 表 1-1

编号	除霜控制方法	判断依据
1	定时除霜控制法	时间
2	温度-时间除霜控制法	蒸发器表面温度、时间
3	空气压差除霜控制法	蒸发器两侧风压差
4	最大平均制热量除霜控制方法	温度、流量
5	自修正除霜控制法	时间、盘管温度、室外环境温度
6	模糊智能控制除霜法	时间、温度、湿度
7	制冷剂过热度除霜控制法	蒸发器出口制冷剂的压力和温度
8	风机电流与蒸发电流联合控制除霜法	风机电流、蒸发温度
9	温差除霜控制法	环境温度和蒸发器表面温度

3. 抑制结霜技术

即能够有效地延缓或减弱换热器结霜过程的措施和方法，主要包括：

（1）空气预除湿法，直接降低室外换热器吸风处的空气含湿量，破坏结霜的条件。

（2）表面涂层法，即添加各种高能（亲水）或者低能（疏水）表面涂层，可以有效改变冷表面凝结液滴的表面接触角，显著延缓表面上附着液滴的冻结时间。

（3）外力场法，通过外加电场和外加磁场等对冷表面霜层生长的影响，来有效抑/除霜。

（四）跨临界二氧化碳制冷（热泵）技术

二氧化碳的 ODP 为零、GWP 为 1，环保性能优异，是比较理想的替代制冷剂之一。由于 CO_2 制冷剂的临界温度很低，仅为约 30.98℃，因而在传统的亚临界制冷循环方式中，CO_2 制冷剂的冷凝温度被限制在临界温度以下，这大大限制了 CO_2 工质在较高热汇温度条件下的使用。而由于 CO_2 制冷剂在近临界温度条件下的潜热（饱和气体状态到饱和液体状态之间的焓差）已经很小，因此即便使用在低于临界温度的热汇温度条件下，该循环的制热量及能效比也不存在任何竞争优势。为此，挪威的 G. Lorentzen 教授提出了跨临界二氧化碳制冷系统，并与 1989 年申请了国际专利。跨临界循环方式的提出，可谓是一种十分巧妙的思维突破，打破了制冷系统中两相换热的思维模式，将 CO_2 制冷系统提升到了一个新的层面。在 G. Lorentzen 教授的研究中，压缩机的排气压力索性大幅攀升到临界压力以上，制冷剂从压缩机排气口处到节流阀前都不再经过两相区，而是一直以超临界气态的状态来参与换热，并有可能在一瞬间转变为超临界液态。跨临界制冷循环中只有蒸发过程在临界压力以下，而冷却过程（不再是冷凝过程）在临界压力以上。

跨临界 CO_2 循环包括压缩过程、气体冷却过程、节流过程和蒸发换热过程四个过程。压缩过程和普通制冷循环相似，只是排气压力高于临界压力；气体冷却过程处在超临界区，整个过程中 CO_2 为纯气态，且有很大的温度滑移，所以不存在冷凝温度这一参数；节流过程也与常规制冷循环不同，CO_2 在节流过程中经历了气体、液体和两相三种状态的改变。跨临界 CO_2 系统的蒸发过程和常规亚临界系统相似，但核态沸腾占沸腾换热的主要地位。与普通亚临界系统相比，工作压力较高是跨临界 CO_2 系统的主要缺点，为了保证系统安全性，必须考虑各个部件的承压性和安全保护措施。

跨临界 CO_2 循环系统的主要应用有：

（1）跨临界 CO_2 热泵热水器。跨临界 CO_2 热泵热水器可广泛应用于民用、商用和工业等众多领域，相对于使用常规途径加热的方式，跨临界 CO_2 热泵热水器具有高效节能和出水温度高的特点，在热水制取、食品加工、烘干等领域具有巨大的应用空间。

（2）汽车空调。

（3）商超用跨临界 CO_2 制冷系统。在商超制冷系统中，跨临界 CO_2 制冷系统常常以增压循环方式来进行工作。为了达到冷冻、冷藏两个蒸发温度的需求，跨临界 CO_2 系统中往往配备两套压缩机组，其中低温级压缩机运行在亚临界工作条件下，中温级压缩机根据实际环境工况的不同运行在跨临界工况或亚临界工况条件下。

（五）亚临界二氧化碳制冷（热泵）技术

CO_2 曾为 19 世纪后期主要应用的制冷剂之一，当时应用的就是亚临界二氧化碳制冷技术。由于其较高的工作压力导致安全性和应用成本大幅增加等方面的原因，逐渐被人工合成制冷剂所取代。但随着环境问题的出现，以及制冷领域的制造技术、工艺水平的提高，CO_2 制冷剂因其良好的环保性能又成为世界各国关注的热点。由于 CO_2 的临界温度较低，亚临界二氧化碳制冷系统需要温度较低的冷区流体，因此，它往往作为复叠系统的低温级。NH_3 和 CO_2 都是环保性能良好的制冷剂，二者组成的复叠式系统近年来得到了推广应用。

NH_3/CO_2 复叠制冷系统由高温级和低温级两部分组成。高、低温级各自成为单一制冷剂的制冷系统，其中，NH_3 作为高温级制冷系统制冷剂，CO_2 作为低温级制冷剂。高温级系统中 NH_3 的蒸发用来使低温级制冷机排出的 CO_2 气体冷凝，用一个冷凝蒸发器将高、低温级两部分联系起来。它既是低温级的冷凝器，又是高温级的蒸发器。低温级 CO_2 吸收热量后经低温压缩机升压，再通过冷凝蒸发器将热量传递给高温级 NH_3，而高温级的 NH_3 经高温级压缩机进一步升压，最后通过冷却水系统或风冷冷凝器将热量传给环境介质。NH_3/CO_2 复叠制冷系统主要由 NH_3 制冷压缩机组、NH_3 辅机、CO_2 制冷压缩机组、CO_2 辅机、电气控制五部分构成。NH_3 辅机包括：冷凝器、贮液器、气液分离器、节流装置等；CO_2 辅机包括：冷凝蒸发器、贮液器、气液分离器、干燥过滤器、泵、节流装置等。NH_3/CO_2 复叠和载冷剂制冷系统的温度控制领域在－52～－15℃，凡是对此温度区间有需求的制冷场合均可以采用该系统。

CO_2 制冷系统的应用呈现快速发展势态，未来需要进一步完善其标准体系，进一步降低系统充注量，进一步提升系统能效水平，以及系统的撬装集成和室外机的开发应用。

五、新型制冷技术或方法

（一）磁制冷技术

1881 年 Warburg 在磁性材料中发现了一种励磁放热、退磁吸热的现象，这种现象被称为磁热效应（Magnetocaloric Effect，MCE）。当磁性材料被磁化时，内部磁矩有序度增加，与磁场有关的熵减小，温度上升，向外界放出热量；当磁性材料退磁时，内部磁矩有序度减少，与磁场有关的熵增加，温度下降，自外界吸收热量。拥有这种效应的磁性材料被称为磁热材料。磁制冷是基于某些磁性材料在移入高磁场时温度上升、移出高磁场时温度下降的现象实现制冷效应的过程。相比于传统制冷方式，磁制冷是一种基于固体材料的制冷方式，采用水、氦气等介质作为传热流体，具有零 GWP、零 ODP、运动部件少、便于小型化等特点。

在不同制冷温区，许多磁性材料都具有磁热效应，当前用于室温区磁制冷的磁热材料主要有：稀土钆基工质 GdR（R 为稀土元素），最典型的磁热效应材料为二级相变稀土金属 Gd，其居里温度点 T_C＝293K；钆硅锗基工质，在室温附近具有大的磁热效应；镧铁硅基工质，适用于大温跨制冷机。另外，还有其他类型具有一定应用价值的室温区磁热材料，如锰砷基（MnAs）、钙钛矿锰氧化物（LaCaMnO）等工质，同时新型高性能材料仍在开发中。

磁制冷基本循环主要包括磁卡诺（Carnot）循环、磁斯特林（Stirling）循环、磁布雷顿循环（Brayton）与磁埃里克森循环（Ericsson）等，由基本循环发展出的主动磁制冷循环是当前室温磁制冷系统的主流制冷循环。它是由基本磁制冷循环与主动磁回热器（Active Magnetic Regenerator，AMR）技术相结合而发展出的循环。通常，气体回热式制冷机中固体填料起回热作用，气体的热力学循环是冷量产生的原因；主动磁制冷循环中，回热器中固体磁热介质的热力学循环是冷量产生的原因，传热流体发挥了回热作用。主动磁制冷循环通过磁制冷效应和回热过程的结合，显著增加了循环温跨。常见的主动磁制冷循环，包括主动磁 Brayton 制冷循环、主动磁 Ericsson 制冷循环等。随着研究的深入，近年来室温磁制冷技术有了显著进展，如美国宇航公司 2014 年研制的室温磁制冷系统，在工作频率为 4Hz 的情况下，获得了最大制冷量 3042W，同时在 11K 温跨下获得 2502W 的制冷量，系统 COP 达到 1.9，该系统也是迄今为止最大制冷量的样机系统；丹麦技术大学研制的旋转磁体式室温磁制冷系统，在 0.61Hz 的运行工况下获得 15.5K 温跨、81.5W 冷量，其系统 COP 达到 3.6，对应的热力学第二效率为 18%，这也是目前报道中的最高效率。

但在大温跨下的制冷效率仍需进一步提高。

（二）热电制冷

热电制冷又称半导体制冷或温差电制冷，即具有热电能量转换特性的材料，在通过直流电时产生的制冷效应。热电材料是一种能将热能和电能相互转换的功能材料，是热电制冷最核心的技术之所在。适合半导体制冷的热电制冷材料有很多类，如 PbTe，SbZn，SiGe 等和一些Ⅱ-Ⅴ，Ⅱ-Ⅵ，Ⅴ-Ⅵ族化合物及其固溶体，但真正适合应用的材料却很少。应用于制冷的热电材料主要有：化合物 Bi_2Te_3、GeTe 和 PbTe 等传统热电材料，在室温附近和中温段范围得到广泛的应用；二元 Bi_2Te_3-Sb_2Te_3 和 Bi_2Te_3-Bi_2Se_3 等固溶体，其热电性质和性能得到进一步改进和提高；目前研究较多的是半导体氧化材料，如 Na-Co-O 系热电材料，Ca-Co-O 系热电材料以及金属氧化物热电材料，能在高温下长期工作，在中温区热电发电领域的应用潜力很大。

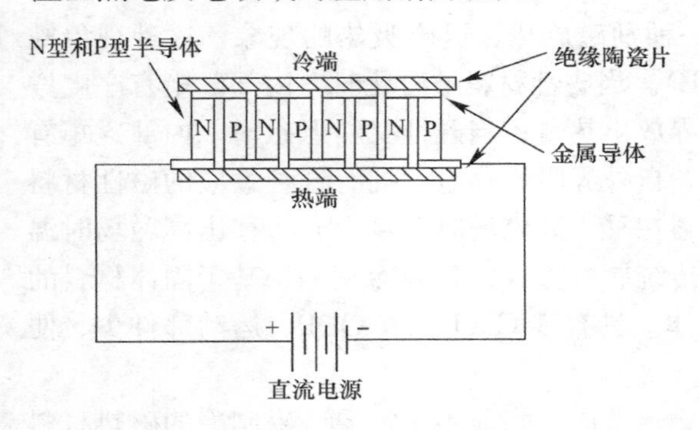

图 1-6　半导体制冷器的结构示意图

实用的热电制冷装置由热电效应比较显著、制冷效率比较高的 P 型和 N 型半导体材料构成的热电偶组合而成。由于单片热电偶的制冷功率很低，实际应用时通常将同一类型的若干对热电偶串联使用，如图 1-6 所示，上面为冷端，可以降低环境温度，下面为热端，向周围环境放热，吸热和放热的大小由半导体材料性能、元件对数及电流强度的大小来决定；在冷端和热端分别用绝缘而导热良好的陶瓷片进行储冷和散热，以达到工作端实际的制冷需求。简单地说，热电制冷器的工作原理是通过电流的作用将热能从电路中的冷端（工作端）向热端（散热端）转移，借助各种散热方式在热端不断散热并保持一定的温度，以使热电堆的冷端在工作环境中不断吸热制冷。

热电制冷产品已广泛应用于各种民用（空调、冷暖保温箱、饮水机等）、医疗（冷刀、冷台、白内障摘除器等）、军事（导弹、雷达、潜艇等）、科研、专用装置（电脑、石油低温测试仪等）等方面。目前，热电制冷研究主要包括高效热电材料的研发，热电制冷器整体性能改善，以及热电堆小型化及其制造工艺的优化。

（三）热声制冷

热声制冷，即声波制冷，是 20 世纪 80 年代提出的新的制冷原理和方法。其基本原理基于热声效应，热声效应是指可压缩的流体的声振荡与固体介质之间由于热相互作用而产生的时均能量效应。简单地说，热声效应就是热能与声能之间相互转换的现象。热声制冷则是利用声能来产生热流，即由声能驱动的热量传输。从基本原理和要求看，理想气体（如空气、氮气，特别是氦气），适用于较大温差，较小能量流密度的场合；在近临界区（不是一般的两相区）的简单液体（如 CO_2、简单碳氢化合物 C_mH_n 等），由于仍具有较大的热膨胀性和可压缩性，且有较小的 Prandtl 数，适用于较小温差、较大能量流密度的场合。

热声制冷机的主要结构如图 1-7 所示，主要包括声驱动器、谐振腔、热端和冷端换热器及板叠。其典型系统有：

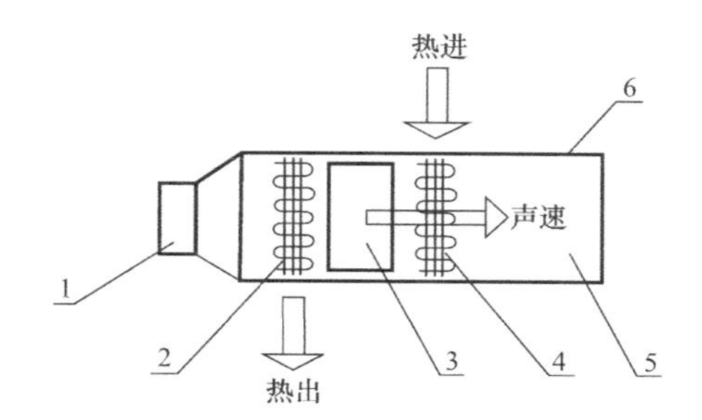

图 1-7 热声制冷机的主要结构
1—声驱动器；2—热换热器；3—板叠；4—冷换热器；5—谐振腔；6—硬端

（1）共振型驻波热声制冷机和行波热声制冷机。驻波热声制冷机是利用管内产生的近共振的驻波声场来产生热声效应进行工作的。代表性的制冷装置是 Hofler 制作的驻波热声制冷机。Hofler 等制作的空间用热声制冷机工作频率是 400Hz，在－55℃时制冷量为 3W，制冷系数为同温限卡诺循环的 16％（实测值）。

（2）斯特林（Stirling）制冷机实际上是一种带声吸收器的行波热声制冷机。Stirling 制冷机目前作为 80～20K 温区中小型制冷机应用较广。它的特点是工作温度范围宽、效率高、结构紧凑等。如果采用分置式结构，体积小、重量轻，特别适合用于冷却机载设备。

（3）脉冲管制冷机。由基本型脉冲管发展到小孔型脉冲管和双向进气型脉冲管制冷机等形式，可达到的最低温度由 120K 到现在的 40K 左右。脉冲管制冷机在低温端无运动部件的特点使它成为一种有发展前途的机型。它实际上是一个行波热声制冷机和驻波热声制冷机的组合。

（四）涡流管制冷

涡流管（Vortex Tube）是一种能量分离装置，由法国的冶金工程师 G. J. Ranque 发明于 1930～1931 年，涡流管在有压力差的情况下，能够把气流分离成冷、热两股气流。气流在涡流管内高速旋转时，处于管内不同位置的气流所拥有的温度是不同的，处于中心部位的气流温度低，而处于外层部位的气流温度高，这就是所谓的“涡流效应”，也称作“兰克效应（G. J. Ranque 效应）”。

涡流制冷技术（又称为涡流膨胀制冷技术），其工作原理为：经压缩后的压缩空气喷射进涡流管的涡流室后，气流以高达 1000000r/min 的速度旋转着流向涡流管的热气端出口，一部分气流通过控制阀流出，剩余的气体被阻挡后，在原气流的内圈以同样的转速反向旋转，并流向涡流管的冷气端。与此同时，两股气流相互发生热交换，内环气流温度变得很低，从涡流管的冷气端流出，外环气流温度则变得很高，从涡流管的热气端流出。涡流管可以高效地产生出低温气体，用作冷却降温，冷气流的温度及流量大小可通过调节涡流管热气端的阀门控制。涡流管热气端的出气比例越高，则涡流管冷气端气流的温度就越低，流量也相应减少。涡流管最高可使原始压缩空气温度降低 70℃。

涡流管具有无电气、无运动部件、结构简单、操作方便、运行可靠性高、免维护等一系列的优点，在石油化工、低温制冷、国防装备等领域得到广泛应用。主要产品有矿用涡流管制冷柜、涡流管制冷常压冷冻干燥装置等。

（五）激光制冷

激光制冷，也称反斯托克斯荧光制冷（Anti-Stokes Fluorescent Cooling），是近年来正在发展的新概念制冷方法。反斯托克斯效应是一种特殊的散射效应，其散射荧光光子波长比入射光子波长短。由光子能量公式 $E=h\nu=hc/\lambda$（其中 h 为普朗克常数，ν 为频率，

c 为光速，λ 为波长）可知，由于 hc 为常数，光子能量与波长成反比，因此在反斯托克斯效应中，散射荧光光子能量高于入射光子能量。以反斯托克斯效应为原理的激光制冷正是利用散射与入射光子的能量差来实现制冷效应的。其过程可以简单理解为：用低能量的激光光子激发发光介质，发光介质散射出高能量的光子，将发光介质中的原有能量带出介质外，从而产生制冷效应。与传统的制冷方式相比，激光起到了提供制冷动力的作用，而散射出的反斯托克斯荧光是带走热量的载体。目前已经成功实现净激光制冷的固体材料分为两类：稀土离子掺杂玻璃和晶体，如掺杂有 Yb3＋的氟化物玻璃 ZBLANP、掺 Yb 的 LiYF4 晶体等；Ⅱ-Ⅵ族半导体纳米带，如硫化镉（CdS）纳米带等。

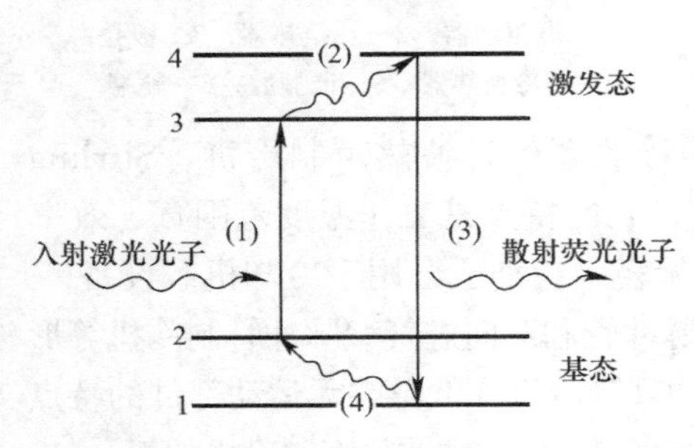

图 1-8　原子能级与激光制冷循环分析图

如图 1-8 所示，激光制冷能量循环过程包括：光子激发（1）、声子吸热（2）、退激发（3）、再吸热（4）。吸收入射激光光子的激发过程（1）使原子的能量状态从基态的顶层能级 2 跃迁到激发态的底层能级 3，处于能级 3 能量状态的原子增多，破坏了激发多重态 3 和 4 的平衡，为了恢复平衡，部分处于能级 3 状态的原子以声子形式吸收光学介质的热量向能级 4 状态转移，形成吸热过程（2）；处于激发态多重态 4 能量状态的原子通过退激发过程（3）放出荧光光子跃迁回基态多重态 1 能量状态，使得基态多重态能级 1 能量状态相对能级 2 具有过多的原子。为了恢复平衡，部分处于能级 1 状态的原子同样也以声子形式从光学介质吸热而向能级 2 状态转移，形成吸热过程（4）。吸热过程（2）和（4）就是激光制冷直接产生制冷效应的过程。

1995 年，美国 Los Alamos 国家实验室 Epstein 等人首次采用激光照射掺杂三价镱离子 Yb^{3+} 重金属氟化玻璃，诱导出反斯托克斯荧光实现制冷。在固体材料上获得实际可测量的激光制冷效应，实现了 0.3K 的温降，其制冷效率达 2%。美国鲍尔空间技术公司的 G. L. Mills 以及 D. D. Glaister 等，在 2003 年就试验了第一台光学制冷机，能够冷却到低于环境温度 11.8℃。实验光学制冷机的示意图如图 1-9 所示，制冷机放在一个小的真空箱

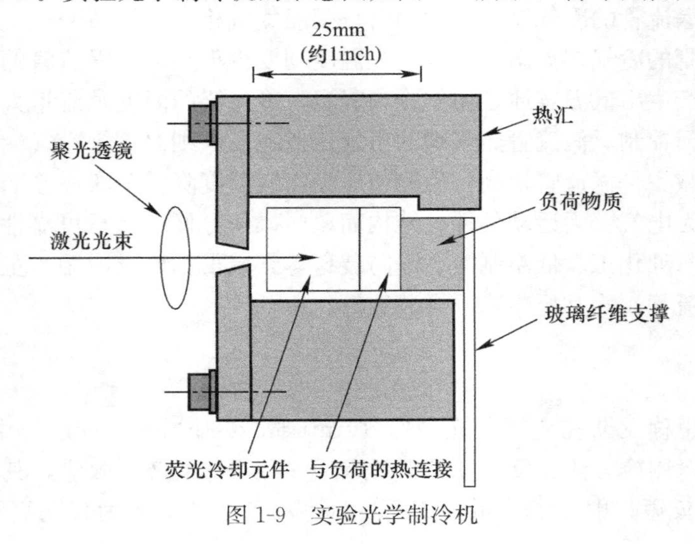

图 1-9　实验光学制冷机

内（图中没有显示），用涡轮分子泵将真空箱抽真空到低于 10^{-4} torr。荧光制冷元件采用 Yb：ZBLAN。实验达到平衡的时候，负荷块温度比初始温度降低了 7.9℃，比散热器温度低 11.8℃。G. L. Mills 以及 D. D. Glaister 等通过对其实验室光学冷机的研究，还发现在所有功率下最优波长为 1030nm，实验室冷机运行达到最大 15.6℃的制冷，最高比功率是 6.9MW/W，随着输入功的增加，比功率降低。

激光制冷机具有无振动和噪声、无电磁辐射、体积小、重量轻、可靠性高、寿命长等特点在航天、军事、电子电信工业、低温物理等领域存在着诱人的应用前景，随着激光制冷各项关键技术和工艺的解决，它将对其他制冷方式的应用构成强有力的挑战。

六、装置技术进展

（一）全自动冷库技术

全自动冷库，即自动化智能立体冷藏库，是指由电脑控制全自动化的冷库，一般高度在十几米以上，并设有轻型钢制作的多层高位货架，搭载在托盘上的货物的堆垛全依靠起重机，全采用自动机械设备装卸货物，无需任何人力参与；立体冷库的冷却装置设在库内顶部，靠对流冷却方式降温，有助于库房上部空间形成低温空气层。与传统冷库相比，它具有的优点为：

（1）冷库温度平稳波动小，能最大限度地保障货物品质；

（2）耗电量大大降低，智能冷库每吨每天低至 0.1 度电；

（3）结构牢固，空间利用率比传统冷库高 40%～50%；

（4）无污染，封闭的制冷循环系统，无任何污水和废气的排放；

（5）自动化出入货，节约装卸费用，节省人力成本。

冷库的全自动运行内容包括两个部分：

1. 制冷系统设备的全自动运行

要实现制冷系统设备的全自动运行，必需的工作和步骤如下：

（1）制定冷库运行合理的运行控制逻辑方框图；

（2）选择控制阀门、检测元件，了解其输入信号和输出信号；

（3）设计合理的电气控制线路图，可选择的控制形式包括继电器、可编程控制器（PLC）或者专业模块控制；

（4）安装与线路连接；

（5）制冷系统调试，包括模拟调试与带负荷试运行。

2. 冷库中进出货物的智能管理

冷库中进出货物的智能管理包括：货物的自动堆垛、仓库管理系统（WMS）、仓储控制系统软件（WCS）系统、运输管理系统（TMS）以及订单管理系统（OMS）等。但是这些技术属于冷库的运营管理，主要体现在使用计算机的软件配置和系统管理上。

其发展趋势主要体现于以下几个方面：

（1）移动互联网技术应用于冷库监控，将冷库监控系统的实时数据发送至移动互联设备，实现移动终端实时监控；

（2）云平台技术的应用，研发以云平台为存储和计算中心的智能制冷控制系统；

（3）控制功能更为完善，自适应算法更优化；

（4）采用大数据技术对数据进行深度挖掘。

（二）速冻技术

速冻，又称为迅速冷冻，常应用于食品加工过程中，一般是指运用现代冻结技术在尽可能短的时间内，将食品温度降低到其冻结点以下的某一温度，使其所含的全部或大部分水分随着食品内部热量的外散而形成合理的微小冰晶体，最大限度地减少食品中的微生物生命活动和食品营养成分发生生化变化所必需的液态水分，达到最大限度地保留食品原有的天然品质的一种方法。食品速冻工艺的总趋势是低温、快速冻结，冻品的形式也从大块盘状冻结向单体快速冻结发展。

目前我国的速冻装置按其冻结原理可分为空气冻结法、间接接触冻结法和直接冻结法三类，主要类型有：强烈鼓风式速冻、流化床式速冻、隧道式连续速冻和螺旋式连续速冻等。

（1）强烈鼓风式速冻装置。采用翅片管蒸发器，冷媒用氨泵强制循环制冷空气，通过强烈鼓风带动空气流动，提高空气制冷效率，再通过冷空气将食品物料冷却冻结。空气通过被冻物时的速度为3～6m/s，室温为－30～－40℃，因此其速冻速度比普通管架式速冻速度快2～4倍。

（2）流化床式速冻装置。采用冷空气作为冷媒，鼓风机使速冻气流自下而上通过颗粒食品，使食品物料在床面上形成“流体状态”速冻，产品流动厚度是3.2cm。同时，设备参数控制繁琐，针对不同食品物料需要调整鼓风速率保证物料形成流化床。因此，流化床式速冻设备的使用范围和设备使用率均受到限制。

（3）隧道式速冻装置。隧道式速冻机内设有空气冷却器和送风机，采用热氨和水对蒸发器进行融霜，由于它不受食品形状限制，食品在吊轨上传送，劳动强度较小。还可减少流水作业线进出隧道带走的能量损失。

（4）螺旋式速冻设备。螺旋式速冻设备的物料输送带为螺旋的管状，螺旋直径大致为2m，螺旋层数可达20层，可有效冻结食品物料。螺旋输送带式速冻机结构紧凑，适用于大部分食品加工企业。

（5）接触式速冻装置。可用氟利昂、盐水等作为冷媒。这种装置通过空心平板传热，因而传热系数大，速冻时间短。

（6）超低温液氮速冻装置。利用－60℃以下的液氮在极低温条件下速冻食品物料。冻结时间最短、速度最快，不应改变食品的原有成分和性质。但国内目前还没有这种设备，必须有一套液氮输送和贮存的车辆和设备，一次性投资较大，液氮价格不菲，生产成本较高。

（7）喷射搅拌速冻装置。喷射搅拌速冻机冷冻速度快且均匀，可利用液体冷媒作为冷冻介质，具有热导率高、传热效率高等特点，加之液体冷媒作为冷冻介质，冷媒可直接接触食品物料各表面，实现食品物料的全面、均匀、快速冷却冻结。且冷媒温度恒定，效率高，适应性强，可实现连续化生产。

为了进一步提高速冻食品的品质，近年来又提出了辅助冻结过程的新技术，并取得了很好的效果，速冻辅助技术和方法主要有：超声波、电磁场、微波、射频和提高空气压力等。

（三）预冷技术

预冷是对采收后的果蔬进行快速冷却，用于降低其呼吸强度、抑制或阻止微生物生长并使得水分蒸发最小化，最大限度地保持农产品的新鲜品质。预冷的方法主要包括压差预冷、真空预冷、冷水预冷等。表 1-2 是几种常见预冷方法的对比表。下面简要介绍这些预冷方法。

常见预冷方法的对比表　　表 1-2

预冷方法	冷却速度	能耗	成本	包装要求	适用范围
压差预冷	慢	低	低	复杂	果蔬
真空预冷	快	高	高	要求严格	叶菜类
冷水预冷	快	较高	低	要求严格	果实类、根茎类

（1）压差预冷。利用一定的装置在被预冷果蔬包装两侧形成压力差，增强冷空气流动，使冷空气与被预冷果蔬充分接触换热。压差预冷要求必须在果蔬包装箱两侧打孔，使冷空气仅通过包装箱上的小孔进入果蔬的缝隙中，为使一定量的空气流入箱内，在箱两侧必然存在压差。通常采用风机强制冷风循环在箱体两侧产生压力差，冷风从箱内通过，将箱内果蔬的热量带走，以达到冷却的目的。此外，隧道式压差预冷由于安装了传送装置，在一定时间内可以进行大批量的产品预冷，预冷效率很高。为了改进果蔬在预冷过程中沿气流方向存在很大的不均匀性，开发出双向交替送风压差预冷装置，在果蔬预冷区域形成双向交替送风的方式；为了解决预冷设备移动性较差的问题，又设计出一种移动灵活的压差预冷装置，可以同时预冷两种不同冷藏温度的果蔬。移动式压差预冷设备，可根据季节变化，对不同果蔬进行移动作业。

（2）真空预冷。真空预冷就是在真空条件下，使水迅速在真空处理室内以较低的温度蒸发，水在蒸发过程中要消耗较多的热量，在没有外界热源的情况下，便会在真空室内产生制冷效果。吸水膜包覆处理，可有效防止预冷过程中的失水问题，失水率大大降低，例如生菜的失水率分别比直接预冷降低 76.3%。

（3）冷水预冷。用冷水作为冷媒，将装箱的果蔬，浸泡在流动的冷水中或采用冷水喷淋使果蔬降温的一种预冷方法。冷却水有低温水（一般为 0～3℃）和自来水两种。为提高冷却效果，可用制冷水或加冰的低温水处理。通常是将果蔬直接浸入冷水中或者将冷水喷洒到其表面。冷水预冷装置有喷雾式、洒水式、沉浸式和混合式四种结构形式。沉浸式冷水预冷是水冷中最快的预冷方式，它的冷却速度几乎是常规水冷速度的 2 倍，适宜沾水不易腐烂的果蔬使用。喷淋式水预冷，冷却速度快且均匀，适用于根菜类，小果类蔬菜，对于根菜类有清洗功能。流态冰直接预冷，即直接将流态冰充注到摆放整齐的果蔬箱体内进行预冷，预冷速率高且果蔬失重小，其适用于沾水不易腐烂的果蔬。流态冰间接预冷系统只制取流态冰，供给压差预冷装置使用。

（四）制冰技术

冰是人工制冷发明后的典型制品，主要用于饮品、食品和物品的降温。制冰技术就是要快速地批量制出各种形状或色泽的冰，以满足不同场合的需求。整体体现制冰技术的设备就是制冰机，它利用制冷原理，将蒸发器改造成结构特殊的制冰器，制冷剂在制冰器内蒸发并带走（或通过载冷剂带走）水的热量，最终使水冻结成冰。制冰机一般按所产冰的形状可分为片冰机、板冰机、管冰机、流化冰机、块冰机、壳冰机、颗粒冰机（方块冰颗粒冰机、杯形冰颗粒冰机、子弹型颗粒冰机、月牙形颗粒冰机）、雪花冰机等。制冰机自动化程度高，操作便捷，用户只需保持设备清洁卫生即可。

为使制冰设备适应水电站、核电站等大型混凝土工程现场，不少制冰设备制造商开发了成套储送冰系统。储送冰系统含自动储冰库、送冰系统和终端设备。自动储冰库可实现自动储冰、出冰，常见形式为耙式自动储冰库、履带式自动储冰库、螺旋式自动储冰库、旋转式自动储冰库。送冰系统可分空气送冰和螺旋送冰两种，空气送冰含空气冷却系统、关风器和送冰管道。螺旋送冰为水平螺旋与提升螺旋的组合。终端设备有缓冲仓、称重斗、分路阀、旋风分离器、自动包装机等。

制冰新技术主要包括：

（1）过冷水连续制冰，是最近发展起来的一种新的制冰方式。水在过冷却器中被冷却达到过冷状态（低于0℃但仍然保持为液态），过冷水的过冷状态消除后成为冰水混合物，其中的水被分离出来继续在系统中循环。过冷水连续制冰制出的冰通常称为泥状冰或冰激凌式冰，是一种冰水混合物，其中的冰晶呈细小的片状或针状。

（2）吸附作用下闪蒸制冰，基于水的低压条件下闪蒸现象，提出了在吸附条件下低压闪蒸的真空闪蒸制冰系统。

（3）真空制冰机，即0℃的水进入制冰发生器蒸发腔，压缩机吸气端通过高真空度的抽气，使制冰发生器蒸发腔上部水滴汽化吸热，低温的液态水形成冰浆。真空制冰机在高蒸发温度（−1℃）即可出冰，在制冰领域拥有很好的前景。

（五）冰箱保鲜及节能技术

1. 保湿增湿技术

冰箱是以人工方法获得低温并提供储存空间的冷藏与冷冻器具。保质保鲜是冰箱一个很重要的功能要求，尤其在冷藏室内对新鲜蔬菜水果类进行保湿保鲜更为重要，为此，近年来为风冷冰箱研制了相应的保湿增湿技术。这些技术主要包括：

（1）超声波加湿。在冰箱内配置超声波加湿装置，结合冰箱自身特点设计加湿控制电路，以化霜水作为加湿介质，将水雾化为1～5μm的超微粒子，通过风动装置，将水雾扩散到空气中，解决了冷藏室湿度保持的问题。

（2）保鲜透湿膜，是一种通过特殊处理的植物纤维薄膜，水分子将纤维分子链的化学基团作为台阶，使得水蒸气分子通过紧密分子链之间的间隙。当果蔬室内湿度接近饱和时，通过保鲜透湿膜将部分水蒸气排出，以避免湿度过高；当果蔬室内湿度不足90%时不进行交换，维持果蔬室的湿度。它还排除乙烯气体，延缓果蔬成熟和衰老的速度。

（3）双蒸发系统采用回风循环化霜。因冷藏室的温度一般高于0℃，通过冷藏室内空气循环，融化凝结在蒸发器上的霜层，将霜层的冷量和水分再次循环到冷藏室内，避免了通过化霜而流失到冰箱的外部。

2. 保鲜新技术

近年来，冰箱采用的保鲜新技术主要包括：

（1）静电保鲜技术。静电场可以取得比较理想的果蔬保鲜效果。

（2）冰温保鲜技术。从0℃到结冰点的温度区域叫“冰温区”，以此为基本技术的保鲜方法叫冰温技术的应用。利用冰温技术保鲜贮藏食品，在时间和鲜度上比现有冷藏技术要延长保存期数倍以上。

（3）杀菌、抗菌型保鲜技术。主要包括通过臭氧发生器产生臭氧的臭氧杀菌技术、通过紫外线对微生物照射的紫外线杀菌保鲜技术、通过负离子发生器产生大量负离子的负离子杀菌技术，以及使用纳米银、纳米金等的纳米抗菌技术。

（六）数据中心用热管自然冷却技术

随着我国社会信息化的高速发展，数据中心的数量和规模也在不断增长，随之而来的是能耗总量的急剧增加。目前，我国数据中心总量已超过40万个，年耗电量超过全社会用电量的1.5%，达到近千亿度。空调系统需要全年为数据中心降温，能耗约占数据中心总能耗40%，几乎与信息技术（IT）设备相当。在气温较低的季节，利用室外自然冷源进行冷却，可降低数据中心空调系统能耗40%～65%。当前采用自然冷却的技术方式主要有三类：风侧自然冷却方式、水侧自然冷却方式和热管自然冷却方式。风侧自然冷却方式是指将室外温湿度适宜的冷空气引入室内或通过使用换热器使室外冷风与室内热风进行换热，它对空气质量的要求较高并且设备体积比较庞大，所以应用场地受到了极大的限制。水侧自然冷却方式主要通过冷却塔或者干冷器利用冷空气获得低温水，由于系统较复杂和庞大，因此推广范围将受到一定的限制。热管自然冷却方式是利用热管的高效传热特性将数据中心热量散发到冷空气中，通常需要为热管介质提供循环动力，可以是毛细力、重力等小驱动力，也有机械泵之类的较大驱动力部件，因此也将该回路称之为两相冷却回路。

1. 重力驱动型热管自然冷却技术

它又称分离式热管、回路热管或环路热管，其基本构成见图1-10。通过工质在室内外换热器之间的相变压力差传递热量，在重力作用下实现自然循环和回流。整个系统通过工质的自然流动将热量从室内排到室外，无需外部动力，运行能耗相比机械制冷系统大幅度降低。其传热性能较好，可以在室内外小温差的情况下运输高热流密度，适用于数据中心这类对环境和安全性要求高的场合。研究发现，热管型机组的平均能效比（*EER*）可达9.05，与传统空调相比，其节能率高达62.4%。存在的主要问题是其驱动力有限，无法适应大阻力回路或多个发热点并行散热的复杂支路结构。

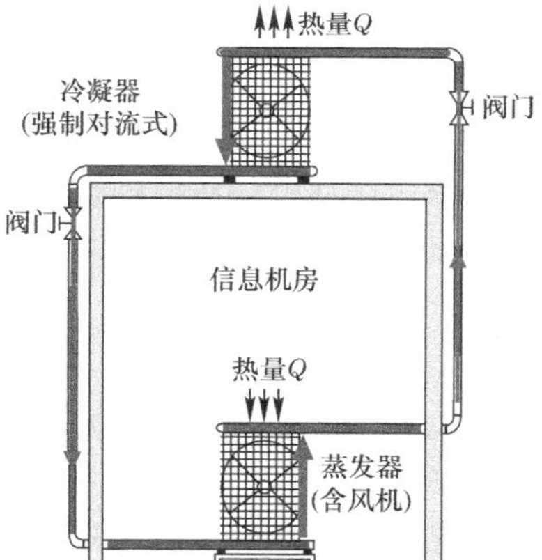

图1-10 重力驱动型两相循环自然冷却回路

2. 液泵驱动型热管自然冷却技术

如图1-11所示，液泵驱动型系统主要由冷凝器（室外侧）、蒸发器（室内侧）、液泵、储液罐和风机组成，通过管路连接起来，将管内部抽成真空后充入冷媒工质。系统运行时，由液泵将储液罐中的低温液体冷媒工质输送到蒸发器中并在蒸发器中吸热相变汽化，之后进入冷凝器中放热，被冷凝成液体，回流到储液罐中，如此循环，从而将室内的热量源源不断地转移到室外，达到为数据机房冷却散热的目的。研究表明，在室内温度为

25℃、室外温度为15℃的工况下，机组 *EER* 超过6，最高可达13；当室内外温差为25℃时，*EER* 超过15。应用该技术，全国70%的地域年节能率超过30%。

3. 气泵驱动型热管自然冷却技术

同样是基于强化驱动力的考虑，除了在液相侧强化驱动外，在气相侧同样也可以考虑强化驱动力，图1-12所示为气泵驱动型自然冷却回路。气液分离器安装在蒸发器和气泵之间，用于保证进入气泵的工质状态为气相。气相工质经气液分离器被气泵吸入，经过气泵绝热增压，排出至冷凝器；在冷凝器内，气相工质与冷源发生热交换，从饱和气体被冷凝成饱和液相或过冷液相；液相工质接着从冷凝器出口流入蒸发器内，在蒸发器内完成与室内空气的换热，液相工质变成气相工质或气液两相工质，经汽液分离器后，气相工质再次被吸入气泵，开始循环。研究表明，当室外温度低于15℃，数据机房应用气泵驱动冷却机组进行散热可以满足室内负荷的要求，且全年节能率约为25.8%。

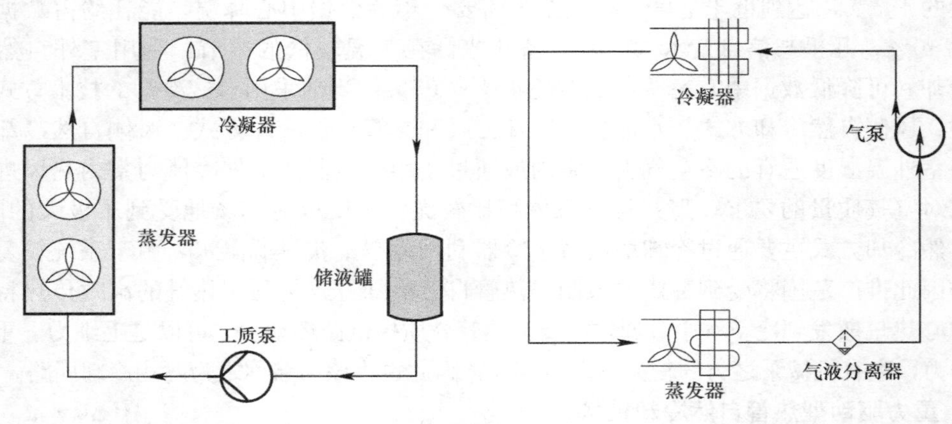

图1-11　液泵驱动型自然冷却循环回路　　图1-12　气泵驱动型自然冷却回路

热管自然冷却技术未来将会进一步朝着改善换热效果和降低成本的方向发展，并与蒸气压缩式制冷循环有机结合，研发出热管复合机械制冷的整体式全年冷却技术和产品，更好地满足数据中心的节能需求。

（七）太阳能热泵/制冷技术

太阳能热泵是指依靠太阳能工作，产生制热和制冷效应的一系列热泵的总称。在暖通空调领域，能量密度低的太阳能与热泵相结合的太阳能热泵技术，能够提高整个系统的能源利用效率，是目前及未来太阳能制热和制冷的发展趋势。太阳能热泵主要分为两类：

1. 第一类太阳能热泵

它是以太阳能为驱动源的热泵，将太阳能作为驱动力（电能、机械能、热能等），从低温热源（如环境空气、水、土壤等）吸热，并向高温热源放出热量。太阳能作为驱动源为整个系统输入功或高温热，因此太阳能驱动源热泵既能制热也能制冷。根据能量转化过程的不同，第一类太阳能热泵包括太阳能光热热泵、太阳能光电热泵、太阳能机械式热泵、太阳能光化学热泵等主要形式。图1-13概括出以太阳能作为驱动源的太阳能热泵及各类热泵之间的相互联系。图1-14示出了各种以太阳能作为驱动源的太阳能热泵的转换效率。图中的箭头表示能量转换过程，箭头上的数字表示该转换过程的典型实用效率，以接收的太阳光能等于1000W为比较基准。

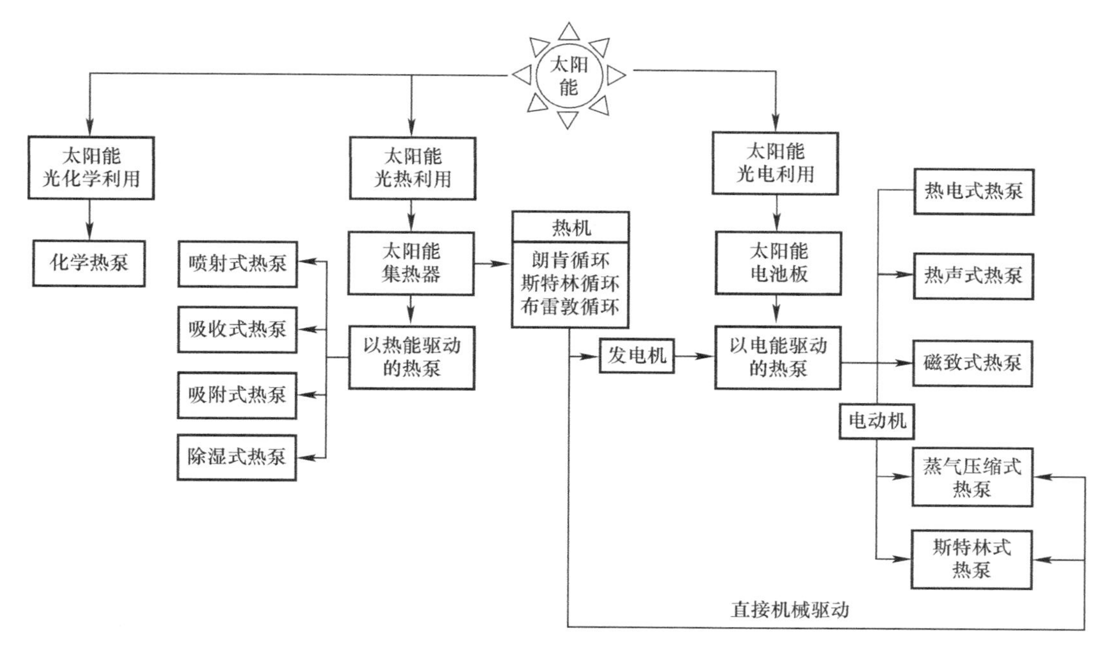

图1-13　以太阳能作为驱动源的太阳能热泵分类图

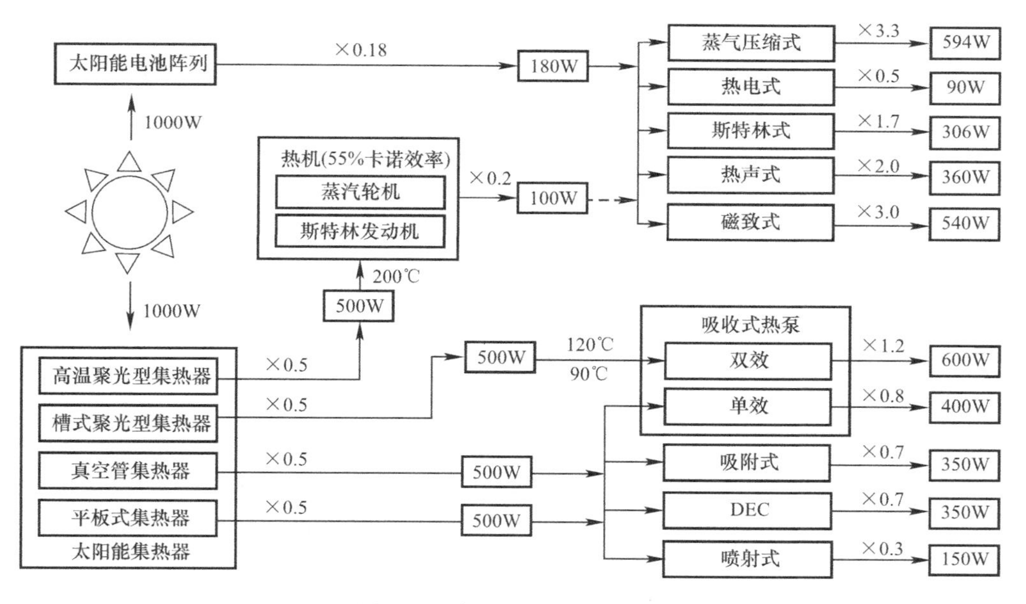

图1-14　各种太阳能热泵的典型效率

2. 第二类太阳能热泵

它是以太阳能为低温热源的热泵，也被称为太阳能辅助热泵。这类热泵因为使用太阳能作为低温热源，因此无法利用太阳能进行制冷。目前研究较多的是以太阳能集热器和蒸气压缩式热泵相结合的太阳能辅助热泵。根据太阳能集热器与热泵蒸发器的组合形式，太阳能辅助热泵可分为直接膨胀式和间接膨胀式。在直膨式系统中，太阳能集热器与蒸发器合二为一，即制冷工质直接在太阳能集热器中吸收辐射能而得到膨胀蒸发，而在冷凝器中将热量放给高温热源［见图 1-15（*a*）］。在间接膨胀式系统中，太阳能集热器与蒸发器分立，先通过集热介质（水、空气、防冻液等）在集热器中吸收热量，然后集热介质再将热量传递给制冷剂。根据集热介质循环管路与制冷剂循环管路的连接方式，间接膨胀式系统又可进一步分为串联式、并联式和双热源式（串并联混合式），分别如图 1-15（*b*）～1-15（*d*）所示。

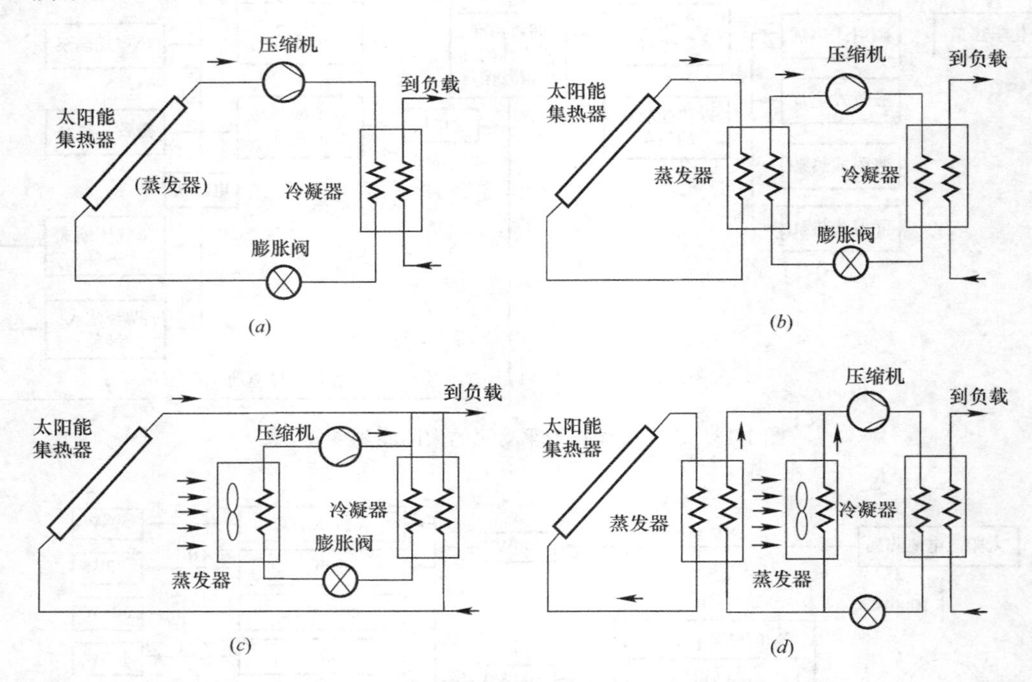

图 1-15　几种太阳能辅助热泵系统原理图

（*a*）直膨式；（*b*）串联式；（*c*）并联式；（*d*）双热源式

在第一类太阳能驱动源热泵中，太阳能光伏热泵应用最为成熟，它是将太阳能光伏发电系统和热泵系统结合在一起，利用光伏板发电来驱动热泵工作。近年来人们致力于研究无蓄电池的光伏直驱热泵系统，光伏直驱太阳能热泵。由于省去了光伏发电系统中的蓄电池和相应的充电控制器的光伏热泵系统，光伏直驱太阳能热泵变得更可靠、寿命更长、成本更低、效率更高，且对环境更加友好。光伏板发电效率受光伏电池温度的影响很大，而光伏光热一体太阳能热泵能在降低光伏板温度、提高发电效率的同时，回收光伏板上的废热，大大提高了系统的总效率，充分利用了太阳能，是未来此领域研究的一个重要方向；另外，用光伏所发的直流电直接驱动的全直流光伏空调（即光伏直驱空调），相比于交流型光伏空调，可以省去“直流-交流-直流”的转换过程，也将是未来研究的一个重点。

（八）换气热回收技术

出于健康考虑，必须对室内进行通风换气，《民用建筑供暖通风与空气调节设计规范》GB 50736 要求民用建筑的最小新风量是每人 $30m^3/h$。但是，对于中国大多数城市，在夏季排风温度（24～28℃）要比室外空气温度（32～38℃）低；冬季排风温度（20～25℃）要比室外空气温度（5～10℃）高。因此，引入新风带来了巨大的空调负荷。换气热回收，即将室内排出空气（排风）携带的能量转移到要进入室内的新风，可以有效降低新风负荷。从理论上讲，室外空气参数与室内偏离越大，热回收带来的节能效果就越显著。换气热回收技术实质上就是一套高效换热装置，其核心部件就是换热器，它将排风中携带的冷量或热量通过热交换的形式传递给新风，使新风的状态参数向回风偏移。从换热机理来看，换气热回收设备主要有载热流体换热、间壁换热和蓄热换热等形式，如图 1-16 所示。

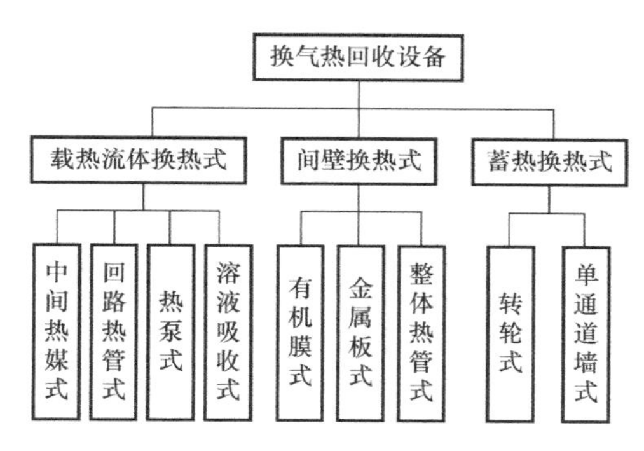

图 1-16　换气热回收设备的主要形式

1. 载热流体换热式设备

主要有中间热媒式、回路热管式和热泵式，其特点是新风和排风通道中各置一换热器，并用管路将之连接成封闭回路，流体在回路中循环流动，排风先将能量通过换热器传递给载热流体，之后载热流体再把能量通过换热器传递给新风。中间热媒式设备的流体为单相流体，以水为主，通常为了防冻而加入一定的防冻剂；回路热管式设备的流体在工作时为两相流体，以制冷剂等低沸点工质为主，工质泵驱动载热流体循环流动，冬、夏季工况转换时需要切换阀门改变工质流向，它可以视为中间热媒式设备的更新换代技术；热泵式设备就是一套热回收用的空气-空气热泵机组，流体为热泵工质，压缩机驱动工质循环流动来实现热功转换，可以将新风处理到室内空气参数送入，集热回收和新风处理两个功能于一体；溶液吸收式热回收器，在新风和排风侧分别设置溶液填料塔，溶液循环泵驱动一定的溶液在两个塔间循环，夏季溶液在新风侧吸热吸湿，在排风侧放热放湿。冬季溶液在排风侧吸热吸湿，在新风侧放热放湿，从而实现对空气的全热回收。

2. 间壁换热式设备

其核心部件就是空气-空气换热器，新风和排风各走换热器的不同通道，二者由于温差的存在通过换热器时产生交换，排风将能量传递给新风。它主要有有机膜式、金属板式和整体热管式。有机膜式设备的换热器间壁为高分材料等制成的有机膜，该膜不仅能够导热，通常还具有强烈的吸潮作用，新风和排风通过换热器时在换热同时也可以把排风的水蒸气传递给新风，因此，也称全热交换器。金属板式设备的换热器间壁为金属薄板，通常为铝箔压制而成，铝箔板依次叠放形成交叉流通道，金属薄板的导热能力远高于有机膜，但是无法通过水蒸气，新风和排风通过换热器时只能换热，因此，也称显热交换器。整体热管式设备也是一种显热交换器，它将热管的蒸发段和冷凝段分别置于新风和排风通道中，利用热管元件超导热能力特性，新风和排风通过热管实现能量的传递，过程类似于前面介绍的回路热管式，不同的是工质流动不是靠泵而是靠热压效应完成的。

3. 蓄热换热式设备

其核心部件是蓄热体，排风流过蓄热体时将能量留存其中，随后新风再流过蓄热体时将能量传递给新风。它主要有连续式和间歇式两种类型，前者为转轮式，蓄热体为蜂窝状多孔结构的转轮，转轮交替地转过排风和新风通道，热回收过程可以连续地进行；后者通常为单通道墙式，蓄热体通常为金属或陶瓷多孔芯体，新风和排风交替流过芯体时，就可以实现热回收过程。蓄热体表面涂有吸潮层时，可以实现全热交换；否则只能实现显热交换。蓄热换热式设备的最大缺点是新风和排风无法做到严格的隔离，会产生交叉污染。

第四节　发展展望

一、制冷空调产品的高效化

能源短缺和环境恶化是全球需要长期面对的问题，因此节能减排仍是制冷空调技术未来发展的主要推动力，制冷空调产品的高效化仍会长期持续下去。高效化主要会从以下方面着手：一是现有产品的能效比进一步提升，更加注重全工况和全生命周期的节能评价。二是全面考虑制冷空调系统的能量回收和综合利用，首先要有以厂区或建筑综合体为单位的区域能源全局规划，尽可能做到温度布局有序、冷热同时利用和回收排放物的能量；其次高效回收利用制冷系统节流压力能、冷凝热和压缩机的散热。三是扩大可再生能源在制冷装置中的利用，如基于光热、光伏效应的太阳能利用，以及地热能和风能的利用。四是新型制冷方法的持续技术研发，如热电制冷、磁制冷、热声制冷和涡流管制冷等制冷新技术，以及外太空辐射降温的新型冷却技术，技术上一旦有突破，将会给制冷产业带来革命性的变化。

二、制冷剂的天然化

水、空气、氨、二氧化碳和丙烷等天然物质，能够很好地符合国际环保公约，从环保的角度看它们是理想制冷工质，但是从热力性能和安全角度看，它们又有这样或那样的不足。克服天然工质的不足，发挥其环保优势，扩大其应用，将是制冷技术未来发展的重要方向。当然，合成环保性能与天然工质接近且热力性能更加优越的近天然工质，也是该发展方向的主要技术路线之一。

三、压缩机的无油化

没有润滑油的存在，制冷系统可以大大地简化，效率更可以显著提高，但是实现它的前提就是采用无油压缩机。目前采用磁悬浮或气悬浮轴承的无油离心压缩机已经得到一定程度的应用，其他形式压缩机无油化的路还很长，但是无油化的发展方向将不可逆转。

四、热泵技术助力能源清洁化

热泵由电能驱动且无任何排放，是一种使用便利的高效供热技术，在我国能源结构朝清洁化方向的调整过程中将会继续发挥更大作用。首先在供暖和供热水方面，在传统供暖区替代分散燃煤供暖的趋势不可逆转，在夏热冬冷地区，冬季不管是分散式供暖还是集中式供暖，首选还是热泵技术。目前热泵在这两个气候区的推广应用仅仅是个开端，仍会继续快速地发展下去。其次在余热回收方面，热泵技术也有很大的发展空间，目前已经开始应用的有：利用吸收式热泵回收电厂或钢厂冷却水的热量供给城市供暖热网，回收数据中心热量为附近小区供暖，回收牛奶加工过程中的余热用于前端工艺的加热等。

五、冷源自然化

在人工制冷技术应用之前，利用山洞降温、冬季贮冰都是一种无奈的选择。而现代利用自然冷源则是节能减排的需要，如采用自然冷却技术在冬季为数据中心和通信机房降温，可以带来巨量节电效果。另外，因地制宜地利用自然洞穴、冬季贮冰来储藏果蔬也有明显的节能减排效益。随着社会高度发展和信息化深入，自然冷源技术将会进一步发展和扩大应用。

六、产品的信息化和生产的智能化

制冷空调产品对接物联网，具备远程操控和检测功能；人工智能技术应用于制冷空调产品，使其更加智能化，都将会逐步得到深入发展。另外，物联网获取的海量运行和使用数据，通过大数据分析将有力地推动制冷空调产品的个性化制造。当然，制冷空调生产过程中机器人会得到大量应用，其智能化程度将会进一步提高。

本章参考文献

[1] 张朝晖主编. 制冷空调技术创新与实践 [M]. 北京：中国纺织出版社，2019.

[2] 江亿，张华主编. 中国制冷行业战略发展研究报告 [M]. 北京：中国建筑工业出版社，2016.

[3] 吕天，王非，吕由，等. 涡流管制冷技术在平板玻璃工业建设项目中的应用 [J]. 玻璃，2017，44 (9)：29-33.

[4] 汤珂，陈国邦，冯仰浦. 激光制冷 [J]. 低温与超导，2002，30 (3)：5-11.

[5] 申超，张俊. 激光制冷固体材料的研究现状与未来 [J]. 新材料产业，2016 (1)：57-60.

[6] 职更辰，王瑞. 热电制冷技术的进展及应用 [J]. 制冷，2012，31 (4)：42-48.

[7] 郭凯，骆军，赵景泰. 热电材料的基本原理、关键问题及研究进展 [J]. 自然杂志，2015，37 (3)：175-187.

[8] 刘益才，武曈，方莹，等. 热声热机的研究进展 [J]. 真空与低温，2014 (1)：1-8.

[9] 张海伟，刘家林，郑学林. 热声制冷技术的研究与进展 [J]. 制冷，2012，31 (3)：44-50.

第二章　制冷/热泵循环研究进展

中国30多年来经济的高速发展，造就了巨大的制冷和热泵装置需求。建筑业发展致使空调使用量急速增长；雾霾造成空气污染使得压减燃煤迫在眉睫，呼唤高效热泵技术的推广运用；冷藏链及其物流业发展，加快了冷冻冷藏基础建设的速度。2014年我国中央空调市场的整体容量达到730亿元，同比2013年增长率为9.0%；我国商用冷冻冷藏设备市场的整体容量2015年已经达到390亿元，增长率达到9.1%。但是，制冷（热泵）产品的大量使用消耗了巨大的电能，也形成了巨大的节能减排压力，建筑节能已经成为当前热点的公共话题。发展新型节能高效的循环形式是制冷研究工作者永恒的任务。

当前，蒸气压缩式制冷热泵技术依然是制冷热泵技术的主流。本章归纳整理了几种新的制冷、热泵循环形式，介绍了其循环原理及发展，重点介绍了空气源热泵的发展现状。并结合一些实测的实验数据或工程实例对其循环的优势进行比较研究。

第一节　经济器强化补气系统的发展状况

一、构造原理

补气系统目前已经成熟地应用在涡旋压缩机上。涡旋压缩机于1905年由法国人Creux取得专利，经历20世纪初几十年的沉寂后迅速发展起来。其具有效率高（吸、压、排气连续单向进行，容积效率95%以上）、力矩变化小、振动小、噪声低及结构简单（其与滚动活塞、往复式零件数目比为1∶3∶7）等优点。目前的小型家用空调（1～15kW），大多数采用涡旋式或滚动活塞式压缩机。涡旋压缩机的吸气、压缩、排气三个工作过程连续单方向进行。补气的开始和结束随着涡旋盘的旋转而自动打开或关闭。特别是在制热工况下，补气的综合效果十分明显。

二、循环形式

经济器强化补气系统可采用的循环形式包括过冷器系统［见图2-1（*a*）］、过冷贮液器系统［图2-1（*b*）］和闪发器系统［见图2-1（*c*）］三种。针对不同的使用目的，可选择相应的循环形式，如，单冷空调适宜采用过冷器系统，过冷贮液器系统适合热泵制热。由于闪发器系统方便冷/热切换，适宜使用在制冷及制热兼有的场合。

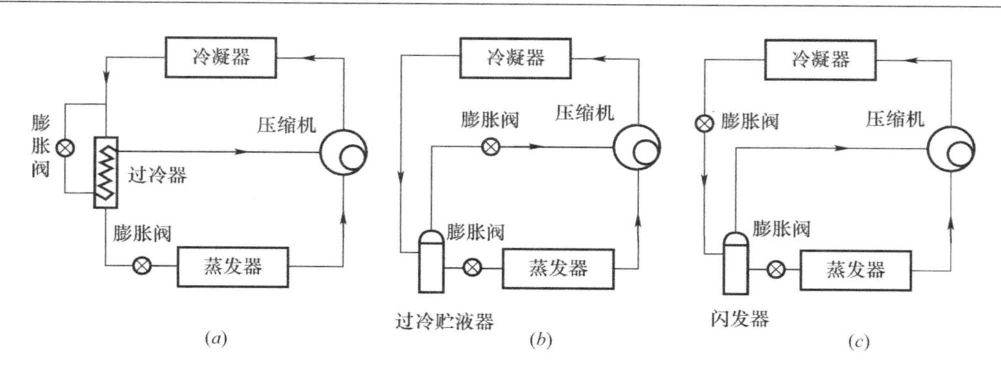

图 2-1　经济器强化补气系统的循环形式

补液系统不需安装闪蒸器，系统更加简单。从冷凝器出来的液体经膨胀阀节流后以液体的形式喷入到中间腔内。制冷 COP 随补液量的变化规律呈增大趋势，但增加幅度不明显。补气可以选择闪蒸器系统、过冷贮液器系统和过冷器系统。与补液不同，补气时从主路抽出部分高压液体制冷剂，在中间压力下气化吸热，吸热过程造成主路制冷剂过冷，提高制冷量，而补入的气体为饱和或具有一定过热度的气体，可以起到提高压缩效率的作用。补入的气体温度、压力不能任意选取，范围为：

补入气体的压力≤系统冷凝压力

补入气体的温度≤系统主路过冷液体温度

带喷射器和贮液过冷器的热泵（制冷）系统是补气系统的发展形式，其构成如图 2-2 所示。采用带补气功能的压缩机，压缩机、冷凝器、过冷贮液器、膨胀阀和蒸发器构成工作主路，过冷贮液器上部与压缩机补气口间的连通管路上接入喷射器，形成工作辅路，即补气回路；用过冷贮液器上部的高压制冷剂蒸气作为喷射器的工作流体，引射蒸发器出口的低压制冷剂蒸气，在喷射器出口形成中压制冷剂蒸气，并通过压缩机补气口直接喷入压缩腔或中间腔内，因而用单个压缩机完成了准二级或二级压缩过程，显著降低压缩功和排气温度，扩大热泵的运行工况范围，同时其能效比也得到提高。由于喷射器具有回收高压流体压力能的作用，又能引射低压流体并使之升压，因此，又使热泵能效水平得到进一步提高。通过以上技术措施，有效改善空气源热泵在低温工况下的制热性能和高温工况下的制冷性能，保证了空气源热泵能够在北京地区高效、稳定地长期运转，使其作为清洁、高效、便利的供暖技术手段。

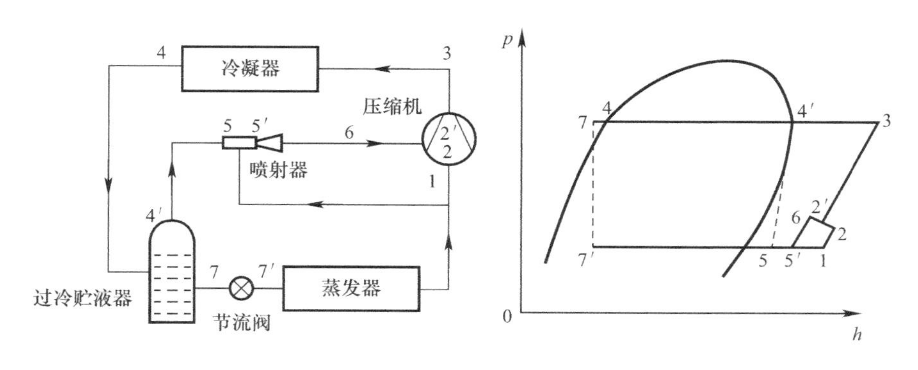

图 2-2　带喷射器和贮液过冷器的热泵（制冷）系统

三、关键技术

补气孔开设的位置对热泵系统性能有较大的影响。研究者提出了该压缩机最优补气孔开设区域的确定方法。参见图 2-3，其步骤如下：（1）在涡旋压缩机的定涡旋盘上的涡旋型线的靠圆心侧的最远端 M 点沿圆心转动 360°，得出定涡旋盘上的 A 点；（2）过定涡旋盘的圆心 O 点与 A 点做一条直线，相交于定涡旋盘上的涡旋型线，得出 B 点；（3）将 A 点与 B 点的直线 AB 逆时针旋转 30°，得出直线 $A'B'$，直线 $A'B'$ 交定涡旋盘上的型线于 A' 点和 B' 点；（4）当涡旋压缩机的动涡旋盘的型线处于和定涡旋盘的型线中心对称的位置时，直线 AB 和动涡旋盘的型线或者是密封圈的型线相交，得出 C 点、D 点。（5）当涡旋压缩机的动涡旋盘的型线处于和定涡旋盘的型线中心对称的位置时，直线 $A'B'$ 和动涡旋盘的型线或者是密封圈的型线相交，得出 C' 点、D' 点。（6）两个对称的补气孔位置分别确定在位于 $AA'C'CA$、$BB'D'DB$ 构成的区间内。

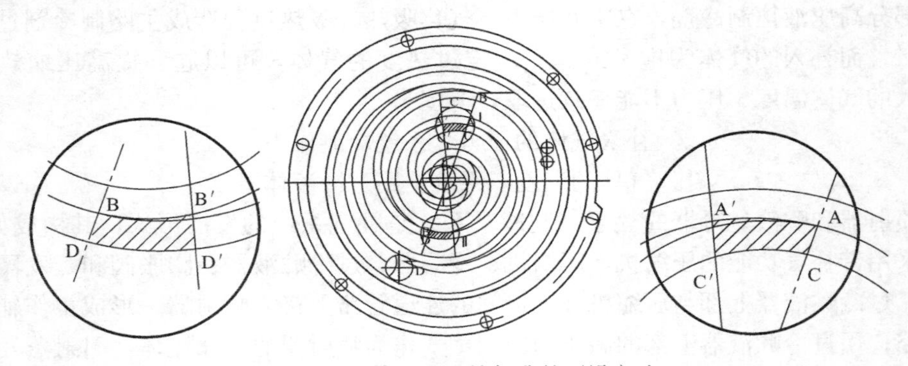

图 2-3　涡旋压缩机补气孔的开设方法

中间压力存在最优值。如图 2-4 所示，制冷 COP 随中间压力的升高先增大后减小。在中间的某个压力下达到最大值。出现最大值的位置并不取决于采用何种工质，而主要取决于工况。比如，R410A，R32 和 R22 在制冷工况下出现最大 COP 值的中间压力都在 1.5MPa 附近。而在制热工况下，R410A 的蒸发温度为－10℃时，出现最大 COP 的补气压力值为 1.1MPa，蒸发温度为 0℃时出现最大 COP 的补气压力值为 1.3MPa。

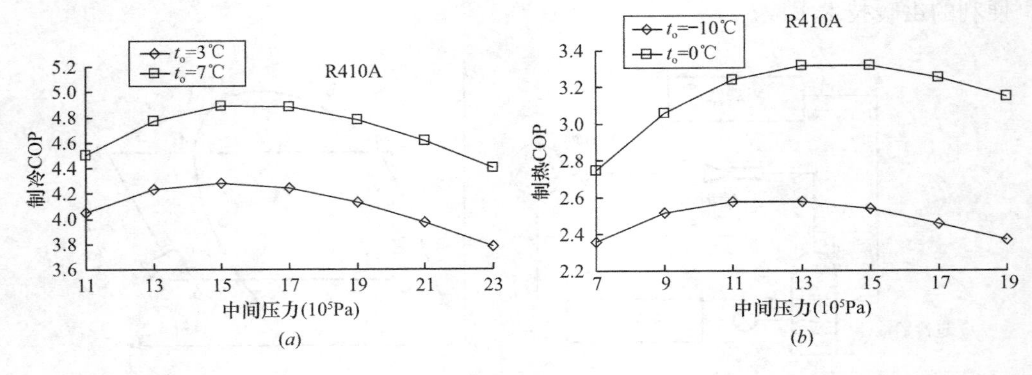

图 2-4　制冷、制热 COP 随中间压力的变化关系

（a）制冷；（b）制热

四、实验与应用

研究结果表明：

（1）相对于单级系统，补气系统的排气温度可降低10～15℃，与补气系统相比，喷射器补气系统的排气温度降低5～10℃。排气温度随着补气压力的升高而明显降低，且蒸发温度越低，效果越显著，这说明增大补气量能够有效改善压缩过程且有助于降低排气温度，从而提高系统的运行可靠性和低温适应性。在蒸发温度为－25℃时，对于普通单级系统，由于排气温度过高（≥130℃），机组已经不能长时间工作；而对于补气系统，补气压力从1.0MPa到1.3MPa变化时，排气温度从125℃降低到了120℃以下，有效解决了普通单级热泵系统在蒸发温度为－25℃时不能开机运行的问题。

（2）与单级压缩热泵系统相比，补气系统可使制热量提高10％～30％，喷射器补气系统的制热量稍高于补气系统，并且随蒸发温度的降低而表现明显，这说明喷射器补气系统的低温工况适应性更好。

（3）喷射器补气系统与补气系统的输入功率随蒸发温度变化不大，但比单级系统总体高1.5％～3.4％；单级系统的输入功率随蒸发温度降低显著减少，特别是低蒸发温度下更为明显；相同蒸发温度下，喷射器补气系统的输入功率低于补气系统约4％。

（4）与单级系统相比，补气系统的制热能效比COP可提高约10％，蒸发温度－15℃时达到2.51。与补气系统相比，喷射器补气系统的制热能效比COP平均提高3％～5％，并且蒸发温度越低，COP的提高幅度越大，即喷射器补气对制热COP的改善程度越大，这同样说明喷射器补气系统具有优异的低温工况适应性。表2-1列出了不同类型循环方式的比较结果。

不同类型循环方式的比较　　**表2-1**

系统	性能	制热量（kW）	输入功率（kW）	制热COP
单级系统	测试结果	9.51	4.33	2.19
	计算结果	9.53	4.38	2.17
	误差（％）	0.21	1.15	－0.65
补气系统	测试结果	10.52	4.17	2.51
	计算结果	10.56	4.19	2.52
	误差（％）	0.38	0.48	0.41
喷射器补气系统	测试结果	10.61	4.10	2.59
	计算结果	10.63	4.08	2.61
	误差（％）	0.19	－0.49	0.59

目前，补气系统的研究热点包括：不同类型压缩机的补气系统（如滚动活塞压缩机）、新型环保工质的应用及多级补气压缩系统的理论与实验研究等。

第二节　双级压缩循环的发展现状

一、系统原理

家用空气源热泵是使用量和市场潜力巨大的产品。根据房间热泵空调器结构紧凑、控制成本，且需要制冷、制热兼优的特殊要求，构造出的家用双级压缩循环的原理，如图 2-5 所示。该系统包括压缩机、四通阀、第 1 换热器、第 2 换热器、第 1 节流元件、第 2 节流元件及闪发器，闪发器的壳体内有带隔板的闪发腔，以保证流向改变时具有同样的高效闪发效果。压缩机的高压端、低压端分别与四通阀的两个端口相连接，第 1 换热器、第 2 换热器与四通阀的另两个端口相连接，闪发器通过补气管与压缩机的补气口连通。

其特点如下：(1) 增加四通阀，改变系统制冷剂的流向，来实现室内侧换热器制冷和制热功能的转换，达到夏季高效制冷、冬季低温制热的目的。(2) 压缩机为带补气功能的旋转压缩机（也称滚动活塞、滚动转子压缩机），既有旋转压缩机效率高、运转平稳的优势，又有强化补气的效果。(3) 闪发器是双流向的高效闪发器，保证四通阀换向前后都能产生高效的闪发效果。(4) 该系统可有效降低系统的复杂程度，提高系统的可靠性。

双级压缩循环的核心部件是双级压缩机。一般采用双缸旋转压缩机。双缸旋转压缩机具有热力性能优良、动力平衡性能好的优点，是一种应用前景很好的空调压缩机，如图 2-6 所示。该压缩机构造和组成类似于普通的双缸旋转压缩机，其特征在于将双缸压缩机的下气缸设计为低压级缸，上气缸设计为高压级缸，在高压级缸和低压级缸之间增设混合室，混合室与高压级的吸气口、低压级的排气口及与闪发器相连的补气管相通。

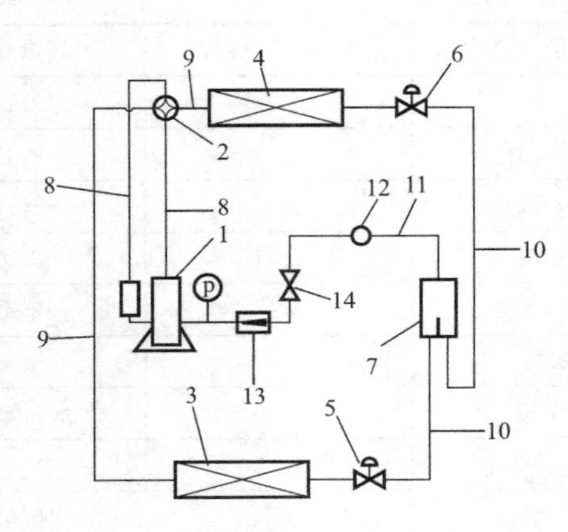

图 2-5　双级压缩循环原理

1—压缩机；2—四通阀；3—第 1 换热器；4—第 2 换热器；5—第 1 节流元件；6—第 2 节流元件；7—闪发器；8—第 1 连接管；9—第 2 连接管；10—第 3 连接管；11—补气管；12—液视镜；13—单向阀；14—电磁阀

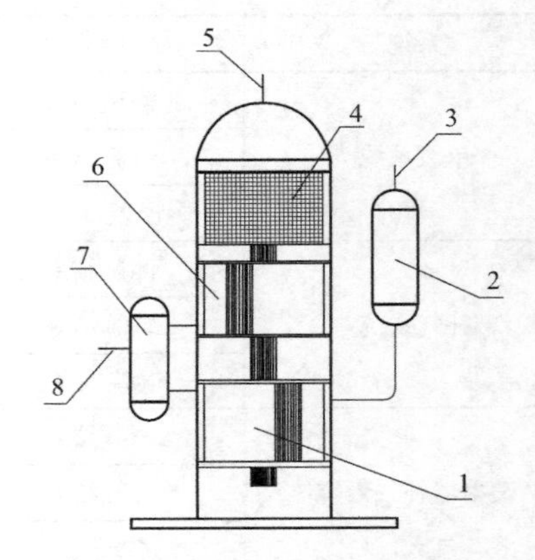

图 2-6　双缸旋转压缩机

1—低压级；2—气液分离器；3—吸气管；4—电机；5—排气管；6—高压级；7—混合室；8—补气管

二、关键技术

高低压缸容积比。图 2-7 所示为制冷、制热 COP 随高低腔压容积比的变化规律。制冷 COP 随高低腔压容积比的增大呈先增大后减小的趋势，并在某个高低腔压容积比下达到最大值，与采用的工质种类关系不大。如，对于 R410A、R32 和 R22 在制冷工况下出现最大 COP 值的高低腔压容积比为 0.7 左右；而对于制热工况，出现最大 COP 值的高低腔压容积比要小，大约为 0.6。其中的原因是制热工况时，吸气压力较低，造成低压级的排气压力要低。

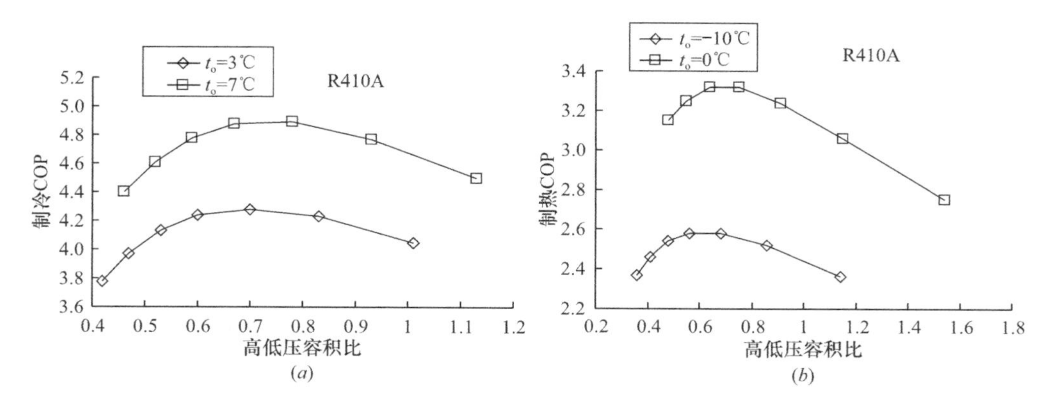

图 2-7　高低压容积比对制热、制冷性能的影响

(*a*) 制冷；(*b*) 制热

闪发器是补气系统的核心部件，图 2-8 所示为两种可选用的闪发器。

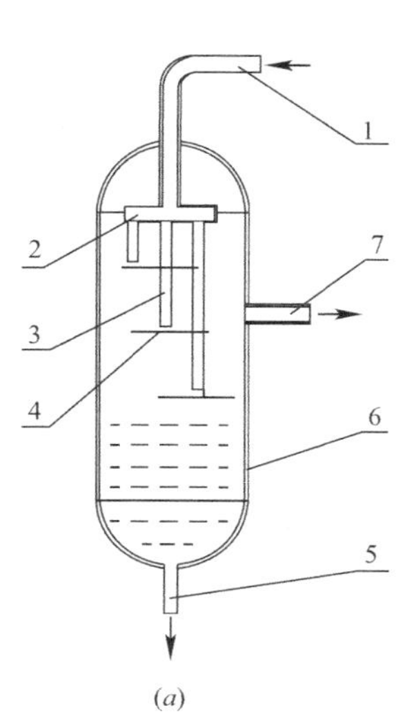

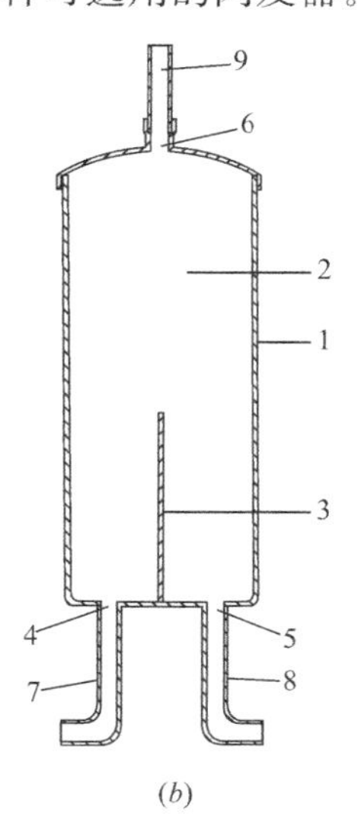

1—进液管；2—分液管；3—中间隔板；4—闪蒸隔板；5—出液管；6—壳体；7—出气管

1—壳体；2—闪蒸腔；3—隔板；4—第一通液管口；5—第二通液管口；6—出气管口；7—第一通液管；8—第二通液管；9—出气管

图 2-8　两种闪发器结构形式

(*a*) 绕片式；(*b*) 镶片式

带布液歧管的闪发器，如图 2-8（*a*）所示，由进液管、分液器、布液歧管、闪蒸隔板、出液管、壳体及出气管等组成，进液管在壳体上部，出液管在壳体下部，出气管在壳体中间或靠上部的位置；在壳体内部，分液器与进液管相连，分液器接布液歧管，布液歧管深入到壳体中下部，在高度上错开排列；每个布液歧管出口的下部，布置有闪蒸隔板，闪蒸隔板固定在壳体上或布液歧管上。该闪发器能够起到强化液体闪发过程、提高气液分离效果，以及降低流动阻力的作用，可以提高闪发器双级系统的能效水平，变工况适应性强。

双侧腔闪发器，如图 2-8（*b*）所示，壳体内设有中间隔板，将壳体内部的闪发腔的底部分为两个侧腔，两个侧腔分别与第一通液管和第二通液管相通，闪蒸腔上部与通气管相通。在工作过程中，不管流向如何改变，一级节流后的混合液的进液管和过冷液的出液管均位于闪发腔的底部，由于两通液管之间设有中隔板，保证两通液管的流动互不干涉，即流向改变不会影响到闪蒸效果。采用该闪蒸器后，可以有效地简化双级系统的构成，提高系统运行的可靠性，且有利于回油。

三、实验与应用

北京工业大学的研究者研制出了带补气功能的双缸旋转压缩机，依据带喷射器和贮液过冷器的热泵（制冷）系统及其理论和试验研究成果，开发出了低温家用热泵空调系列产品，2012 年 9 月在珠海格力电器股份有限公司实现了产品化，该系列定名为双级增焓房间空调器。其中型号为 KFR-26GW/(26570)FNCa-1，经国家级检测中心-威凯检测技术有限公司检测，额定工况制冷系数（COP）为 4.87，高出国家标准 GB 12021.3—2010 规定的一级能效（COP 为 3.6）35.3%。能在 54℃的环境温度中稳定运行，48℃的环境温度中制冷能效比为 2.33，43℃的环境温度中制冷 COP 为 2.57。热泵空调器能在－30℃的环境温度中稳定运行，－20℃的环境温度中制热 COP 为 1.97，－15℃的环境温度中制热 COP 为 2.18，－7℃的环境温度中制热 COP 为 2.87，达到了国内外同类产品的领先水平。

表 2-2 是本产品与国内外知名品牌同类产品的比较，本产品制冷能效比高于同类产品最高水平约 26.5%；同类产品能在－15℃环境下制热运行，却未标出能效比值，本产品能在－30℃环境下制热运行，且－15℃下能效比为 2.18。

不同类型循环方式的比较　　表 2-2

产品类别	制冷 COP	制热 COP	－15℃制热	－25℃制热	－30℃制热
格力双级增焓	4.87	5.87	√	√	√
产品 1	3.52	3.64	√		
产品 2	3.46	3.5	√		
产品 3	3.71	3.8	√		
产品 4	3.52	3.90	√		
产品 5	3.85	4.02	√		

第三节　复叠式压缩循环的发展现状

一、系统原理

根据生态循环供暖的新思路，以热泵理论作为基础，哈尔滨工业大学的马最良等提出了双级复叠热泵系统，其循环原理如图 2-9 所示。循环方式如下：系统由单级系统和复叠式系统复合构成，中间以二次水流为介质。当室外温度较高时，由单级空气源热泵直接向室内供暖设备提供 45～55℃的热水；当室外温度较低时，空气源热泵单级难以运行或制热能效比太低，通过电磁阀切换管路，使空气源热泵和水源热泵双级耦合运行，即空气源热泵供水温度降低至 10～20℃，再将 10～20℃的温水作为水源热泵的低位热源，生产 45～55℃的热水向建筑物供暖。

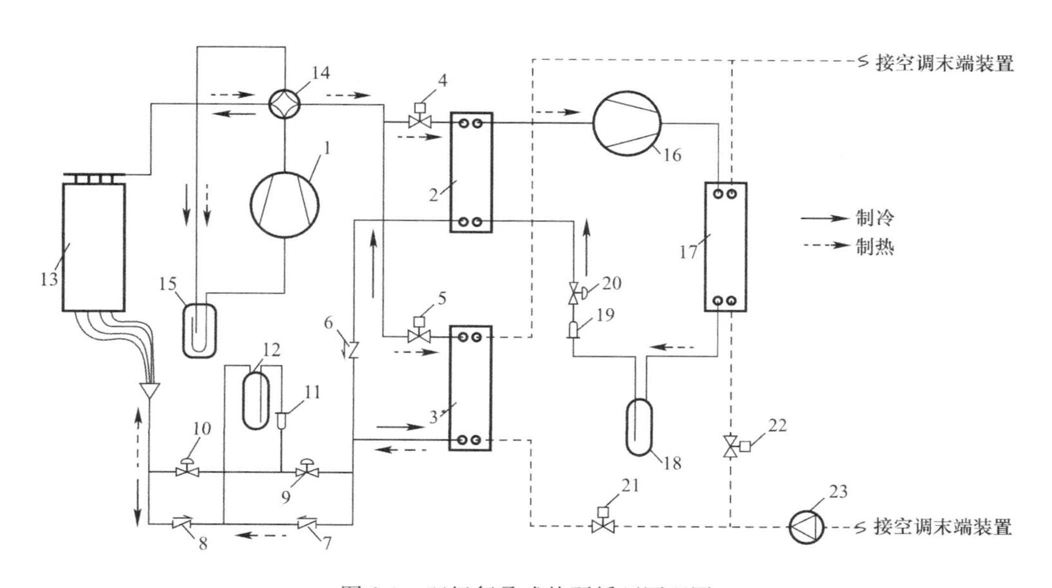

图 2-9　双级复叠式热泵循环原理图

1、16—涡旋压缩机；2—冷凝蒸发器；3、17—水侧换热器；4、5、21、22—电磁阀；6、7、8—止回阀；9、10、20—膨胀阀；11、19—过滤器；12、18—贮液器；13—室外换热器；14—四通换向阀；15—气液分离器；23—水泵

在较低的室外温度下，由于空气源热泵冷热水机组的供水温度由常规的 45～55℃变为 10～20℃，可以改善热泵的运行状态，从而使得空气源热泵在我国一些寒冷地区可以长期、安全、稳定地运行。空气源热泵冷热水机组的供水温度由常规的 45～55℃变为 10～20℃后，机组的制热能效比 *EER* 会明显增加，增长率都在 45%以上，使得系统在低温环境下双级耦合运行时的总制热能效比也不会太低。表 2-3 所示为不同温度下双级压缩制热性能参数。

不同环境温度下双级复叠系统制热性能参数　　表 2-3

室外环境温度	−5℃	−10℃	−15℃	−20℃
热水出水温度（℃）	45	45	45	45
制热量（kW）	10.93	9.15	8.38	7.78
两级总耗功率（kW）	4.33	3.89	3.71	3.68
能效比	2.52	2.35	2.26	2.11
高温级排气温度（℃）	68.10	70.10	72.50	78.20
高温级压缩比	2.78	3.65	3.90	4.31
低温级压缩比	3.70	3.45	3.32	3.25

二、关键技术

（1）最佳模式切换时机的确定。低温环境下热泵以复叠方式运行更节能，为了使热泵的运行处于总最佳节能状态，应分析热泵由单级运行转向复叠运行的最佳控制点。随着室外气温降低，热泵供热量会急剧下降，系统 COP 显著减小。在这种情况下，尽管高低温环路所提供的总制热量还足以提供用户所需热负荷，但此时应考虑能量利用效率问题，因为复叠循环 COP 值可能已大于单级压缩循环 COP 值。当高温环路 COP 值小于或等于复叠循环 COP 值时，即可启动复叠循环来提供用户热负荷。因此，热泵供水温度满足某关系式时，则由单级循环切换为复叠循环运行，实现最佳节能。在压缩机输入功率一定的条件下，对高温环路的每一冷凝温度值，总有唯一确定的最佳节能室外气温值以实现系统节能最大。也就是说，最佳节能室外气温值是单级循环和复叠循环的分界点，当室外气温高于该值时以单级循环运行，反之，以复叠循环运行。反过来，对于每一确定的室外温度，总有唯一确定的最佳节能冷凝温度值（高温环路）。

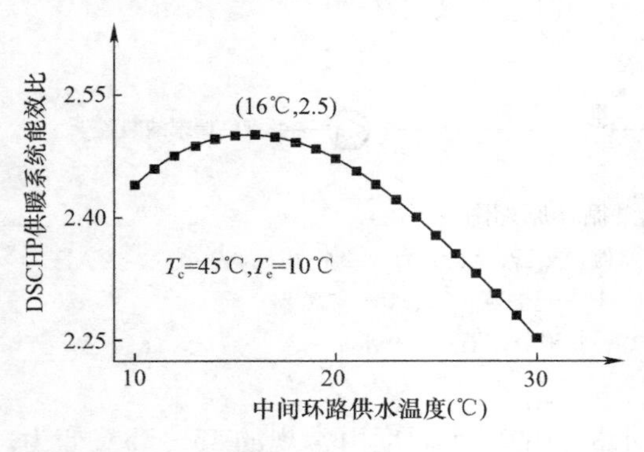

图 2-10　DSCHP（双级复叠）供暖系统能效比随中间环路供水温度的变化

（2）中间环路最佳供水温度的确定。如图 2-10 所示，中间环路最佳供水温度范围在 13～18℃之间。随着末端环路供水温度的下降，最佳中间环路供水温度随之降低，如同样在环境温度为 15℃的情况下，末端供水温度 50℃对应的中间环路最佳供水温度为 16℃，而 45℃和 40℃的对应值分别为 15℃和 13℃。随着室外空气温度的升高，最佳中间环路供水温度呈抛物线形变化，如当末端供水温度为 45℃时，室外温度在 15～10℃之间时，相应的最佳中间环路供水温度为 15℃，而室外温度为 25℃和 0℃时，相应值分别为 17℃和 16℃。在实际运行中，应根据运行工况的不同，及时调整中间环路供水温度的设定值，使其始终在最佳值附近波动，从而使系统获得最为理想的能源利用效率。

三、实验与应用

双级复叠热泵供暖系统的工程实例为北京海淀区某单位综合楼。总建筑面积 $2200m^2$，主体建筑依山而建，逐层阶落，1 层为主，局部 2 层，共有客房 17 间，办公室 12 间，另配会议室、活动室、多媒体演示厅、餐厅、车库等房间。其系统由一台空气-水热泵和两台水-水热泵组成，供暖采用地板辐射供暖系统。该工程于 2003 年 10 月竣工。从 2003 年 12 月 15 日至 2004 年 1 月 15 日对系统的供热量、耗电量、热泵运行参数、室内外空气温度等进行了一个月连续测试。在一个月的测试期内双级耦合热泵供暖系统始终保持较高的供暖能效比，系统的 *EER* 值均高于 2.5，其平均 *EER* 值为 3.2，最高可达 4.4。空气-水热泵机组日平均值为 3.3，水-水热泵机组日平均值为 4.5；室内日平均温度达 19.5℃，取得令人满意的供暖效果。同时该系统具有良好的低温特性，克服了压缩机低温启动困难、散热损失大、润滑性能变差等问题。

单、双级混合式热泵供暖系统总制热能效比的研究，对于研究整个系统的经济性及其应用前景都具有很重要的意义。后续研究包括：确定混合式热泵系统中单、双级运行的切换条件，我国北方各地区的供热季节性能系数 HSPF 的数值计算等。

第四节　其他循环形式

一、多级节流喷射器补气制冷循环

西安交通大学鱼剑琳等人提出了喷射器辅助的多级节流补气系统（见图 2-11），用以提高低温制冷性能。其循环原理如图 2-11 所示。理论计算表明，当采用 R22、R290 及 R32 工质时，与普通单级相比，制冷 COP 分别提高 2.6%～3.1%，3.2%～3.7%和 2.9%～3.1%。制热能力分别提高 6.0%～8.4%，7.3%～10.2%和 6.7%～8.2%，同时大幅度降低排气温度，提高系统运行的稳定性。

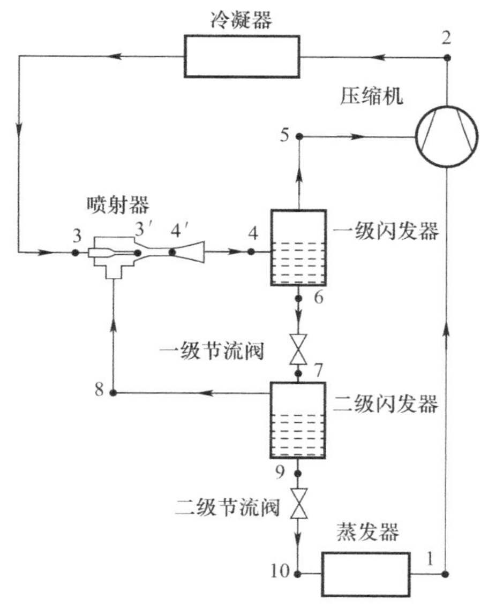

图 2-11　喷射器多级节流补气系统

二、Oil Flooding 循环

美国普渡大学的研究者提出了 Oil Flooding 制冷系统，并搭建了试验台。其循环原理如图 2-12 所示。压缩机排出的气体首先进入一个高效的油分离器内进行油、气分离，油分离器分离出来的高温油进入到油冷却器内，充分冷却后再回到压缩机吸

气口；另一方面，出油分离器的高温气体与压缩机的吸气进行回热交换，进一步提高系统的制冷性能。测试结果表明，制冷效率相比提高 40%，空气调节的效率提高 5%。

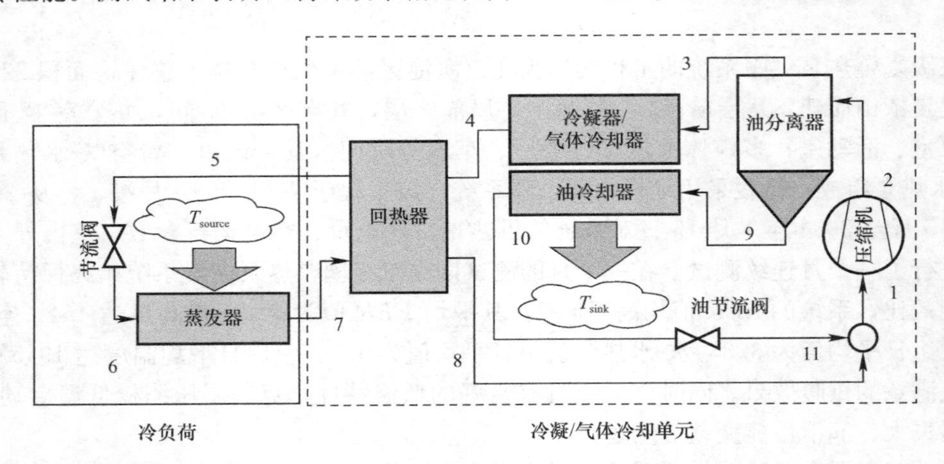

图 2-12　Oil Flooding 循环

三、Ericsson 制冷循环

Ericsson 循环的流程要更复杂，其目的是通过无限接近等温压缩提高系统的压缩效率和容积效率，最终达到提高整个系统性能系数的目的。其循环原理如图 2-13 所示。出压缩机的高压气体经过冷却后立即进入到气液分离器内，而后，气体和液体分别进入各自的循环并多次混合。低温液体具有制冷作用，其压力的提升需要泵的辅助，高压气体的节流降压通过膨胀机来完成。实验数据显示，Ericsson 循环的等温效率保持在 73%以上，容积效率在 92%以上，膨胀机的等温效率和容积效率分别达到 66%和 105%。

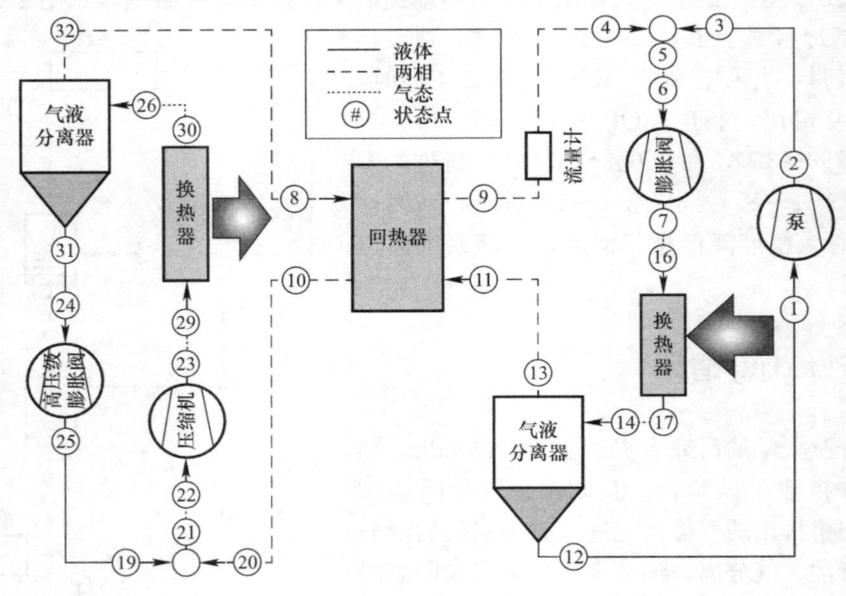

图 2-13　Ericsson 制冷循环

四、带有波转子的制冷循环

波转子是一种利用激波对不同能量密度的气流进行能量交换的设备，传统的波转子技术用于提高常规燃气涡轮发动机的性能。其主要作用是使压力和温度状态不同的气流进行能量交换，温度、压力高的气流减压降温，温度、压力低的气流升温增压。这一过程利用的就是激波前后的压力突升和膨胀波使气流压力降低的特性。美国密歇根大学的 N. Muller 等人根据这一原理对波转子进行改造，将其用于离心式水蒸气制冷循环，提出一种新型的三孔波转子结构并设计出样机，其循环原理如图 2-14 所示。

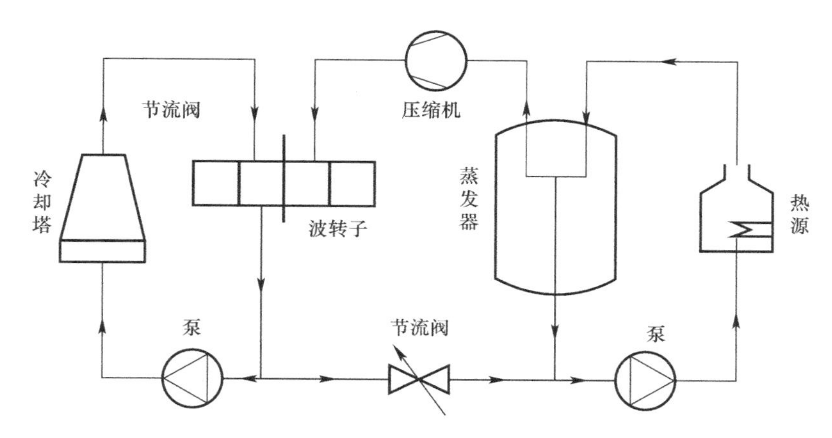

图 2-14 带有波转子的蒸气压缩式制冷系统

关于波转子压缩制冷研究的主要结论如下：

（1）将波转子用于水蒸气压缩系统时，其可以承担压缩机的一部分负担，压缩机功耗以及系统功耗均降低。

（2）关键参数是通过波转子的流量比，当流量比获得最优值时，系统的制冷 COP 能达到最大，与基本循环相比提高 7.75%。

（3）波转子可以有效地解决压缩机大压比、高排气温度的问题，在最优的流量比下压缩机排气温度与基本循环相比能降低约 50%。

五、带膨胀机的制冷、热泵循环

由于节流过程是不可逆过程，损失的膨胀功变为热量，被制冷剂吸收，因而减少了有效制冷量，使之循环性能降低。且随着制热时热水出水温度的升高，节流损失也会增大。如图 2-15 所示，使用膨胀机代替节流阀可以回收部分膨胀功，这在 CO_2 制冷热泵上已经取得了研究成果。但对于普通工质，由于其膨胀比较大（20～40），气液两相流膨胀机设计困难等原因，使得其在技术上不易实现，但其节能的前景还是很诱人的。图 2-15 给出了以 R22 为制冷剂时，在不同工况下回收的膨胀功所占压缩机耗功的百分比随膨胀机效率的变化情况。

从图中可以看出，随着膨胀机效率的提高，回收的膨胀功逐渐增大。在相同效率下，热泵工况的回收功要大于制冷工况，增幅也随膨胀机效率的提高而增大，并且出水温度越高，系统回收功越大，这是因为压缩比的增大使得膨胀机入口压力和温度提高，膨胀做功能力也就相应增大。

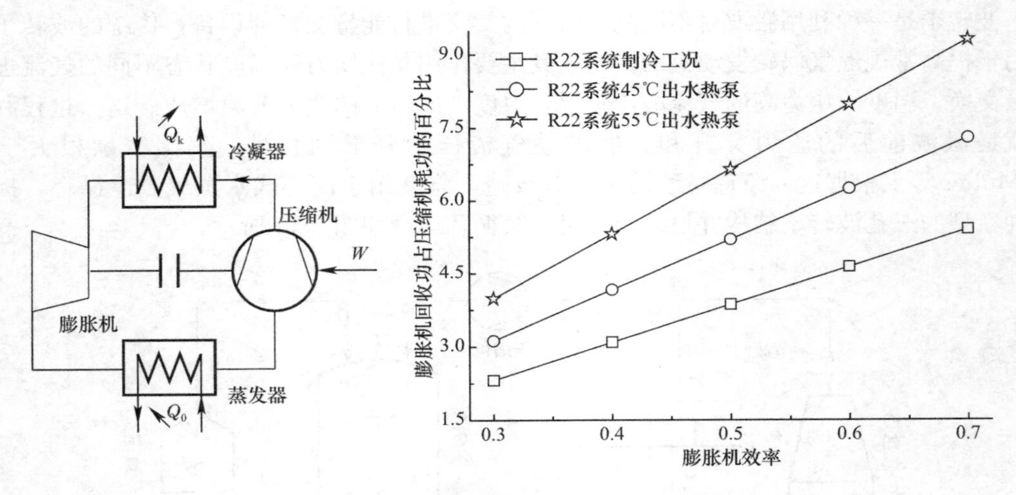

图 2-15 带膨胀机的制冷、热泵循环

六、本章小结

制冷热泵未来一段时间的发展方向应是以节能环保、绿色高效的循环方式和系统服务于国民生产生活的各个领域。可以预计，未来一段时间还可能出现新的循环理论或循环方式的应用。虽然近年来我国加大了对各种制冷、热泵装置的研发与推广，但一些高性能、大容量的制冷热泵装置的开发制造与发达国家还存在一定差距。因此，我们应借鉴国外先进技术，努力赶上国际先进水平。

本章参考文献

[1] 许树学. 带喷射器的经济补气热泵系统循环机理与特性研究 [D]. 北京：北京工业大学，2010.

[2] Xu S X，Ma G Y，Research on air-source heat pump coupled with economized vapor injection scroll compressor and ejector [J]. International Journal of Refrigeration，2011，34：1587-1595.

[3] 柴沁虎，马国远，江亿，夏建军. 带经济器的涡旋压缩机制冷循环热力学分析 [J]. 清华大学学报（自然科学版），2003，43（10）：1401-1404.

[4] 马国远，彦启森. 涡旋压缩机经济器系统的性能分析 [J]. 制冷学报，2003，24（3）：20-24.

[5] 许树学，马国远. 滚动活塞压缩机双级压缩中间补气制冷/热泵系统的实验研究 [J]. 北京工业大学学报，2014，40（3）：418-422.

[6] 马最良. 替代寒冷地区传统供暖的新型热泵供暖方式的探讨 [J]. 暖通空调新技术，2001，

(10)：31-34.

[7] 马最良，杨自强，姚杨，等. 空气源热泵冷热水机组在寒冷地区应用的分析 [J]. 暖通空调，2001，31 (3)：28-31.

[8] 王洋. 单、双级混合式热泵供暖系统的流程实验研究 [D]. 哈尔滨：哈尔滨工业大学，2003.

[9] 余延顺，何雪强，江辉民，钱普华. 单—双级混合复叠空气源热泵机组制热性能实验研究 [J]. 南京理工大学学报，2012，36 (6)：1036-1041.

[10] 王伟，马最良，姚杨. 新型双级耦合热泵系统最佳中间环路供水温度研究 [J]. 流体机械，2008，36 (1)：66-69.

[11] 王伟，马最良，姚杨，姜益强. 双级耦合式热泵供暖系统在北京地区实际应用性能测试与分析 [J]. 暖通空调，2004，34 (10)：91-95.

[12] Wang X，Yu J L，Xing M B，Performance analysis of a new ejector enhanced vapor injection heat pump cycle [J]. Energy Conversion and Management 2015；100：242-248.

[13] Ian H. Bell，Eckhard A. Groll，James E. Braun，Performance of vapor compression systems with compressor oil flooding and regeneration [J]. International Journal of Refrigeration 2011；34：225-233.

[14] Ian H. Bell，VincentLemort，Eckhard A. Groll，James E. Braun，Galen B. King，W. Travis Horton，Liquid flooded compression and expansion in scroll machines e Part II：Experimental testing and model validation [J]. International Journal of Refrigeration 2012；35：1890-1900.

[15] 刘火星，姜冬玲，邹正平. 波转子内部流动分析 [C]. 中国工程热物理学会学术会议论文.

[16] Amir A. Kharazi，Pezhman Akbari，Norbert Müller. Performance benefits of R718 turbo-compression cycle using 3-Port condensing wave rotors [C]. 2004 ASME International Mechanical Engineering Congress. Anaheim，California USA，2004.

[17] 马一太. 制冷与热泵产品的能效标准研究和循环热力学完善度的分析 [M]. 北京：科学出版社，2012.

第三章　制冷剂的替代进展

第一节　概　　述

制冷剂又称制冷工质，它是在制冷系统中不断循环并通过其本身的状态变化以实现制冷的工作物质。制冷剂在蒸发器内吸收被冷却介质（水或空气等）的热量而汽化，在冷凝器中将热量传递给周围空气或水而冷凝。目前使用的制冷剂已达70～80种，并正在不断发展增多。根据不同的特征可以分成不同的种类。

目前用得较多的制冷剂，按其化学组成主要有三类：

（1）无机物：例如，NH_3、CO_2 和 H_2O 等。

（2）卤代烃：例如，四氟乙烷（R134a）、二氟一氯甲烷（R22）、三氟二氯乙烷（R123）、五氟丙烷（R245fa）等。

（3）碳氢化合物：甲烷、乙烷、丙烷、异丁烷、乙烯、丙烯等。

根据制冷剂在标准大气压力（100kPa）条件下蒸发温度（T_s）的高低，也就是按沸点的高低，可分为三类：高温（低压）制冷剂、中温（中压）制冷剂和低温（高压）制冷剂。

（1）高温（低压）：标准蒸发温度（T_s）>0℃，冷凝压力（p_c）$\leqslant 0.2 \sim 0.3$MPa，常用的有R123、R11、R113、R114、R21，常用于离心式制冷压缩机的空调系统。

（2）中温（中压）：$0℃ > T_s > -60℃$，$0.3\text{MPa} < p_c < 2.0\text{MPa}$，常用的有氨、R12、R22、R134a、丙烷等，常用于普通单级压缩和双级压缩的制冷压缩机。

（3）低温（高压）：$T_s \leqslant -60℃$，常用的有R13、乙烯、R744（CO_2）等，常用于复叠式制冷装置的低温级系统。

按照毒性分类，制冷剂可分为三类：低毒性、中毒性、高毒性，依次表示为A、B、C。

按可燃性分类，制冷剂可分为三类：不可燃、可燃性、爆炸性，依次表示为1、2、3。

第二节　发展沿革

随着生产力的发展和人民生活水平的不断提高，制冷技术在工程和生活中的应用越来越广泛、深入。在蒸气压缩式制冷系统中，制冷剂占据了非常重要的位置。制冷剂选用的恰当与否，不但对整个系统的热力完善度、制冷设备、运转等有着巨大影响，同时制冷剂的排放、泄漏对人类生存环境影响很大，此外还必须考虑制冷剂的ODP（消耗臭氧潜能值）和GWP（全球变暖潜能值）。下面主要介绍制冷剂的发展变化过程。

制冷的历史可追溯到古代。当时用以储冰和一些蒸发过程。1805 年埃文斯提出了在封闭循环中使用挥发性流体的思路，将水冷冻成冰。在真空下将乙醚蒸发，并将蒸气泵到水冷式换热器，冷凝后再次使用。迄今为止，虽然没有发现有关建成这种制冷机的任何报道，但他的思想对后来的 Jacob Perkins 和 Richard Trevithick 二人产生了巨大影响。

1824 年，Richard Trevithick 首先提出了空气制冷循环设想，但也未建成此装置。

1834 年，Jacob Perkins 第一次设计出蒸气压缩制冷循环装置，并获得了专利。在他所设计的蒸气压缩制冷设备中使用二乙醚（乙基醚）作为制冷剂。后来又有 CO_2、CCl_4、SO_2 等作为制冷剂，但是这些制冷剂多数是可燃或有毒的，甚至有很强的腐蚀性和不稳定性，或者有些压力过高，经常引发事故。随着第一次世界大战结束，制冷机的产量大大增加，急需各方面合适的制冷剂。因此，选择制冷剂的注意力逐渐转向安全和性能方面。

在此将制冷剂的发展历程大体分成四个阶段：第一段为 1883～1920 年，以天然制冷剂为主；第二段为 1930～1970 年，以合成制冷剂为主；第三段为 1980～2000 年，主要以零 ODP 制冷剂为主；第四段为 2000 年后，追求低 GWP 制冷剂。

一、天然制冷剂时代（1883～1920 年）

从 1883 年到 1920 年被称为天然制冷剂时代。天然制冷剂又称自然制冷剂，是指自然界存在而不是用人工合成的可用作制冷剂的物质，如水、空气、氮气、烃（甲烷、丙烷、丁烷等）、氨、二氧化碳、氦等。其中氮、甲烷、空气、氦等因标准蒸发温度很低，主要用于低温工程，其他的可用于制冷工程。事实上，水、空气、氨、二氧化碳、丙烷等用作制冷剂已有很长的历史。

随着 Jacob Perkins 所发明的蒸气压缩式制冷设备正式投入使用，从 19 世纪 30 年代开始陆续开发了一些实际的制冷剂。在 19 世纪 30 年代，Perkins 开发的第一台制冷机，使用的制冷剂是作为工业溶剂的乙二醚。他之所以选用这种流体，主要是由于当时能较易获得。由此可见，从早期开始，“易获得性”始终成为制冷剂筛选的一条重要准则。天然制冷剂自然而然地在当时盛行开来。

蒸气压缩式制冷机、空气循环式制冷机、吸收式制冷机以及水蒸发式制冷机 4 种制冷方式几乎统治了一个世纪的制冷工业。由于社会的发展，人们在采用制冷方式的过程中，对制冷剂进行了大胆的探索。天然制冷剂是一些溶剂和有挥发性的介质。它们有的有毒、有的可燃，个别制冷剂还有很强的腐蚀性和不稳定性，或者压力过高不安全，所以使用时经常发生事故。例如：氨有毒性、易燃，并且含有水分时，对锌、铜、铜合金有腐蚀作用，所以氨制冷系统中应避免使用铜制设备；水是日常生活中最常见的物质之一，它无毒、不可燃、廉价且易获得。因为水在常压下的沸点较高，所以以水为制冷剂的亚临界循环的运行压力要低于大气压。水的基本特点是：运行压力低，但压缩比较大；单位容积的制冷量小，压缩机的排气量大，压缩机的压比也较常规制冷工质大很多。由于水的单位容积制冷量较小，需要的压缩机排量大，因而，用于水压缩制冷循环的压缩机宜采用离心式。由于压比过大会导致压缩机效率降低，因此水制冷循环最好采用多级压缩。

自然制冷剂不仅对臭氧层无害，而且也不会加剧气候变化。人们对于自然制冷剂的再次关注，源于 1977 年南极上空“臭氧空洞”的发现。制冷剂的“绿色环保革命”由此拉开序幕，从欧洲各国开始，现今纷纷倡导推广环境友好的自然制冷剂的应用。

二、合成制冷剂时代（1930～1970年）

从1930年到1970年被称为合成制冷剂时代。由于人们对人工制冷需求的急剧增长，迫切需要既安全又有耐久性的制冷剂。在两次石油危机发生后，高效成为制冷空调工业对制冷剂的新要求。

1930年氟利昂的出现使制冷剂取得重大突破，并成功地用于制冷系统。氟利昂是饱和烃（主要指甲烷、乙烷和丙烷）卤代物的总称。氟利昂可在常温下迅速升华吸热，从而实现制冷。

1931年梅杰雷从众多碳氢化合物中选出R12之后又选出其他制冷剂，当时由美国杜邦公司生产，后来研究人员用更新的方法重复着梅杰雷的工作，都得到相似结果，这类制冷剂的特点是安全、稳定且热工性能好。从1931年开始，R12、R11和R22等具有优良热力性能的制冷剂以全新的面貌统治了制冷工业。它们既安全又高效。1950年，由两种或两种以上氟利昂组成的混合制冷剂开始使用。制冷剂的性能直接影响着制冷系统的工作，从运行的安全性、可靠性和经济性等因素考虑，对制冷剂有热力学性质、物理化学性质、价格、来源及电绝缘性等方面的要求。欧美等国家和地区在20世纪70年代前在船舶冷冻冷藏和城市冷库等方面几乎全部采用R22制冷剂，氨的份额不断缩小。这一时期，溴化锂水溶液吸收式冷水机组得到了大力发展，氨-水低温吸收式在有余热应用时或特殊场合才少量使用，台数越来越少。到1963年，由于它们化学性质稳定、无毒、不燃，能适应不同的温度区域，而且能显著地改善制冷机的性能，因此整个有机氟工业产量几乎完全被这些制冷剂占领。

三、零ODP制冷剂时代（1980～2000年）

从1980年到2000年被称为零ODP制冷剂时代，又被称为绿色环保制冷剂时代。

20世纪70年代中期，臭氧层变薄的问题逐渐走进人们的视野，而CFC（氟氯烃）族物质则可能就是元凶之一。这导致了在1987年蒙特利尔议定书中写下了将CFC和HCFC（氢氯氟烃）族淘汰的条款。而开发HFC（氢氟烃）族则是接下来的解决方案，让它成为制冷剂市场的主角。HCFC族作为过渡制冷剂慢慢地也被淘汰。

在20世纪90年代，全球变暖对地球生命构成了新的威胁。虽然全球变暖的因素很多，但因为空调和制冷耗能巨大（美国建筑物耗能约占总能耗的1/3），且许多制冷剂本身就是温室气体，因此制冷剂又被列入了讨论范围。虽然ASHRAE 34标准把许多物质分类为制冷剂，但只有少部分用于商业空调。

在1997年签订《京都议定书》以前，CFCs和HCFCs类的制冷剂替代研究主要以保护臭氧为目的，主要研制HCFs类制冷剂。但《京都议定书》签订以后，人们转而同时注重臭氧层保护和减小温室效应，要求制冷剂不但要ODP值较小，GWP值也要较小。无毒、不燃且ODP为零的制冷剂所剩无几（甲烷系R23，乙烷系R134a），而且它们难以达到原来CFCs或HCFCs的热力性能。这时，人们采用混合的方法博采所长，故而出现了许多混合制冷剂，混合制冷剂有数十种，常见典型介质有R22、R123、R32、R23、R125、R134a、R141b、R143a、R152a、R404A、R410A、R507A等。所有这些都对制冷剂的替代研究提出了更高的要求。因此理想的替代制冷剂应具有如下特性：较低的ODP；较低的GWP；高效率；大气中的短寿命；低毒性；低运行压力、不易燃、性能价格比好。

新型的替代制冷剂主要包括天然型，尤其是氨、二氧化碳、碳氢化合物、水以及空气等都受到了特别关注。此外还有人工合成这一类型，有单一工质和混合工质两个方面，混合工质又可分为共沸混合物、近共沸混合物和非共沸混合物三种。

在国际上，为了应对环保要求，在寻找、开发替代制冷剂的过程中，逐渐形成了下列两种基本思路和两种替代路线，即：

（1）仍以元素周期表中的F为中心，在剔除Cl和Br元素后，开发了以F，H，C元素组成的化合物，即HFC制冷剂，如HFC-134a、HFC-32、HFC-152a、HFC-143a、HFC-125等及其混合物R407C和R410A等。

（2）以元素周期表中的C、H、N、O等元素组成的天然工质为对象，重新回到了早期制冷剂中的碳氢化合物HC、CO_2和NH_3等制冷剂。但其中HC制冷剂具有强可燃性，CO_2的压力很高，制冷效率较低，在实际应用中受到一定的限制。

随后有了HFC制冷剂，HFC是替代制冷剂，它是一组无氯的制冷剂，主要包括R134a（R12的替代制冷剂）、R125、R32、R407C、R410A（R22的替代制冷剂）、R152a等，ODP为0，但是GWP很高。经过运行试验和性能测试，较CFC类制冷剂在热力学性质等方面优劣不一，在《蒙特利尔议定书》没有规定其使用期限，在《联合国气候变化框架公约》京都议定书中定性为温室气体。

四、低GWP制冷剂时代（2000年至今）

从2000年到今天被称为是低GWP制冷剂时代。低GWP制冷剂时代也是制冷剂的过渡段，现今氟利昂类制冷剂还没有完全被淘汰，在保护臭氧层与控制全球气候变化这两种环保要求下，人们也在竭尽全力地找替代它们的制冷剂。

目前在全球范围内都无法找到一种零ODP值、低GWP值、安全、高性能的完全理想的制冷剂。未来的新型替代制冷剂的选择，将是一种考虑各方面因素和综合平衡的结果。2011年，国际空调制冷和供热制造商协会联合（ICARHMA）正式发布了“制冷剂负责任使用声明”，从全球制造业同行的角度出发，明确提出在选择未来的替代制冷剂时，除满足零ODP值、尽可能低的GWP值外，还应综合考虑制冷剂的整个寿命期气候性能（LCCP），选择对全球气候变化影响更低的替代物，这样才能实现环境效益的最大化。对于未来可用的替代制冷剂，应当在综合考虑制冷剂本身的性质、制冷系统的节能性、环保性、安全性、经济性等各方面的性质下做出选择。正是在这种形势下，零ODP值、低GWP值的替代品，如CO_2、NH_3、HC-290、HFC-32、HFOs等将成为未来新一代替代技术的主要选择方向。

当前，新型替代制冷剂受到了业界和社会各方面的颇多关注。由于新一代的替代品更关注其环保性能，但或多或少存在着如工作压力高、可燃易爆或具有毒性等问题。在缺乏深入了解的情况下，很多人受到一些不负责任的说法和消息的误导，对新型制冷剂有时会产生误解和不必要的顾虑。首先必须说明的是，人类使用可燃制冷剂已有漫长的历史和成功的经验。当前零 ODP 值、低 GWP 值的环境友好型的替代制冷剂，是国内外学术界、产业界综合分析、权衡各方面的因素后做出的科学合理选择，这些替代制冷剂在国内外均已取得大量成功应用的范例和实践。通过对不同制冷剂存在的问题加以处理和制约，可以确保这些替代品在规定条件下的安全使用。当前我国在 HCFCs 淘汰“国家方案”和“行业计划”中所确定的替代技术路线和新型替代制冷剂，都经过了多方面的测试试验和严格的风险评估，在制造、运输、存储、使用和维护过程中都有相应的标准规范安全设置和防护措施，只要严格按照相关法规和标准的规定规范使用，这些新型制冷剂的使用风险都是可控的。

2000 年 9 月 29 日，有关破坏臭氧层和产生温室效应的制冷剂的新使用规则已在欧洲公报上刊登，其中对制冷剂的回收利用也做了要求。现在许多国家也已经意识到并证明了被禁止使用的制冷剂经过一定的破坏处理可以回收利用，在新的使用规则中，要求各国应采取必要的措施来加速这些被禁用物质的破坏处理和回收使用，各国除了有义务通知用户和制冷技术人员执行新的规则外，也有权利告知其他国家在 2001 年底执行新的制冷剂使用规则，同时废止原规定。

制冷剂的替代是当今制冷行业面临的主要问题之一，要求世界各国、各地区及相应的生产者、使用者、销售者和消费者都能对此问题作出认识和反应，为保护好人类生存的环境贡献力量。同时也对制冷行业的各方面技术人员提出了挑战，即 21 世纪制冷空调业在制冷剂使用方面的发展方向应该是：绿色环保、高效节能、减少排放、加强回收。并要求开发出品质好、性能优的理想制冷剂产品。

第三节　环境保护公约与制冷剂替代

一、《蒙特利尔议定书》——保护臭氧层公约

20 世纪 70 年代，美国的两位科学家首次注意到人类制造的氟氯化碳类物质可能与臭氧层的破坏有关，并进一步发现释放到大气中的氟氯化碳类物质会在大气中停留大约 10 年，最终上升到平流层。在平流层中经紫外线照射，氯原子会从氟氯氢原子中分离出来并与臭氧发生反应，将其分解成氧气和一氧化氯；一氧化氯随即会与游离氧发生反应，生成氯原子开始下一个循环。这种反应周而复始，从而使一个氯原子可以破坏成千成万的臭氧分子，打破臭氧层中原有的动态平衡。随着时间的推移，排放到大气层中的氟氯化碳类物质不断增多，臭氧数量急剧减少，臭氧层会变得越来越薄，结果会使更多的紫外线进入地球表面生物圈。

其实破坏臭氧层的物质对我们而言并不陌生，在日常生活中它几乎无处不在。冰箱、空调、电子产品、灭火器材、烟草、泡沫塑料、发胶、杀虫剂等产品的生产或使用过程中，人们大量使用的人造化学物质很多都具有破坏臭氧层的能力。科学家把这些破坏大气臭氧层、危害人类生存环境的化学物质称为“消耗臭氧层物质”（Ozone Depleting Substances，简称 ODS)。

目前大量使用的 ODS 主要包括下列几类物质：(1) 全氯氟烃：主要用作制冷剂、清洗剂和发泡剂；(2) 哈龙：主要用作灭火剂；(3) 四氯化碳：主要用作化工生产的助剂和清洗剂；(4) 甲基氯仿：主要用作清洗剂；(5) 甲基溴：主要在农业种植、粮食仓储或商品检疫中用作杀虫剂；含氢氯氟烃：主要用作制冷剂、清洗剂和发泡剂。

以上这些物质破坏臭氧层的能力不同，为了便于衡量，科学家们通过科学试验为这些物质建立了破坏臭氧层潜能值（即 ODP 值）。哈龙是破坏臭氧层能力最强的，其次为四氯化碳、全氯氟烃、甲基氯仿、甲基溴（CH_3Br）以及含氢氯氟烃。要保护臭氧层，首先就要减少这些人造化学品向大气的排放。

为了保护人类共有的地球，国际社会分别在 1985 年和 1987 年签署了两个保护臭氧层的国际环境公约和协定，即《关于保护臭氧层的维也纳公约》（以下简称《维也纳公约》或《公约》）和《关于消耗臭氧层物质的蒙特利尔议定书》（以下简称《蒙特利尔议定书》或《议定书》）。《公约》标志着保护臭氧层国际统一行动的开始，而《议定书》则真正对 CFCs 等 ODS 的生产和使用实行逐步削减的控制措施。

(一)《维也纳公约》

《维也纳公约》于 1985 年在维也纳签署，并于 1989 年 9 月生效。目前，加入《维也纳公约》的国家有 191 个。我国政府认为《维也纳公约》的宗旨是积极的，于 1989 年 9 月 11 日正式加入《维也纳公约》，并于 1989 年 12 月 10 日正式生效。

《维也纳公约》鼓励政府间的合作，包括调查研究、臭氧层的系统观察、监督 CFCs 生产，以及信息交流。《维也纳公约》以当时对臭氧层变化的各种因素的理解为基础，解决了三个方面的问题：(1) 不应对臭氧层消耗掉以轻心；(2) 臭氧层消耗问题有了全球范围的承诺；(3) 确定了解决臭氧层消耗问题的商定程序。《维也纳公约》的签署标志着保护臭氧层国际统一行动的开始。

《维也纳公约》包括“一般义务”、“研究和系统的观察”、“法律、科学和技术方面的合作”和“缔约方会议”等条款。在“一般义务”条款中，《维也纳公约》要求各国采取法律、行政、技术等方面的措施保护人们健康和环境，减少臭氧层破坏的影响。《维也纳公约》还对各国加强研究、信息交换提出要求，同时对公约通过有关《议定书》和修改有关附录做出了具体规定，并确定了缔约方大会为公约的决策机制。

《维也纳公约》虽然没有任何实质性的控制协议，但明确指出大气臭氧层耗损对人类健康和环境可能造成的危害，呼吁各国政府采取合作行动，保护臭氧层，并首次提出氟氯烃类物质作为被监控的化学品。为采取国际性控制 CFCs 的措施做了必要的准备，为《蒙特利尔议定书》的形成做好了铺垫。

《维也纳公约》中指出下面以不按优先顺序排列出的各种自然和人类来源的化学物质，被认为可能改变臭氧层的化学和物理特性。

1. 碳物质

(1) 一氧化碳（CO）

一氧化碳的重要来源是自然界和人类，对对流层的光化过程有重要的直接作用，对平流层的光化过程则有间接作用。

（2）二氧化碳（CO_2）

二氧化碳的重要来源是自然界和人类，通过影响大气的热构造而影响到平流层的臭氧。

（3）甲烷（CH_4）

甲烷来自自然界和人类，对平流层和对流层的臭氧都有影响。

（4）非甲烷烃类物质

非甲烷烃类物质含有许多化学物质，来自自然界和人类，对对流层的光化过程有直接作用，对平流层光化过程则有间接作用。

2. 氮物质

（1）氧化亚氮（N_2O）

氧化亚氮主要来自自然界，不过人类的来源也变得越来越重要。氧化亚氮是平流层 NO_x 的主要来源，NO_x 对于平流层臭氧充裕的控制有重要作用。

（2）氮氧化物（NO_x）

NO_x 的地平面来源，只对对流层的光化过程有直接的重要作用，对平流层的光化过程则有间接作用，而接近对流层顶的 NO_x 可能对上对流层和平流层的臭氧直接引起变化。

3. 氯物质

（1）完全卤化链烷。例如 CCl_4，$CFCl_3$（CFC-11），CF_2Cl_2（CFC-12），$C_2F_3Cl_3$，(CFC-113)，$C_2F_4Cl_2$(CFC-114)。完全卤化链烷来自人类，是 ClO_x 的一个来源，对臭氧的光化过程有重要作用，尤其是在 0～50km 区域。

（2）部分卤化链烷，例如 CH_3Cl，CHF_2Cl(CFC-22)，CH_3CCl_3，$CHFCl_2$(CFC-21)。CH_3Cl 来自自然界，而上列其他部分卤化链烷则来自人类。这些气体也是平流层 ClO_x 的来源。

4. 溴物质

全部卤化链烷，例如 CF_3Br，这些气体来自人类，是 BrO_x 的来源，其作用类似 ClO_x。

5. 氢物质

（1）氢（H_2）

氢来自自然界和人类，对平流层的光化过程作用不大。

（2）水（H_2O）

水来自自然界，对平流层和对流层的光化过程都有重要作用。平流层水蒸气的本地来源包括甲烷的氧化以及较小程度上氢的氧化。

（二）《蒙特利尔议定书》

为了配合《维也纳公约》，采取实质性的控制措施保护臭氧层，联合国环境规划署在 1987 年组织召开了“保护臭氧层公约关于含氯氟烃议定书全权代表大会”，并形成了《关于消耗臭氧层物质的蒙特利尔议定书》（以下简称《蒙特利尔议定书》）。24 个国家于 1987 年 9 月 16 日在加拿大蒙特利尔市签署了《关于消耗臭氧层物质的蒙特利尔议定书》。日后，为了纪念《蒙特利尔议定书》的签署，联合国将 9 月 16 日命名为“国际臭氧层保护日”，每年在这一天举行各种保护臭氧层宣传活动。

《蒙特利尔议定书》从 1989 年 1 月 1 日开始生效。目前，加入《蒙特利尔议定书》的国家有 191 个。

《蒙特利尔议定书》明确了受控物质的种类、受控物质控制时间表以及有关措施，并提出发展中国家受控时间表应比发达国家相应延迟 10 年。但 1987 年的《蒙特利尔议定书》仍没有体现出发达国家是造成臭氧层耗损的主要责任者，在一些国家，特别是发展中国家的强烈要求下，1990 年 6 月 27～29 日，在伦敦召开的《蒙特利尔议定书》第二次缔约国会议上得以调整和修正，形成了《伦敦修正案》。《伦敦修正案》确定了建立基金机制以及确保国家间的技术转让在最优惠的条件下进行的原则。该修正案为实施《蒙特利尔议定书》建立了一个多边基金，这个基金将接受发达国家的捐款并向发展中国家提供资金和技术援助。1991 年 6 月 19～21 日在内罗毕召开的缔约国第三次会议上得以进一步修正。我国于 1991 年 6 月 13 日交存加入书，该修正的议定书于 1992 年 8 月 20 日对我国生效。缔约国会议又分别于 1992 年、1995 年、1997 年和 1999 年通过了《哥本哈根修正案》、《维也纳修正案》、《蒙特利尔修正案》和《北京修正案》。《蒙特利尔议定书》是一个里程碑式的国际环境协议。与《维也纳公约》不同，1987 年缔结的《蒙特利尔议定书》和它的修正案规定了缔约国控制消耗臭氧层物质的生产和消费的具体责任和义务及为保护臭氧层而向发展中国家缔约国提供财政和技术上援助的具体步骤和措施。同时，《蒙特利尔议定书》规定的这些控制措施在以后的缔约国大会上以修正案的方式被实质地调整和修正，通过这些修正案加快了消耗臭氧层物质停用的步伐。

《蒙特利尔议定书》的主要内容如下：

1. 规定了受控物质的种类

受控物质在《蒙特利尔议定书》中以附件的形式表示，包括附件 A、B、C、D、E，有的附件又分为几组物质。附件 A 包括两组物质，5 种全氯氟烃（CFCs）和 3 种哈龙；附件 B 包括三组物质，10 种其他全氯氟烃、四氯化碳和 1，1，1-三氯乙烷（又称作甲基氯仿）；附件 C 包括三组物质，40 种含氢氯氟烃、34 种含氢溴氟烃以及溴氯甲烷；附件 D 为含有附件 A 所列物质的产品；附件 E 为甲基溴（又称溴甲烷）。

在这些所列物质中，消耗臭氧层潜能值（ODP 值）高、全球产量较大的化学品主要为附件 A 的全氯氟烃、哈龙和附件 B 的四氯化碳，因此，在《蒙特利尔议定书》中对它们的控制措施相对较严，淘汰时间表也较早。受控物质的种类和消耗臭氧层潜能值见表 3-1。

限制物质臭氧破坏潜能（《蒙特利尔议定书》附件 A）　　表 3-1

类别	限定物质	消耗臭氧潜能值 ODP
第一类	$CFCl_3$（CFC-11）	1.0
	CF_2Cl_2（CFC-12）	1.0
	$C_2F_3Cl_3$（CFC-113）	0.8
	$C_2F_4Cl_2$（CFC-114）	1.0
	C_2F_5Cl（CFC-115）	0.6
第二类	CF_2BrCl（哈龙-1211）	3.0
	CF_3Br（哈龙-1301）	10.0
	C_2F_4Br（哈龙-2402）	待确定

2. 规定了控制基准

受控的内容包括受控物质的生产量和消费量，其中消费量是按生产量加进口量并减去出口量计算的。《蒙特利尔议定书》规定了每一缔约方对附件所列的各组受控物质生产量和消费量的起始控制限额的基准，不同组的受控物质的基准年限不同，发达国家和发展中国家的基准年限不同。例如，发达国家全氯氟烃的生产量与消费量的起始控制基准数量为1986年的生产和消费数量；发展中国家（1986年人均消费量小于0.3kg的国家，即所谓的第五条第一款国家）都以1995～1997年实际发生的三年平均数或每年人均0.3kg，取其低者为基准。

3. 规定了控制时间

《蒙特利尔议定书》第2条控制措施即各受控物质的逐步淘汰时间表，时间表的进程是分别按附件的各组物质确定的，发达国家和发展中国家的淘汰时间表不同，发展中国家的控制时间表比发达国家相应延迟10年。例如，对附件A的第一组受控制物质（即CFCs），发达国家的生产量和消费量从1989年7月1日起应冻结在基准水平，以后每年不得超过上述冻结水平，从1994年7月1日起，应削减基准水平的75%，从1996年7月1日起，应削减100%。而对于发展中国家，对CFCs的控制是从1999年7月1日开始冻结到基准水平，从2005年1月1日起削减基准水平的50%，2007年1月1日起削减85%，到2010年1月1日起削减100%。

4. 对贸易的控制

为了鼓励各国加入，《蒙特利尔议定书》第4条规定了有关ODS的贸易限制条款。缔约方禁止从非缔约方进口或向其出口受控物质以及一些使用受控物质的产品。在1997年修正的《蒙特利尔修正案》中，要求各缔约方建立ODS进出口许可证制度。

5. 数据报告

ODS生产量和消费量数据实际上是支撑整个《蒙特利尔议定书》进程的柱石，可靠和及时的数据可以帮助国家以及国际社会准确了解议定书的进展，制定适当的控制措施，以及评估各缔约方遵守议定书的情况。为此，《蒙特利尔议定书》第7条规定了各缔约方报告数据的义务，即各缔约方应在每年9月30日前向臭氧秘书处报告本国ODS生产量、进口量和出口量数据。

6. 建立了运行机制

《蒙特利尔议定书》建立了以缔约方大会为最高决策机制的运行机制，规定了《蒙特利尔议定书》的调整和修订程序、确定每四年进行一次评估、建立多边基金以及设立实施蒙特利尔议定书秘书处等。

7. 《蒙特利尔议定书》确定ODS淘汰时间表

考虑到技术和经济方面，并考虑发展中国家的发展需要，因此要求发达国家和发展中国家淘汰ODS物质的时间有所不同。对第五条国家（指发展中国家缔约方）来说，在必须实施淘汰时间表之前有一个宽限期，这反映出发达国家认识到他们对排放到大气中的大量物质负有责任，他们对使用替代品有更多的经济和技术来源。发达国家和发展中国家淘汰时间表见表3-2和表3-3。

发达国家淘汰时间表 表 3-2

ODS 名称		期限	目标
附件 A	第一组 CFCs（CFC-11，CFC-12，CFC-113，FC-114，CFC-115）	1989 年 7 月 1 日起	生产量和消费量冻结在 1986 年的水平上
		1994 年 1 月 1 日起	削减冻结水平的 75%
		1996 年 1 月 1 日起	完全停止生产和消费
	第二组哈龙（哈龙 1211，哈龙 1301，哈龙 2402）	1992 年 1 月 1 日起	生产量和消费量冻结在 1986 年的水平上
		1994 年 1 月 1 日起	完全停止生产和消费
附件 B	第一组其他全卤代烃	1993 年 1 月 1 日起	生产量和消费量冻结在 1989 年的水平上
		1994 年 1 月 1 日起	削减冻结水平的 75%
		1996 年 1 月 1 日起	完全停止生产和消费
	第二组 CTC（四氯化碳）	1995 年 1 月 1 日起	生产量和消费量冻结在 1989 年的水平上
		1996 年 1 月 1 日起	完全停止生产和消费
	第三组 TCA（1，1，1-三氯乙烷，甲基氯仿）	1993 年 1 月 1 日起	生产量和消费量冻结在 1989 年的水平上
		1994 年 1 月 1 日起	削减冻结水平的 50%
		1996 年 1 月 1 日起	完全停止生产和消费
附件 C	第一组 HCFCs（含氢氟氯烃）（只限于消费）	1996 年 1 月 1 日起	冻结在 1989 年 HCFCs 消费量与 2.8%的 1989 年 CFCs 消费量之和的水平上
		2004 年 1 月 1 日起	削减冻结水平的 35%
		2010 年 1 月 1 日起	削减冻结水平的 65%
		2015 年 1 月 1 日起	削减冻结水平的 90%
		2020 年 1 月 1 日起	削减冻结水平的 99.9%
		2030 年 1 月 1 日起	完全停止消费
附件 E	MBr（甲基溴）	1995 年 1 月 1 日起	生产量和消费量冻结在 1991 年的水平上
		1999 年 1 月 1 日起	削减冻结水平的 25%
		2001 年 1 月 1 日起	削减冻结水平的 50%
		2003 年 1 月 1 日起	削减冻结水平的 70%
		2005 年 1 月 1 日起	完全停止生产和消费（必要用途除外）

发展中国家（即第五条款国家）淘汰时间表 表 3-3

ODS 名称		期限	目标
附件 A	第一组 CFCs（CFC-11，CFC-12，CFC-113，CFC-114，CFC-115）	1999 年 7 月 1 日起	生产量和消费量冻结在 1995～1997 三年的平均水平上
		2005 年 1 月 1 日起	削减冻结水平的 50%
		2007 年 1 月 1 日起	削减冻结水平的 85%
		2010 年 1 月 1 日起	完全停止生产和消费
	第二组 哈龙（哈龙 1211，哈龙 1301，哈龙 2402）	2002 年 1 月 1 日起	生产量和消费量冻结在 1995～1997 三年的平均水平上
		2005 年 1 月 1 日起	削减冻结水平的 50%
		2010 年 1 月 1 日起	完全停止生产和消费
附件 B	第一组 CFC-13	2003 年 1 月 1 日起	生产量和消费量削减 1998～2000 三年平均水平的 20%
		2007 年 1 月 1 日起	削减 1998～2000 年三年平均水平的 85%
		2010 年 1 月 1 日起	完全停止生产和消费

续表

ODS名　称		期　限	目　标
附件B	第二组 CTC（四氯化碳）	2005年1月1日起	削减1998～2000年平均水平的85%
		2010年1月1日起	完全停止生产和消费
	第三组TCA （1，1，1-三氯乙烷，甲基氯仿）	2003年1月1日起	生产量和消费量冻结在1998～2000三年的平均水平上
		2005年1月1日起	削减冻结水平的30%
		2010年1月1日起	削减冻结水平的70%
		2015年1月1日起	完全停止生产和消费
附件C	第一组　HCFCs （含氢氟氯烃）只限于消费	2016年1月1日起	冻结在2015年的水平上
		2040年1月1日起	完全停止消费
附件E	MBr（甲基溴）	2002年1月1日起	生产量和消费量冻结在1995～1998年四年的平均水平上
		2005年1月1日起	削减冻结水平的20%
		2015年1月1日起	完全停止生产和消费（必要用途除外）

经过国际社会的积极合作和努力，截至2010年1月1日，已在全球范围内实现了CFCs的全面淘汰。

在CFCs淘汰转换工作提前完成的基础上，于2007年9月召开的《蒙特利尔议定书》第19届缔约方大会上，国际社会又进一步达成了“HCFCs”的调整案，调整案规定：对于《议定书》第5条缔约方（即通常所说的发展中国家），其HCFCs消费量与生产量选择2009年与2010年的平均值作为基准水平，在2013年将消费量与生产量冻结在此基准水平上，到2015年削减10%，到2020年削减35%，到2025年削减67.5%，到2030年完成全部淘汰，但在2030～2040年间允许每年保留2.5%供维修用；对于《蒙特利尔议定书》第2条款缔约方（即通常所说的发达国家），其HCFCs的消费量和生产量，2010年削减75%，到2015年削减90%，到2020年完成全部淘汰，但在2020～2030年间允许保留0.5%供维修使用。

二、《京都议定书》——削减温室气体公约

为了人类免受气候变暖的威胁，1997年12月，在日本京都召开的《联合国气候变化框架公约》缔约方第三次会议通过了旨在限制发达国家温室气体排放量以抑制全球变暖的《京都议定书》。

《京都议定书》规定，到2010年，所有发达国家二氧化碳等6种温室气体的排放量，要比1990年减少5.2%。具体说，各发达国家从2008年到2012年必须完成的削减目标是：与1990年相比，欧盟削减8%、美国削减7%、日本削减6%、加拿大削减6%、东欧各国削减5%～8%。新西兰、俄罗斯和乌克兰可将排放量稳定在1990年水平上。议定书同时允许爱尔兰、澳大利亚和挪威的排放量比1990年分别增加10%、8%和1%。

《京都议定书》需要在占全球温室气体排放量55%以上的至少55个国家批准，才能成为具有法律约束力的国际公约。我国于1998年5月签署并于2002年8月核准了该议定书。欧盟及其成员国于2002年5月31日正式批准了《京都议定书》。2004年11月5日，俄罗斯在《京都议定书》上签字，使其正式成为俄罗斯的法律文本。截至2005年8月13日，全球已有142个国家和地区签署该议定书，其中包括30个工业化国家，批准国家的

人口数量占全世界总人口的80%。

美国人口仅占全球人口的3%～4%，而排放的二氧化碳却占全球排放量的25%以上，为全球温室气体排放量最大的国家。美国曾于1998年签署了《京都议定书》。但2001年3月，美国政府以“减少温室气体排放将会影响美国经济发展”和“发展中国家也应该承担减排和限排温室气体的义务”为借口，宣布拒绝批准《京都议定书》。

2005年2月16日，《京都议定书》正式生效。这是人类历史上首次以法规的形式限制温室气体排放。为了促进各国完成温室气体减排目标，议定书允许采取以下四种减排方式：

(1) 两个发达国家之间可以进行排放额度买卖的“排放权交易”，即难以完成削减任务的国家，可以花钱从超额完成任务的国家买进超出的额度。

(2) 以“净排放量”计算温室气体排放量，即从本国实际排放量中扣除森林所吸收的二氧化碳的数量。

(3) 可以采用绿色开发机制，促使发达国家和发展中国家共同减排温室气体。

(4) 可以采用“集团方式”，即欧盟内部的许多国家可视为一个整体，采取有的国家削减、有的国家增加的方法，在总体上完成减排任务。

三、《蒙特利尔议定书基加利修正案》——削减高GWP制冷剂

2016年10月15日，在卢旺达首都基加利召开的《蒙特利尔议定书》第28次缔约方大会以协商一致的方式，达成了历史性的限控高GWP温室气体氢氟烃（HFCs）的修正案，即基加利修正案。该修正案是继气候变化《巴黎协定》后又一里程碑式的重要环境文件，引起国际社会强烈反响。通过新的修正案将有效减少强效温室气体HFCs的排放从而在20世纪末减少全球升温0.5℃，相比不受控情景，到2050年我国通过履约行动削减HFCs可带来减排300亿～400亿吨CO_2当量的气候效益，为减缓全球升温0.5℃做出1/3的贡献。

经广泛协商，修正案最终列出了18种受控HFCs的清单：第一组17种物质，为HFC-134、HFC-134a、HFC-143、HFC-245fa、HFC-365mfe、HFC-227ea、HFC-236cb、HFC-236ea、HFC-236fa、HFC-245ca、HFC-43-10mee、HFC-32、HFC-125、HFC-143a、HFC-41、HFC-152、HFC-152a。第二组1种物质，为HFC-23。

修正案规定了发达国家和发展中国家的基线年和削减时间表。发达国家和发展中国家限控时间表分别见表3-4和表3-5。

发达国家HFCs限控时间表　　**表3-4**

国家类别	主要发达国家（美国、欧盟、日本、加拿大、澳大利亚等）	少部分发达国家（俄罗斯、白俄罗斯、哈萨克斯坦、塔吉克斯坦）
基线	100%HFCs三年均值（2011～2013年）+15%HCFCs基线	100%HFCs三年均值（2011～2013年）+25%HCFCs基线
削减进度	2019年：10%	2020年：5%
	2024年：40%	2025年：35%
	2029年：70%	2029年：70%
	2034年：80%	2034年：80%
	2036年：85%	2036年：85%

注：1. 均以CO_2当量进行计算。
2. HCFCs基线=1989年的HCFCs+1989年的2.8%CFCs。

发展中国家 HFCs 限控时间表　表 3-5

国家类别	主要发展中国家（中国等）	少部分发展中国家（印度、沙特、巴基斯坦等）
基线	100%HFCs 三年均值（2020～2022 年）+65%HCFCs 基线	100%HFCs 三年均值（2024～2026 年）+65%HCFCs 基线
削减进度	2024 年：冻结	2028 年：冻结
	2029 年：10%	2032 年：10%
	2035 年：30%	2037 年：20%
	2040 年：50%	2042 年：30%
	2045 年：80%	2047 年：85%

注：1. 均以 CO_2 当量进行计算。
2. HCFCs 基线=2009 年和 2010 年的 HCFCs 均值。

如果至 2019 年 1 月 1 日有 20 个国家加入修正案，则修正案生效。

修正案规定了各缔约方的数据报告义务，包括 HFC 生产和进口年度数据以及 HFC-23 排放的报送义务。根据《蒙特利尔议定书》的规定，消费数据由“消费=生产+进口-出口”的公式计算得出。

对于与非缔约方的贸易的生效条款，修正案规定，如至 2033 年 1 月 1 日有 70 个国家加入修正案，则该贸易条款对所有缔约方生效，即该条款在行动较迟的第二组发展中国家冻结之后 5 年对所有缔约方生效。

对于 HFC-23 的排放，规定从 2020 年 1 月 1 日起，HCFC-22 生产过程中排放的副产品 HFC-23 应该使用缔约方批准的技术最大程度的给予销毁。另外，缔约方应该报告每条 HCFC-22 生产线上副产品的年度排放数据。

缔约方应在 2019 年 1 月 1 日起建立起 HFCs 进出口的许可证管理制度，发展中国家可以延长到 2021 年 1 月 1 日建立许可证管理制度。

为了配合修正案的实施，各缔约方还在资金机制和替代技术方面达成一揽子协议。在资金机制方面，修正案将继续将多边基金作为资金机制，由发达国家提供充足和额外的资金弥补发展中国家为履行 HFCs 削减而增加的成本。

发展中国家将遵循国家淘汰的方式，根据其具体国情，具有在选择优先淘汰的物质、行业、技术以及制定战略方面的灵活性。多边基金执委会在修正案通过后两年内，须制定资助 HFCs 生产和消费削减的指南，包括费用有效性等内容。发展中国家企业可以获得资助的截止日期为基线年第 1 年的 1 月 1 日，我国企业的合格年限为 2020 年 1 月 1 日。资助成本涵盖了 HFCs 削减转换的全面成本，包括：增加投资费用，运行费用，技术援助费用，采用低 GWP 技术需要的研发活动费用，专利、设计和版税费用（必要和有效时），使用可燃或有毒替代品的安全费用，化工生产行业 HFC-23 减排费用等。需要指明的是，提升设备能效的费用在基加利修正案中被纳入了资助范围，这一点与此前 CFCs、HCFCs 淘汰阶段的规定是完全不同的。修正案要求执委会制定费用指南时考虑维持或提高被替代的设备的能效，同时注意其他机制解决能效问题的作用，应该说这与提高能效是温室气体减排的重要途径有关。

基加利修正案明确了缔约方国家相关生产企业在进行替代 HFCs 切换项目时的资金获得资质。根据修正案，从来没有接受多边基金资助，使用自有资金从 CFCs 或者 HCFCs

转为高 GWP 值 HFC 的生产企业与第一次转换的企业一样符合资助资格；在修正案达成之前通过 HPMP 接受资助，从 HCFCs 转为高 GWP 值 HFCs 的生产企业与第一次转换企业一样符合资助资格；在 2025 年前使用自有资金从 HCFCs 转向高 GWP 值 HFCs 的生产企业与第一次转换的企业一样符合资助资格；在没有其他替代技术的情况下，从 HFCs 转为较低 GWP 值的替代技术的企业，如果有必要为满足最终的 HFCs 削减目标而继续努力，将有资格再次获得资助。

意识到及时修订可燃性的低 GWP 值的替代制冷剂相关国际标准对新型替代品市场推广应用的重要性，修正案支持国际标准制、修订的相关行动以推动低或零 GWP 值替代技术的市场化进程。修正案还确定根据第 26 次缔约方大会 9 号决定的要求对替代品进行定期审查。

考虑到替代品开发应用等方面的实际困难部分，高温地区国家在 HFCs 消费消减方面获得了有条件豁免获得 HFCs 消费豁免削减的国家有 34 个，主要位于中东和非洲，高温地区的具体环境条件是指连续 10 年中每年至少两个月的平均气温在 35℃以上，豁免的产品包括多联式空调机组和风管送风式空调机组，豁免期限为自冻结起 4 年，并需进行定期审查，豁免的适用产品将不能获得资助，并需要分用途报告数据。

联合国环境规划署技术与经济评估小组（UNEP/TEAP）初步评估全球的 HFCs 削减行动共约需要 30 亿～50 亿美元资金。缔约方在修正案通过时，一揽子通过的决定包括了资金框架，这为发展中国家的 HFCs 减排行动争取多边基金支持提供了有效的制度化保障。

四、我国的制冷剂替代方案

目前我国制冷空调行业正在实施加速淘汰 HCFCs 的工作，HFCs 作为 HCFCs 的主要替代品。HCFCs 的淘汰过程将驱动 HFCs 的消费和排放。但是目前全球范围内没有找到理想的制冷剂替代物。各国家、各地区从不同的角度、不同的利益出发，对于替代技术采取不同的标准，目前还没有形成一致的选择方向。

我国已开始启动 2015 年之后的第二阶段 HCFCs 淘汰管理计划的制订工作。如何解决高 GWP 制冷剂的削减工作已经成为行业编制第二阶段 HCFCs 淘汰管理计划时考虑的重要因素之一。我国在制冷剂替代方面，主要以开发 GWP 值较小但与 HCFCs 类的物性更加接近的制冷剂为目标。

根据目前国内制冷剂替代的研究和应用进展，总结出了我国已完成的制冷剂替代案，如表 3-6 和表 3-7 所示。

我国工商制冷空调行业第一阶段 HCFCs 淘汰改造项目　　表 3-6

采用的替代制冷剂	涉及产品种类
R32	户用冷水机组、单元机、压缩机
CO_2/NH_3	压缩机、压缩冷凝机组
HFOs	压缩机
R410A	单元机、多联机
R134a	螺杆冷水机组、压缩冷凝机组

我国房间空调器行业第一阶段 HCFCs 淘汰改造项目　　表 3-7

采用的替代制冷剂	涉及产品种类
R290	家用空调、热泵热水机、压缩机
R410A	家用空调

依据《蒙特利尔议定书》的规定和目前我国相关行业的具体情况，在已批准的行业计划中，工商制冷空调生产领域计划到 2020 年实现淘汰基准线水平 33%的消费量，涉及产品包括单元机、冷冻冷藏设备、热泵热水机、冷水机组等，计划主要采用 NH_3、CO_2、HCs、R32 和 HFOs 等作为替代制冷剂；在房间空调器生产领域，计划到 2020 年实现淘汰基线水平 45%的消费量，涉及产品包括房间空调器和家用热泵热水器，计划主要采用 R290 和 CO_2 作为替代制冷剂。随着 R22 淘汰进程的推进，替代制冷剂迅速补位。

R32 作为适合中国国情的制冷剂过渡方案已经成熟应用。HFCs 是 HCFCs 制冷剂的主流替代产品，主要包括 R134a，R410A，R404A，R407C 等。此外，我国正在积极推广 CO_2、R290 等天然制冷剂的应用，主要以 CO_2 为主，我国 CO_2 家用热泵热水器的研究开发仍未摆脱模仿国外先进技术的传统路线，发展潜力很大。我国房间空调器采用的替代制冷剂主要为 R290 和 R410A。

为推动行业 HCFCs 淘汰管理计划的执行，中国制冷空调工业协会与环境保护部对外合作中心、联合国开发计划署 UNDP 和联合国环境规划署 UNEP 等相关国际执行机构密切合作，正在积极组织企业继续申报 HCFCs 淘汰转换改造项目，广泛宣传淘汰管理计划和臭氧层保护的政策法规，让更多企业关注和加入到替代转换进程中，确保如期完成行业第一阶段 HCFCs 淘汰管理计划中所规定的淘汰任务目标。

五、欧盟国家的制冷剂替代方案

在过去的十余年时间内，发达国家已经基本完成了 HCFCs 的淘汰转换。在这一转换过程中，R410A、R134a、R404A 等 HFCs 类制冷剂作为 HCFCs 的主要替代品，在许多发达国家获得了广泛使用。

随着全球范围内削减高 GWP 值的 HFCs 的呼声日益高涨，发达国家在高 GWP 值的 HFCs 削减与替换方面也做了大量的研究和评估工作。在低 GWP 制冷剂的应用和推广方面，发达国家也取得了一些重要的进展。采用 R32 作为制冷剂的房间空调器在日本已经销售了数百万台，R32 单元机也正在研发和推广之中，CO_2 热泵热水器已销售了数百万台；大中型冷冻冷藏领域，NH_3、CO_2 复叠式系统在美国和欧洲已经取得了较好的推广应用效果；在轻商制冷领域，冰激凌机、饮料柜、自动贩卖机部分采用了 HCs 或 CO_2 作为制冷剂；在大型离心式冷水机组产品领域，有企业推出了采用 R1233ze（E）作为制冷剂的产品。另外，杜邦、霍尼韦尔、阿科玛等制冷剂生产厂家针对低 GWP 值的替代品开发出了 R1234yf、R1234ze 等 HFOs 和其混合制冷剂系列，多个空调厂家也做了大量的产品研发和测试，其中 R1234yf 在汽车空调中获得广泛应用。

2014 年 7 月美国环保署提出了新的 SNAP 修订提案建议把 5 种具有（微）可燃性制冷剂加入可用制冷剂名单（见表 3-8）。2014 年 8 月建议禁止一些制冷空调产品领域使用高 GWP 的制冷剂（见表 3-9）。2014 年 10 月，SNAP 发布了新增的可使用的替代制冷剂（见表 3-10）。

2014 年 7 月 SNAP 提议新增的可使用的替代制冷剂　　表 3-8

制冷剂	GWP	适用领域					
		冰箱	零售业食品冷藏	自动售货机	低温制冷	载冷剂	家用空调
乙烷	6				√	√	
异丁烷	8		√	√			
丙烷	3	√		√			√
R411A	<5		√	√			√
R32	675						√

2014 年 8 月 SNAP 提议在美国市场上禁止使用的制冷剂　　表 3-9

禁止销售的制冷剂及时间	对应产品
机动车载空调（2021 年后生产的）	HFC-134a 不能使用
新生产（或是由旧的 ODS 翻新的）超市使用的冷藏系统；远程压缩系统（2016 年 1 月）	HFCs 不能使用，包括 HFC-227ea、R-404A、R-407B、R-421B、R-422A、R-422C、R-422D、R-428A、R-434A、R-507A
新生产的独立式商用食品冷藏设备和贩卖机（2016 年 1 月）	HFCs 不能使用，包括 HFC-134a、R-404A、R-407A、R-407C、R-507A
由旧的 ODS 翻新的独立式商用冷藏设备和贩卖机（2016 年 1 月）	HFCs 不能使用，包括 R-404A、R-507A

2014 年 10 月 SNAP 发布的新增的可使用的替代制冷剂　　表 3-10

制冷剂	R450A	CO_2	R1233zd（E）
冷水机组	√		
工业制冷	√		
工业空调	√		
冷藏库	√		
冷冻运输	√	√	
零售食品冷藏	√		
自动售货机	√		
商用制冰机	√		
冷饮机	√		
家用冰箱和冰柜	√		
载冷剂			√

日本修订了制冷剂相关的法规（见表 3-11），2014 年 8 月底进行公示，2014 年年底获得批准，2015 年 4 月正式实施。

日本制冷剂法规修订案的相关规定　　表 3-11

产品类别	现有制冷剂（GWP）	目标值（GWP）	目标年
家用空调（不含柜机）	R410A（2090） R32（675）	750	2018
单元式空调（不含柜机）	R410A（2090）	750	2020
商业冷冻冷藏 （压缩机能力>1.5kW）	R404A（3920） R410A（2090） R407C（1774） CO_2（1）	1500	2025
中央式冷冻单元 （二次循环，大于 50000m^2 的新冷库）	R404A（3920） NH_3（<1）	100	2019
汽车空调	R134a（1430）	150	2023

在选择替代制冷剂时需要综合考虑制冷剂本身的热物性、制冷剂和制冷系统的节能性、环保性、安全性、经济性等各方面的性质。近年来全球范围内的多个相关组织和公司开展了替代制冷剂的研发和评价，取得了一些重要成果。

根据目前国内外制冷剂替代的研究和应用进展，总结出了未来制冷剂替代的参考方案（见表 3-12）。

制冷剂替代的参考方案　　表 3-12

产品类型	当前使用制冷剂	替代制冷剂
小型冷水（热泵）机组	R22 R410A	R410A（近期） R32（中长期）
大中（冷水）热泵机组	R22 R123 R134a	R134a（近期） R1234ze（E）（中长期） HFO 混合制冷剂（中长期）
热泵热水机	R22 R134a R410A R407C	R134a（近期） R410A（近期） R32（中长期） CO_2（中长期） HFO 混合制冷剂（中长期）
单元式空调机	R22 R142b R410A R407C	R410A（近期） R32（中长期） HFO 混合制冷剂（中长期）
多联式空调（热泵）机组	R410A	R410A（近期） R32（中长期） HFO 混合制冷剂（中长期）
工业冷冻冷藏设备和压缩冷凝机组	R22 R134a R404A NH_3	R134a（近期） NH_3/CO_2（中长期） R32（中长期） HFO 混合制冷剂（中长期） HC（中长期）

第四节　制冷剂的性质和循环特性

一、热力学性质

制冷剂的热力学性质包括压力、温度、比体积、比热力学能、比焓、比熵、比热容、声速等，它们都是状态参数，彼此之间存在一定的函数关系。这些热力性质是物质固有的，由实验室测定和热力学微分方程计算求得。通常各种制冷剂的热力学性质数据绘制成相应的图表。工程计算使用时，可以从相应的图表中查取所需的热力参数值，也可以根据热力性质的数学模型，利用计算机计算得出。表 3-13 给出了一些制冷剂最基本的热力学性质数据。

一些制冷剂最基本的热力学性质　　表 3-13

制冷剂	相对分子量	正常沸点（℃）	凝固点（℃）	临界温度（℃）	临界压力（kPa）	临界比体积（L/kg）
R744	44.01	−78.4	−56.6	31.1	7372	2.135
R32	52.02	−51.2	−78.4	78.3	5808	2.326
R290	44.1	−42.07	−187.7	96.8	4254	4.545
R134a	102.03	−26.26	−96.6	101.1	4067	1.81
R600a	58.13	−11.73	−160	135.0	3645	4.526
R717	17.03	−33.3	−77.9	133	11417	4.245

在使用热力学性质图和表时，应当注意焓和熵等参数的基准值的选取。不同的图表由于基准值选取不同，使用同一温度和压力下的焓、熵值不同。这一问题在几个图或表同时联用时需加以注意，需将读取的参数用基准值的差予以修正。

（一）制冷剂的饱和蒸气压力曲线

纯制冷剂的饱和蒸气压力是温度的单值函数，用饱和蒸气压力曲线描述这种关系。图 3-1 给出了主要制冷剂的饱和蒸气压力曲线。

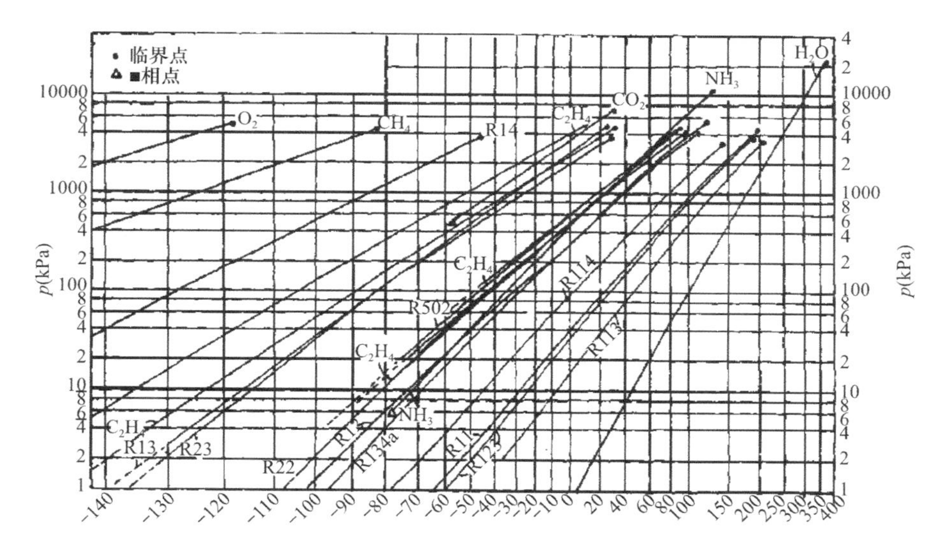

图 3-1　主要制冷剂的饱和蒸气压力曲线

制冷剂在标准大气压（101.32kPa）下的沸腾温度称为标准蒸发温度或标准沸点，用 t_s 表示。制冷剂的标准蒸发温度大体上可以反映用它制冷能够达到的低温范围。t_s 越低的制冷剂，能够达到的制冷温度越低。所以，习惯上往往依据 t_s 的高低，将制冷剂分为高温、中温、低温制冷剂。

由图 3-1 可以看出。各种物质的饱和蒸汽压力曲线的形状大体相似。所以，在某一相同温度下，标准蒸发温度高的制冷剂的压力低，标准蒸发温度低的制冷剂的压力高，即高温工质又属于低压工质；低温工质又属于高压工质。

制冷剂的饱和蒸气压力—温度特性决定了给定工作温度下制冷循环的压力和压力比。

（二）临界温度

临界温度是物质在临界点状态时的温度，用 T_C 表示。它是制冷剂不可能加压液化的最低温度。临界温度与标准蒸发温度存在以下关系：

$$T_s/T_C \approx 0.6 \tag{3-1}$$

这说明标准沸点低的低温制冷剂的临界温度也低；高温制冷剂的临界温度也高。

此外需注意，制冷循环应远离临界点。若冷凝温度 T_k 超过制冷剂的临界温度 T_C，则制冷剂无法凝结；若 T_k 略低于 T_C，则虽然蒸气可以凝结，但节流损失大，循环的制冷系数大为降低。

（三）特鲁顿（Trouton）定律

大多数物质在标准蒸发温度下蒸发时，其摩尔熵增 ΔS 的数值都大体相等，这就是特鲁顿定律。

$$\Delta\bar{S} = \frac{Mr_s}{T_s} \approx 76 \sim 78 \quad \text{kJ/(kmol·K)} \tag{3-2}$$

式中 M——制冷剂的单位摩尔分子量；

r_s——标准蒸发温度下的汽化潜热。

制冷剂基本性质对制冷循环特性的影响：

标准沸点相近的物质，分子量大的，汽化潜热小；分子量小的，汽化潜热大；相同蒸发温度下，压力高的制冷剂单位容积制冷量大；压力低的制冷剂单位容积制冷量小。

（四）压缩终温度 t_2

相同吸气温度下，制冷剂等熵压缩的终了温度 t_2 与其绝热指数 k 和压力比有关。

t_2 是实际制冷机中必须考虑的一个安全性指标。若制冷剂的 t_2 过高，有可能引起它自身在高温下分解、变质，并造成机器润滑条件恶化、润滑油结焦，甚至出现拉缸故障。

一般说来，重分子的 t_2 低，轻分子的 t_2 高。

乙烷衍生物的 t_2 比甲烷的衍生物低，为了避免湿压缩，还必须设法使低压蒸气过热后再压缩。

常用的中温制冷剂 R717 和 R22，其排气温度较高，需要在压缩过程中采取冷却措施，以降低 t_2；而 R12、R502、R134a 和 R152a 的 t_2 较低，它们在全封闭式压缩机中使用，要比用 R22 好得多。

（五）黏性、导热性和比热容

制冷剂的黏性、导热性和比热容对制冷机辅机（特别是热交换设备）的设计有重要影响。

黏性反映了流体内部分子之间发生相对运动时的摩擦阻力。黏性的大小与流体种类、温度、压力有关。衡量黏性的物理量是动力黏度 μ（单位是 Pa·s）和运动黏度 ν（单位是 m^2/s），两者之间的关系是：

$$\nu = \mu / \rho \tag{3-3}$$

式中　ρ——流体的密度，kg/m^3。

制冷剂的导热性用导热系数 λ 表示，单位是 W/(m·K)。气体的导热系数一般很小，并随温度的升高而增大，一般不随压力而变化；液体的导热系数主要受温度影响，受压力影响很小。

二、安全环保性质与工质三角形

目前制冷空调行业中使用的制冷剂多为碳氢制冷剂，是饱和碳氢化合物中全部或部分氢元素被氯、氟和溴代替后衍生物的总称。国际规定用“R”作为这类制冷剂的代号，分为氯氟烃（CFCs）、含氢氯氟烃（HCFCs）、含氢氟烃（HFCs）三大类，其中 CFCs 和 HCFCs 中均含有氯，是破坏臭氧层的元凶，是公认被禁止使用的制冷剂，为描述对臭氧的消耗特征及其强度分布，通常用对大气臭氧损耗的潜能值（ODP），以 R11 作为基准值来衡量。而 HFCs 虽然不含有破坏臭氧层的氯原子，但依然含有卤素氟原子，而各种卤原子泄漏到大气中，这些物质由于对臭氧层具有破坏作用并产生温室效应，会加剧地球的温室效应。

这类制冷剂不仅会破坏大气臭氧层，还具有全球变暖潜能（GWP），物质中氟、氯和氢元素含量的变化而导致化学性质变化的趋势见图 3-2。

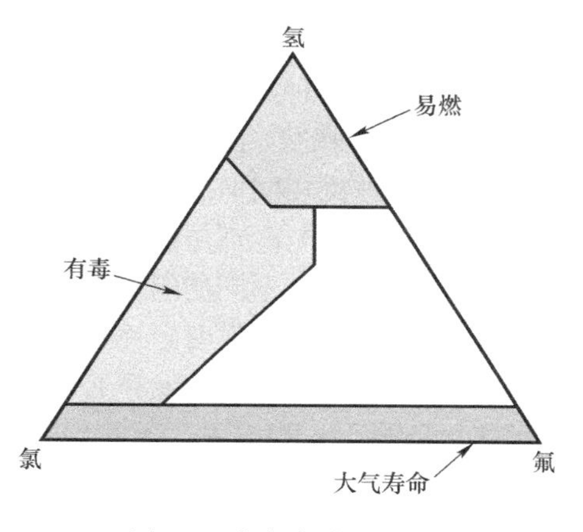

图 3-2　氟氯氢含量变化

氯或溴元素增多（向三角形左下角移动）会增加制冷剂的臭氧消耗潜值（ODP），氯元素增多也会使沸点升高。氟元素增多（向三角形右下角移动）会增加制冷剂的温室效应，温室效应取决于红外线吸收能力（碳氟屏障）和大气寿命，氟元素增多也会导致毒性下降。氢元素增多（向三角形顶角移动）会增加制冷剂的可燃性，也会缩短在大气中的寿命，寿命缩短对减少温室效应有好处。CFC 族制冷剂不含氢元素，大气寿命最长但不可燃。烃类物质（丙烷，异丁烷）易燃但大气寿命短。

三、制冷剂的混合原则与混合制冷剂

混合制冷剂是由两种或两种以上的纯制冷剂以一定的比例混合而成的。由于纯种制冷剂在品种和性质上的局限性，采用混合制冷剂为调节制冷剂的性质和扩大制冷剂的选择提供了更大的自由度。按照混合的溶液是否具有共沸的性质，分为共沸制冷剂和非共沸制冷剂两类。

（一）共沸制冷剂

共沸制冷剂是由两种或多种制冷剂组成的混合物，在给定压力下有均匀的气相和液相组分。更简单地说，制冷剂混合物在制冷循环过程中就像单组分制冷剂而不会发生分馏。共沸制冷剂无温度滑移。如 R-500 和 R-502，ASHRAE 34 标准规定共沸制冷剂从 500 开始编号。

共沸制冷剂的特点如下：

(1) 在一定的蒸发压力下蒸发时，具有几乎不变的蒸发温度，而且蒸发温度一般比组成它的单组分的蒸发温度低。这里所指的几乎不变是指在偏离共沸点时，泡点温度和露点温度虽有差别，但非常接近，而在共沸温度时则泡点温度和露点温度完全相等，表现出与纯制冷剂相同的恒沸性质，即在蒸发过程中，蒸发压力不变，蒸发温度也不会变。

(2) 在一定的蒸发温度下，共沸制冷剂的单位容积制冷量比组成它的单一制冷剂的容积制冷量要大。这是因为在相同的蒸发温度和吸气温度下，共沸制冷剂比组成它的单一制冷剂的压力高、比体积小的缘故。

(3) 共沸制冷剂的化学稳定性较组成它的单一制冷剂好。

(4) 在全封闭和半封闭压缩机中，采用共沸制冷剂可使电动机得到更好地冷却，电动机绕组温升减小。

(二) 非共沸制冷剂

对于通过两种或两种以上的物质混合构成的非共沸混合物制冷剂，其符号表示为 R4 ()，括号内的数字为该制冷剂命名的先后顺序号，从 0 开始，当构成非共沸混合制冷剂的纯物质种类相同但成分不同时，须分别在数字后加上大写英文字母以示区别。

非共沸混合制冷剂由两种或多种不同制冷剂按任意比例混合而成，性质与溶液相似。液相和气相中具有不同的组成成分，气相中低沸点组分较多，液相中高沸点组分较多。在一定压力下冷凝或蒸发时，冷凝温度和蒸发温度都要发生变化。

例如采用 R22、R152a 和 R124 构成的非共沸混合物，其所占量分别为 53%、13%和 34%时可表示为 R401A，当各组分所占量分别为 61%、11%与 28%时，其符号表示为 R401B。

非共沸制冷剂的特点：

(1) 在定压下，相变温度要发生变化。即非共沸制冷剂没有共沸点。如定压蒸发时，温度在不断变化，由高到低地滑移；定压凝结时则是正好相反。这一特性与实际运用中冷凝过程冷却水是不断变化的，蒸发过程被冷却对象温度是不断降低的变温特点相适应，缩小了相变过程中的传热温差，减小了过程的不可逆损失，进而减小了冷凝器和蒸发器的传热不可逆损失，使制冷循环的效率得以提高。蒸发温度与被冷却对象温度、冷凝温度与环境介质温度之间的温差值越小，制冷循环效率就越高。非共沸制冷剂达到了这个目的，因此也就达到了节能的目的。

(2) 非共沸混合制冷剂与各组成的纯净制冷剂性质相近，且基本为其平均。利用此性质，可实现各纯净制冷剂的优势互补。此外，还可以借此特性，找到在一定压力下具有所需相变温度的混合制冷剂。例如除可燃性外，碳氢化合物具有制冷剂的一切优点。在其中加入一定量的不可燃制冷剂，就能降低所构成混合制冷剂的可燃性。

四、循环特性

制冷剂的循环特性包括压缩特性（压缩比和排气温度）、循环效率以及单位体积制冷量。

（1）压缩特性：在给定冷凝温度（40℃）下，各种制冷剂在不同蒸发温度下对应的压力比见图 3-3。R22 和 R12 的压缩比非常接近，丁烷、异丁烷和 R134a 的压力比较大，而丙烷的压力比则较低。

对于制冷循环来说，等熵压缩后的温度也很重要，在给定冷凝温度（40℃）下，各种制冷剂在不同蒸发温度下对应的等熵压缩后排气温度见图 3-4。由图可见，各种制冷剂的等熵压缩温度均比 R22 低。事实上，异丁烷和丁烷在压缩前都需要一定的过热，以保证在经过等熵压缩后不会处于湿蒸气区。

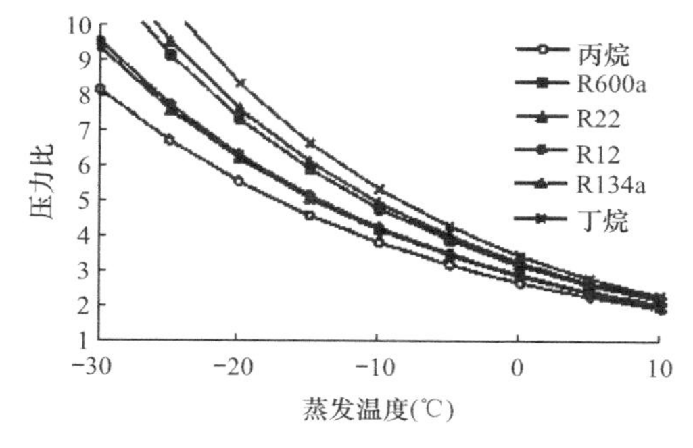

图 3-3　冷凝温度为 40℃时，压缩比与蒸发温度之间的关系

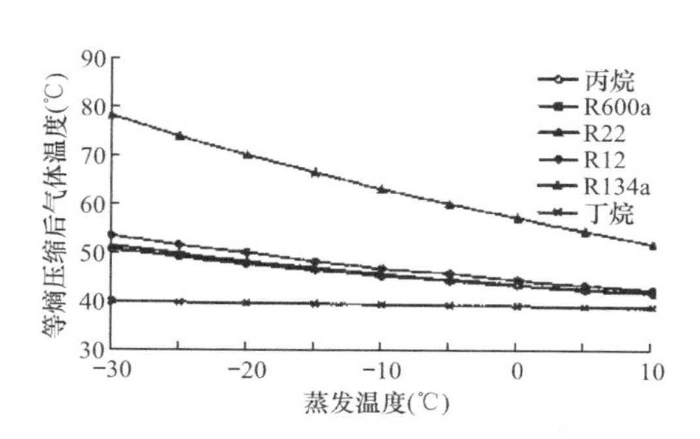

图 3-4　等熵压缩后气体温度，假定冷凝温度为 40℃

（2）循环热力学效率：为了评价不同制冷剂循环的能量损耗，选用一个基本制冷循环（假设压缩过程为理想的等熵压缩，节流前没有液体过冷，压缩前没有蒸气过热），与蒸发温度和冷凝温度间的卡诺循环相比较，其 COP 值之间的比值称为“循环的卡诺效率”。不同制冷剂的卡诺循环效率见图 3-5，对于各种情况冷凝温度均为 t_k=40℃。

对于给定的冷凝温度 t_k，假如蒸发温度 t_s 较低，则制冷循环效率也较低。其主要原因就在于随着温度差（t_k-t_s）的增加，节流损失也增大。可以看出，图 3-5 中的各种流体降低最多为 5%。

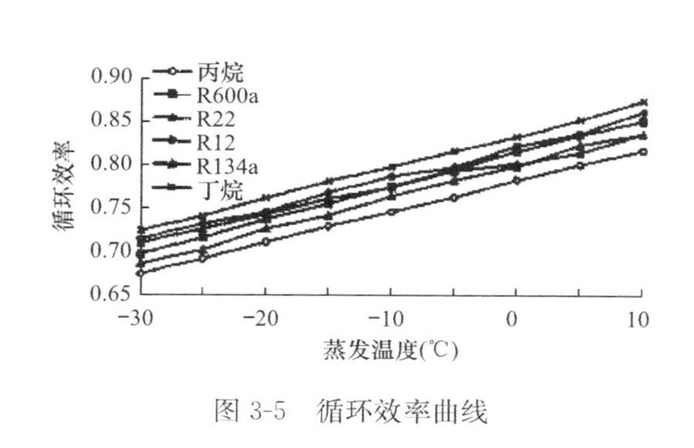

图 3-5　循环效率曲线

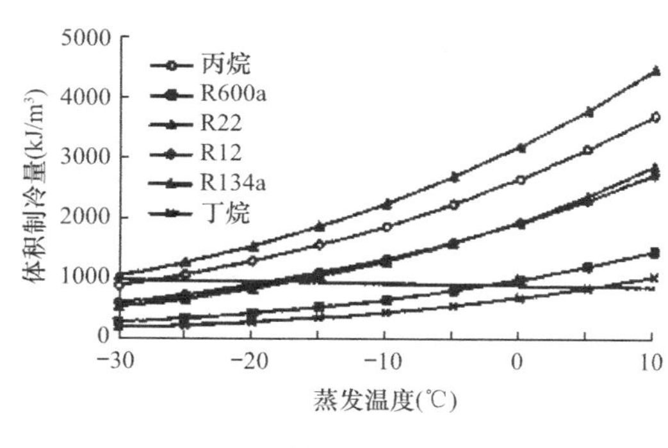

图 3-6　体积制冷量曲线

(3) 单位体积制冷量 q_w，就是蒸发器出口处每单位蒸气体积的制冷量。因此，具有较高体积制冷量的制冷剂，在给定压缩机压缩容积时会有较高的制冷能力。图 3-6 给出了基本制冷循环，冷凝温度为 40℃时几种制冷剂的体积制冷量。

丙烷的制冷量比 R22 略低 15%，R134a 的体积制冷量与 R12 非常接近，丁烷、异丁烷的体积制冷量差不多是 R12 的一半。q_w 与蒸发器中的压力极为相关，高饱和蒸气压的制冷剂一般具有较高的体积制冷量。

第五节　典型制冷剂

一、常见制冷剂的基本性质

(一) R32

R32（二氟甲烷）是一种卤代烃（化学式：CH_2F_2），在常温下为无色、无臭气体，在自身压力下为无色透明液体，或加压压缩成液体，并呈无色透明状态，无毒、可燃，R32 易溶于油，难溶于水。

R32 是一种热力学性能优异的氟利昂替代物，具有较低的沸点，蒸气压和压力比较低，制冷系数较大，臭氧耗损值为零，温室效应系数较小等特点，是 R22（$CHClF_2$）比较理想的替代品。

R32 是一种拥有零臭氧损耗潜能的冷却剂。R32 与五氟乙烷可生成一种恒沸混合物（称为 R410A），用作新冷却剂系统中氯氟碳化合物（亦称为 Freon）的代替物。虽然它是零臭氧损耗潜能，但它有高全球变暖潜能，以每 100 年时间为基础，其潜能是二氧化碳的 550 倍。

目前 R32 主要是替代 R22，可以用作配制中低温混合制冷剂，是配制混合制冷工质的重要原料之一。

R32 为 R410A 的主要组分，工作压力与 R410A 接近，具有良好的传热性能，单位容积制冷量大，理论效率高。相同制冷量下，R32 的充注量仅为 R22 的 2/3 左右。同时，R32 也是一种成熟稳定的制冷剂，市场可获得性好，价格便宜，国内有大量生产（R32 产品专利属于日本大金公司，日本大金公开承诺，该产品专利向各国开放，不收取专利使用费）。但同时 R32 具有一定的可燃性，发达国家目前也没有商用的经验。

(二) R134a

R134a（四氟乙烷）是被广泛应用的中温制冷剂，沸点为 −26.26℃，凝固点为 −96.6℃；应用于中等蒸发温度和低蒸发温度的制冷系统中。

R134a 制冷剂是一种新型无公害制冷剂，属于氢氟化碳化合物。它具有与 R12 相似的热物理性质，但臭氧消耗潜能为零，温室效应潜能在 1300 左右。

常温常压下 R134a 无色，有轻微醚类气体味，不易燃，没有可测量的闪点，对皮肤、眼睛无刺激，不会引起皮肤过敏，但暴露时会产生轻微毒气，工作场所应通风良好。

R134a是不溶于矿物油的制冷剂，它采用脂类油、合成油（往复式压缩机用）或烷基苯油（旋转式压缩机用）来满足压缩机的润滑要求。

相对于R12制冷剂，R134a制冷剂无毒、不可燃，R134a制冷剂化学性质稳定、热力性非常接近R12，但材料兼容性差，与矿物油不相容、易吸水。

（三）R152a

R152a一般与其他制冷剂组成混合制冷剂，广泛应用于制冷系统中。

R152a的标准沸点是－25℃，凝固点为－117℃，在制冷循环特性上优于R12。R152a的ODP值为零，GWP为124。

R152a具有比R12和R134a更高的单位容积制冷量和能效比。与R12的黏性相差不大，而液体、气体的比热容及汽化潜热均比R12大，且其气体及液体的导热率都要显著高于R12，具有可燃性，在空气中的体积分数达到4%～17%时，就会着火。

二、合成制冷剂

（一）共沸制冷剂R507

R507是一种新的制冷剂，是作为R502的替代物提出来的，其ODP值为零，不含任何破坏臭氧层的物质。它的沸点为－46.7℃，与R502的沸点非常接近。相同工况下，它的制冷系数比R502略低，单位容积制冷量比R502略高，压缩机排气温度比R502略低，冷凝压力比R502略高，压比略高于R502。它不溶于矿物油，但能溶于聚酯类润滑油。凡是用R502的场合，都可以用R507来代替。

由于R507制冷剂的制冷量及效率与R502非常接近，并且具有优异的传热性能和低毒性，因此R507比其他任何所知的R502的替代物更适合中低温冷冻领域应用。R507和R404A一样是用于替代R502的环保制冷剂，但是R507通常比R404A能达到更低的温度。R507适用于中低温的新型商用制冷设备（超市冷冻冷藏柜、冷库、陈列展示柜、运输）、制冰设备、交通运输制冷设备、船用制冷设备或更新设备，适用于所有R502可正常运作的环境。

（二）非共沸制冷剂R410A

R410A是一种两元混合制冷剂，它的露点温差仅0.2℃，可称之为近共沸混合制冷剂。与其他HFC制冷剂一样，R410A也不能与矿物油互溶，但能溶解于聚酯类合成润滑油。它也是作为R22的替代物提出来的。虽然在一定的温度下它的饱和蒸气压比R22和R407C均要高一些，但它的其他性能比R407C要优越。它具有与共沸混合制冷剂类似的优点，单位容积制冷量在低温工况时比R22还要高约60%，制冷系数也比R22高约5%；在空调工况时，单位容积制冷量和制冷系数均与R22差不多。与R407C相比较，尤其是在低温工况，使用R410A的制冷系统具有更小的体积（单位容积制冷量大），更高的能量利用率。但R410A不能直接用来替换R22的制冷系统，在使用R410A时要用专门的制冷压缩机，而不能用R22的制冷压缩机。世界上虽然研究R22替代物的工作已全面开始，但到目前为止尚未找到一种纯工质可以作为R22系统的直接充注或替代物来简单地替换R22在制冷空调业中的角色。

采用混合工质，则可利用其各组分的优势互补来得到整体热物性，制冷性能和理化性能等主要制冷剂特性指标均接近于R22的制冷剂。

目前，国际呼声最高的R22混合工质替代物有R410A和R407C两种。对于家用空调器，欧洲国家倾向于选用R407C，而美国和日本倾向于用R410A。

R410A虽然是一种近共沸混合物，有利于进行维修和回收，且高压状态制冷剂的热物性以及与固体壁的换热性能得以提高，形成强化换热，使R410A空调机的体积大幅减少。但由于涉及改动管路，且压力大约要提高1.6倍，相应的铜管路、阀门、连接件等所有与制冷剂接触的部件的承压能力都要作相应的改动（乘以1.6倍的压力）。而采用R407C作为制冷剂，压力基本相当，压缩机也只需做较小改动。

三、天然制冷剂

（一）水

多数制冷过程是吸收循环或蒸气压缩循环。商业吸收循环一般用水作为制冷剂，溴化锂为吸收剂。

水无毒、不可燃、来源丰富，是一种天然制冷剂。吸收式制冷机即使是双效制冷机，其挑战是COP（性能系数）只比1稍大（离心式制冷机的COP大于5）。从寿命周期的观点来看，吸收式制冷机需要一个彻底的调查，以确定其解决方案在经济上是否可行。从环保观点来看，用水作为制冷剂是好的。吸收式制冷机的低COP值可能表明比离心制冷机需要消耗更多的化石燃料。但由于吸收式制冷机可采用工业余热废热及太阳能等低品位能源驱动，因此吸收式制冷是一种节能环保的制冷技术。

（二）氨

氨是应用较广的中温制冷剂，沸点－33.3℃，凝固点－77.9℃。

氨具有较好的热力学性质和热物理性质，在常温和普通低温范围内压力比较适中。单位容积制冷量大，黏度小，流动阻力小，传热性能好。

氨对人体有较大的毒性，也有一定的可燃性，安全分类为B2，氨蒸气无色，具有强烈的刺激性臭味。它可以刺激人的眼睛及呼吸器官。氨液飞溅到皮肤上会引起肿胀甚至冻伤。当氨蒸气在空气中的含量（体积分数）达到0.5％～0.6％时，人在其中停留半小时即可中毒。氨可以引起燃烧和爆炸，当空气中氨的含量达到16％～25％时可引起爆炸。空气中氨的含量达到11％～14％时即可点燃（燃烧时呈黄色火焰）。因此，车间工作区里氨蒸气的浓度不得超过0.02mg/L。若系统中氨所分离的游离氢积累到一定程度，遇空气会引起强烈爆炸。

氨能以任意比例与水相互溶解，组成氨水溶液，在低温时水也不会从溶液中析出而冻结成冰。所以氨系统里不必设置干燥器。但氨系统中有水分时会加剧对金属的腐蚀，同时使制冷量减小。所以，一般限制氨中的含水量不得超过 0.2%。

氨在矿物油中的溶解度很小，因此氨制冷剂管道及换热器的传热表面上会积有油膜，影响传热效果。氨液的密度比矿物油小，在贮液桶和蒸发器中，油会沉积在下部，需要定期放出。

氨对钢铁不起腐蚀作用，但当含有水分时将会腐蚀锌、铜、青铜及其他合金。只有磷青铜不被腐蚀。因此，在氨制冷机中不用含有铜和铜合金（磷青铜除外）的材料，只有那些连杆衬套、密封环等零件才被允许使用高磷青铜。目前氨用于蒸发温度在－65℃以上的大中型及中型单级、双级往复活塞式及螺杆式制冷机中，也有应用于大容量离心式制冷机中的。

（三）R744（二氧化碳）

二氧化碳是一种古老的制冷工质，又是一种新兴的自然工质。干冰是固体二氧化碳的习惯叫法。干冰的三相点参数为：三相点温度为－56.6℃，三相点压力为 0.518MPa。因此，在大气压下，二氧化碳为固态或气态，不存在液态。干冰在大气压力下的升华热为 573.6kJ/kg，升华温度为－78.5℃。

自 19 世纪 80 年代至 20 世纪 30 年代，二氧化碳作为制冷剂被广泛应用于制冷空调系统中，与氨制冷剂一样，是当时最为常用的制冷工质。卤代烃类制冷剂被广泛应用后，二氧化碳迅速被取代。作为一种已经使用过且已证明对环境无害的制冷工质，近几年二氧化碳又一次引起了人们的重视。在几种常用的自然工质中，可以说二氧化碳最具竞争力，在可燃性和毒性有严格限制的场合，二氧化碳是最理想的。

二氧化碳作为制冷工质有许多独特的优势。从对环境的影响来看，除水和空气以外，二氧化碳是与环境最为友善的制冷工质。除此之外，二氧化碳还具有下列特点：

（1）良好的安全性和化学稳定性。二氧化碳安全无毒，不可燃，适应各种润滑油、常用机械零部件材料，即便在高温下也不产生有害气体。

（2）具有与制冷循环和设备相适应的热物理性质，单位容积制冷量相当高，运动黏度低。

（3）优良的流动和传热特性，可显著减小压缩机与系统的尺寸，使整个系统非常紧凑，而且运行维护也比较简单，具有良好的经济性能。

（4）二氧化碳制冷循环的压缩比要比常规工质制冷循环的低，压缩机的容积效率可维持在较高的水平。二氧化碳由于其临界温度较低，所以用于夏季工况时，宜采用跨临界循环的方式，排热过程在超临界工况下运行。相应于二氧化碳跨临界循环的运行工况，二氧化碳在超临界状态下具有优秀的流动传热性能，用于排热的气体冷却器的结构更为紧凑。由于工质的放热过程在超临界区进行，整个放热过程没有相变现象的产生。压缩机的排气温度较高（可达到 100℃以上），并且放热过程为一变温过程，有较大的温度滑移。这种温度滑移可以被用于与所需的变温热源相匹配。作为热回收和热泵系统时，通过调整压缩机的排气压力可得到所需要的热源温度，并且具有较高的放热效率。对于二氧化碳跨临界循环，当蒸发温度一定时，循环效率主要受气体冷却器出口温度和排气压力的影响。当气体冷却器出口温度保持不变时，随着高压侧压力的变化，循环系统的 COP 存在最大值，对应于该点的压力，称为最优高压侧压力。就典型工况而言，最优压力一般为 10MPa 左右。二氧化碳作为制冷工质的主要缺点是运行压力较高和循环效率较低。理论循环和实验研究证实，二氧化碳单级压缩跨临界循环的COP要低于R22、R134a等传统工质的循环效率。

二氧化碳作为制冷工质可以应用于制冷空调系统的大部分领域，就目前发展状况而言，在汽车空调、热泵和复叠式循环等领域的应用前景良好。二氧化碳跨临界循环排热温度高，气体冷却器的换热性能好，因此比较适合汽车空调这种恶劣的环境。除此之外，二氧化碳系统在热泵方面的特殊优越性，可以给车厢提供足够热量。二氧化碳跨临界循环气体冷却器所具有的较高排气温度和较大的温度滑移与冷却介质的温升过程相匹配，使其在热泵循环方面具有独特的优势。通过调整循环的排气压力，可使气体冷却器的热力过程较好地适应外部热源的温度和温升需要。用于热泵系统时，可使被加热流体的温升从15～20℃升至30～40℃，甚至更高，因而可较好地满足供暖、空调和生活热水的加热要求。二氧化碳作为制冷剂的另一个较有前途的应用方式就是在复叠式制冷系统中作低温级制冷剂。与其他低压制冷剂相比，即使处在低温，二氧化碳的黏度也非常小，传热性能良好。与NH_3两级压缩系统相比，低温级采用二氧化碳，其压缩机体积减小到原来的1/10，二氧化碳环路可达到－45～50℃的低温，而且通过干冰粉末作用可降低到－80℃。

（四）R290（丙烷）

R290的标准沸点和临界温度与R22非常接近，临界压力比R22低，凝固点比R22低，其基本物理性质与R22相当，具备替代R22的基本条件。

在饱和液态时，R290比R22的密度小很多，所以在相同的容积下R290的充注量要小得多。在相同温度下，R290的汽化潜热比R22的汽化潜热大一倍左右，因此制冷系统的制冷剂循环量小。R290的气态动力黏滞系数和饱和液态动力黏滞系数都比R22小。R290的饱和液态和饱和气态的导热系数都比R22的大。

R290的最大缺点是具有可燃性和爆炸性。另外，R290的蒸气比体积比R22大，单位容积制冷量比R22小，这意味着压缩机的排气量相同时，R290的制冷量有所减少。GB 9237—2017《制冷系统及热泵安全与环境要求》规定，R290的充注量必须低于根据使用情况按标准计算出的充注量限值。

2010年7月，联合国第61次《蒙特利尔议定书》多边基金执委会上正式确立广西美芝制冷设备有限公司"R290压缩机生产线"工程成为联合国多边基金示范工程。

（五）R600a（异丁烷）

常用的碳氢化合物制冷剂为R600a。R600a（异丁烷，C_4H_{10}）的沸点为－11.73℃，凝固点为－160℃，曾在1920～1930年作为小型制冷装置的制冷剂，后由于可燃性等原因，被氟利昂制冷剂取代了。在CFCs制冷剂会破坏大气臭氧层的问题出来后，作为自然制冷剂的R600a又重新得到重视。尽管R134a在许多方面表现出作为R12替代制冷剂的优越性，但它仍有较高的GWP值，因此，许多人提倡在制冷温度较低场合（如电冰箱）用R600a作为R12的永久替代物。

R600a的临界压力比R12低，临界温度及临界比体积均比R12高，标准沸点高于R12约18℃，饱和蒸气压比R12低。在一般情况下，R600a的压比要高于R12且单位容积制冷量小于 R12。为了使制冷系统能达到与 R12 相近的制冷能力，应选用排气量较大的制冷压缩机。但它的排气温度比 R12 低，后者对压缩机工作更有利。

R600a 的毒性非常低，但在空气中可燃，因此安全类别为 A3，在使用 R600a 的场合要注意防火防爆。当温度较低（低于－11.7℃）时，制冷系统的低压侧处于负压状态，外界空气有可能泄漏进去。因此，使用 R600a 作为制冷剂的系统，其他电器绝缘要求较一般系统要高，以免产生电火花引起爆炸。

R600a 与矿物油能很好地互溶，不需要价格昂贵的合成润滑油。

除可燃外，R600a 与其他物质的化学相溶性很好，而与水的溶解性很差，这对制冷系统很有利。但为了防止“冰堵”现象，制冷剂允许含水量较低，对除水要求相对较高。此外，R600a 的检漏不能用传统的检漏仪，而应该用专门适合于 R600a 的检漏仪检漏。

四、新型制冷剂

（一）R1234yf

R1234yf（2，3，3，3-四氟丙烯）的分子式为 $C_3H_2F_4$，沸点为－29.45℃，临界温度为 94.7℃，三相点温度为－53.15℃，临界压力 3.38MPa。作为单一工质制冷剂，R1234yf 具有优异的环境参数，GWP＝4，ODP＝0，寿命期气候性能（LCCP）低于 R134a，大气分解物与 R134a 相同。而且其系统性能优于 R134a。R1234yf 的 GWP 和大气寿命与其他替代 R134a 的制冷剂相比具有明显的环境优势。它不受职业接触的限制，有较好的 ATEL（急性毒性接触极限）和 LFL（可燃下限），而它的可燃性低于 R152a。且国际权威独立实验室（SAE international）对 R1234yf 的毒性和可燃性也进行了广泛的测试，并组织全球专家进行了深入的评估，最终得出 R1234yf 虽有低度可燃性，但需要在有汽油出现的情况下（可燃性类似于 R134a）才能被点燃。因此，在汽车空调中，用 R1234yf 替代 R134a 是安全的。R1234yf 还可与 HFC 类产品混配，用来替换 R22、R134a、R404A、R410A 等。

R1234yf 可以应用于冰箱制冷剂、灭火剂、传热介质、推进剂、发泡剂、起泡剂、气体介质、灭菌剂载体、聚合物单体、移走颗粒流体、载气流体、研磨抛光剂、替换干燥剂、电循环工作流体等领域。

（二）R452A

R452A（XP44）与 R404A、R507 具有可比的物理和热力学性质，是含有 R32，R125 和 R1234yf 的非共沸混合制冷剂。质量百分比成分：R32 占 11%，R125 占 59%，R1234yf 占 30%。其临界温度为 95.49℃，临界压力为 3.46MPa，R452A 用于替代 R404A/R507 制冷剂，与前两者相比，其全球变暖潜值降幅可达 45%，同时排气温度与前两者相当，从而为低温密封系统及冷冻运输应用带来了极大优势。

R452A 应用于容积式、直接膨胀式、中低温商用（大型冷藏车、轻型冷藏车、冷藏集装箱）、工业及运输制冷系统中。R452A 适用于新设备安装及现用设备改造，可提供相近能效并改善环境特性，并不会增加压缩机的排气温度。

(三) R449A

R449A 制冷剂(XP40)属于 HFO 类制冷剂,是含有 R32,R125,R134a 和 R1234yf 的非共沸混合制冷剂。质量分数比:R32 占 24.3%,R125 占 24.7%,R134a 占 25.7%,R1234yf 占 25.3%。其临界温度为 83.87℃,临界压力为 4.39MPa。R449A 具有零臭氧破坏潜值及低全球变暖潜值,与 R404A 制冷剂相比,R449A 具有不可燃性(A1 级),制冷剂可以降低全球变暖潜值达 67%,提高能效达 12%,自实现商业化供应以来,迅速在全球得到广泛应用。适用于新设备安装及现有设备改造,可以改善能效和环境特性。

主要用于替代 R22、R404A、R507 及 R407 系列制冷剂,用于容积式、直接膨胀式、中温商用及工业用制冷系统中,如超市(并联机组、分散式系统、小型冷藏库、冷冻箱、准备餐间等)、食品业(冷凝机组等)、冷链仓储、独立内藏式系统等。对于正在寻找更具可持续性的替代制冷剂的超市系统业主来说,R449A 也是可用以直接更换 R22 的便捷解决方案。由于其卓越表现,全球数以千计的商业制冷系统已采用了 R449A 制冷剂。

第六节 制冷剂的回收

一、制冷剂回收的要求和法规

回收制冷剂是制冷空调设备预防性维护或修理工作的第一步。简单地说,回收是指将系统内的制冷剂转移到一个可重复充装的制冷剂钢瓶内。回收的制冷剂在返回系统前,可能需要进一步处理。

在美国,只有在市场能购得的并已经过认证(由美国 EPA 批准的独立试验室测试认证)的回收设备,才符合 ARI-740 性能标准。应该使用这种设备来进行回收或再循环。

按照美国 ARI-740 性能标准,回收设备和再循环设备的性能,是通过从一个标准测试台回收液体和气体的能力来评价的。这些回收率可用于比较各个设备的性能,但它们不能严格地反映设备在实际使用时可获得的回收率,因为有可能存在软管长度、温度及系统内部限制的差异。无论如何,由于液体制冷剂的密度大,制冷剂液体的回收速率要大于制冷剂蒸气的回收速率。

二、回收技术及其工作原理

目前,在美国和日本市场上出售的回收设备有多种多样的形式。有些回收设备仅能抽取制冷蒸气,因此抽取速度非常小;其他回收设备抽取制冷剂液体和蒸气,但不能将系统中的油从制冷机中分离出来。因为制冷剂中的油含量未知,所以当油不能移出时,就不能放心地重新使用这样的制冷剂。因此,能同时抽取制冷剂液体和蒸气,又能把系统的废油分离出来是最好的回收方法。

氟利昂制冷剂的回收方法有气体回收方法、液体回收方法及复合回收方法三种。

（一）气体回收方法

气体回收方法包括冷却法（把气体氟利昂制冷剂冷却液化回收）、压缩法（把气体氟利昂制冷剂压缩液化回收）、吸附法（先用活性炭、沸石等吸附，然后把吸附的制冷剂蒸气排出并冷却液化回收）、吸收法（先用有机溶剂吸收，然后用加热法把吸收的制冷剂蒸气排出并冷却液化吸收）。下面简述常用的冷却法和压缩法。

1. 冷却法

冷却法的基本系统如图 3-7 所示，其工作原理是：用一种独立的制冷循环冷却回收容器，当回收容器内氟利昂气体液化后，回收容器内的压力比被回收制冷系统内的压力低，依靠压差和冷却，被回收制冷剂系统内部的氟利昂气体向回收容器中转移，继而被液化。

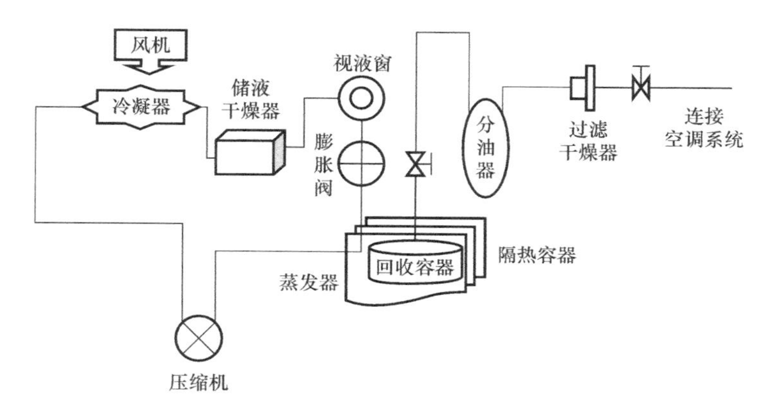

图 3-7　冷却法制冷剂回收装置原理图

冷却法的主要特点是：由于回收气体不能直接通过压缩机，所以没有不同的冷冻机油的混入；要把回收容器冷却到零度以下；适用小容量回收。

2. 压缩法

压缩法的基本系统如图 3-8 所示，其工作原理是：与冷凝机组的原理相同，被回收制冷剂系统的氟利昂气体被直接吸入压缩机压缩，然后在冷凝器中液化，再充入到回收容器中。

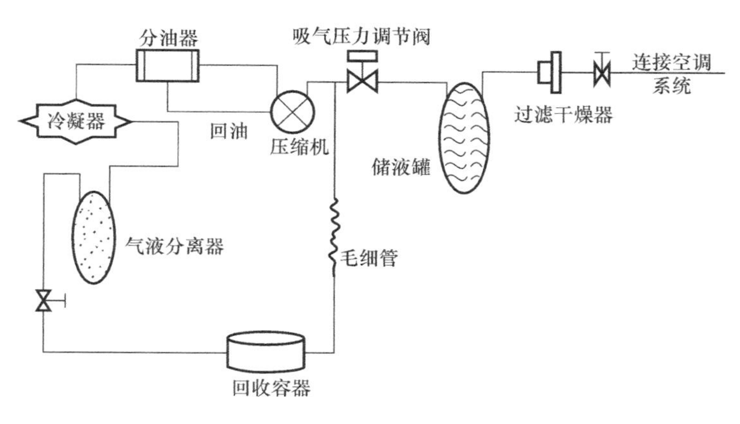

图 3-8　压缩冷凝法制冷剂回收装置原理图

压缩法的主要特点是：由于回收气体要通过压缩机，所以有不同的冷冻机油混入的可能；由于回收气体直接压缩和液化，所以效率高；适合中、大容量的回收。

（二）液体回收方法

液体回收方法包括加压法和吸引法。

1. 加压法

在被回收制冷剂系统的液体氟利昂部分开一回收口，用软管与回收容器相连接，然后在被回收制冷剂的系统的液面上加压，使液体氟利昂流回到回收容器内。

2. 吸引法

在被回收制冷剂系统的液体氟利昂部分开一回收口，用软管与回收容器相连接，然后在被回收容器上抽真空，靠压差把回收制冷剂系统内的液体氟利昂吸回到回收容器内。

液体回收方法的主要特点是：回收效率极高；主要适用于低压制冷剂的大型系统的氟利昂回收，要有一定的安全操作技术；没有去除回收前的氟利昂污染，再利用时要进行再生处理；有氟利昂气体的残留。

（三）复合回收方法

复合回收方法的原理如图 3-9 所示。复合回收方法具备液体回收方法和气体回收方法两种功能，提高了制冷剂回收的效率。具体过程如下：（1）使回收机组的压缩机抽取回收容器内的制冷剂蒸气，并提高其压力；（2）将被加压的制冷剂蒸气送回到回收系统中进行液体回收（液体加压回收方式）；（3）通过四通换向阀的换向将气体回收（气体压缩回收方式）。具体操作步骤为：关闭液体回收阀 1，打开阀 2 和阀 3，将回收机组的压缩机排出压力加到被回收制冷机组的液面上；在回收残留气体时，对四通换向阀进行调整，打开阀 1，关闭阀 2 和阀 3。

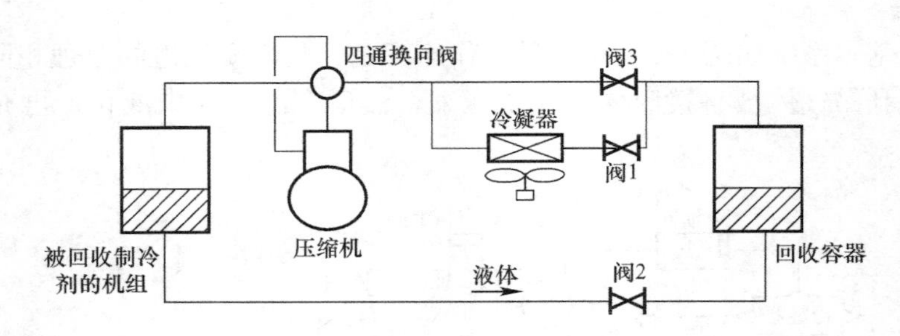

图 3-9　复合回收方法的原理

其主要特点是：适用于氟利昂充装量大的系统；回收时间短；回收的氟利昂是被污染的，要求对制冷剂进行再生处理。

从系统中抽吸制冷剂的最快方法是制冷剂以液态的方式取出。在液态时，单位质量制冷剂的体积较小。大型制冷剂系统可能装有一贮液器，贮液器收存大部分的制冷剂充装量。

制取制冷剂蒸气是最慢的抽取方法。在回收制冷剂蒸气时，如果软管和阀口径不受限制，以及能产生较大的两侧压差，那么回收设备或再循环设备能够较快地从系统内移出制冷剂蒸气。系统越热，制冷剂蒸气的温度越高且密度越大，可使回收设备中的压缩机在短时间转移越多的制冷剂。当系统内的压力降低后，蒸气的密度减小，回收设备的回收能力也相应降低，即系统压力降低时所需的转移时间变长。

三、常见回收设备简介

制冷剂回收设备用于回收制冷机械（民用、商用空调、冷柜、热泵机组、螺杆离心机组等制冷机）中的制冷剂。回收的同时又对制冷剂进行一定的处理，如干燥、杂质的过滤、油分等，以便于制冷剂的二次利用，无论从环保还是经济的角度上，广泛用于家用、商用中央空调、制冷机生产厂家及售后服务。

回收设备的形式有三种：便携式回收设备、移动式回收设备和车载式回收设备。

（1）便携式回收设备主要采用“气体回收—压缩方式”，自重17～50kg，体积小，便于携带。回收能力在100g/min左右居多。回收容器是分置式，没有再生功能。适用于家用冰箱、小型制冰机、自动售货机、饮水机、小型空调器等的氟利昂制冷剂的回收。

（2）移动式回收设备也称小轮式回收设备，底部装有便于手推移动的小轮。这种回收设备采用“气体回收—冷却方式”和“气体回收—压缩方式”，回收能力在20～50kg/h（压缩机400～750W），自重30～100kg，搬到现场往往需要好几个人，需要使用符合法规规定的专用容器和普通容器。主回收设备几乎都具有再生能力，具有完备的高、低压显示和高、低压保护的系统，高压开关和控制指示灯；高效干燥过滤器和冷媒净化装置，可有效去除水气、杂质，且维修方便、快捷；无油压缩机运行平稳、低振动易于操作，液态兼容的主要的阀门系统，高压下易启动。

移动式回收设备适用于从小容量到大容量的气态和液态制冷剂的回收。

（3）车载式回收设备与汽车空调一样，车载式回收设备安装在车辆内部。日本市场上销售的有“气体回收—压缩方式”和气体/液体回收的复合方式，具有可移动，以及即使没有电源的地方也能使用的特点。适用于从小容量到大容量的氟利昂系统的氟利昂制冷剂回收。

回收设备内的压缩机分为无油式压缩机和有油式压缩机两种。

无油式压缩机就是常说的气缸不需要润滑油的压缩机，其运动部件主要采用了一些特殊设计的航空自润滑的复合材料，这种压缩机在航空航天等高技术要求领域有广泛应用，如压缩氧气、氢气等易燃易爆气体。高耐用性的冷媒回收机因采用无油压缩机，没有润滑油的污染，所以适用于CFC、HCFC、HFC等多种制冷剂。使用方便，寿命长，多种制冷剂通用，免维护，但是压缩机价格昂贵。

有油压缩机就是常用的空调压缩机或冰箱压缩机，成本比较低。压缩机内有润滑油，所以只能适用于设备内润滑油相同的制冷剂回收。如果润滑油型号或种类不一样，就会造成制冷剂被不同的油污染，在制冷剂生产行业使用，会因为少量油混入纯净制冷剂中而对制冷剂纯度具有不可逆的影响。有油压缩机在回收过程中要密切注意压缩机油的流失，及时补充压缩机油，防止压缩机中途缺油而造成损坏，同时不可以直接回收制冷剂液体，比较容易烧毁压缩机。

第七节　制冷剂与润滑油

一、润滑油的功效

在制冷装置中，润滑油保证压缩机正常运转，对运动部件起润滑与冷却作用，在保证压缩机运行的可靠性和使用寿命中起着极其重要的作用。

（1）将油输送到各运动部件的摩擦面，形成一层油膜，降低摩擦功，带走摩擦热，减少运动零件的摩擦量，提高压缩机的可靠性和延长机器的使用寿命。

（2）由于润滑油带走摩擦热，不致使摩擦面的温升太高，因而可防止运动零件因发热而“卡死”。

（3）对于开启式压缩机，在密封件摩擦面间隙中充满润滑油，既起到润滑作用，又可防止制冷剂的泄漏。

（4）润滑油流经润滑面可带走机械杂质和油污，起到清洗作用。

（5）润滑油能在各零件表面形成油膜保护层，防止零件的锈蚀。

二、对润滑油的要求

在制冷系统中，制冷剂与润滑油直接接触，不可避免地有一部分润滑油与制冷剂一起在系统中流动，温度变化较大。因此，为了实现上述功效，润滑油应满足如下基本要求：

（1）在运行状态下，润滑油应有适当的黏度；

（2）凝固点要低，在低温时有良好的流动性；

（3）不含水分、不凝性气体和石蜡；

（4）对制冷剂有良好的兼容性，本身应具有较好的热稳定性和化学稳定性；

（5）绝缘耐电压要高；

（6）价格低廉，容易获得。

三、分类与特性

冷冻机润滑油按制造工艺可分成两大类：

（1）天然矿物油，简称矿物油。即从石油中提取的润滑油。作为石油的馏分，矿物油通常具有较小的极性，它们只能溶解在极性较弱或非极性的制冷剂中，如：R600a，R22 等。

（2）人工合成油，简称合成油。即按照特定制冷剂的要求，用人工化学的方法合成的润滑油。合成油主要是为了弥补矿物油难以与极性制冷剂互溶的缺陷而提出的，因此，合成油通常都有较强的极性，它们能溶解在极性较强的制冷剂中，如：R134a，R717 等。人工合成润滑油主要有：聚醇类、聚酯类、极性合成碳氢化合物等。

图 3-10 为一种多元聚酯润滑油与制冷剂 R134a 混合物的性能曲线。随着温度的升高，

制冷剂含量增大，黏度明显下降。

在制冷系统中，制冷剂与润滑油直接接触，不可避免地有一些润滑油与制冷剂一起在系统中流动，对整个系统的制冷系统产生一定的影响。图 3-11 给出了润滑油（聚酯类）含量对制冷剂（R134a）饱和蒸气压的影响。随着油含量增加，制冷剂饱和蒸气压大大降低。

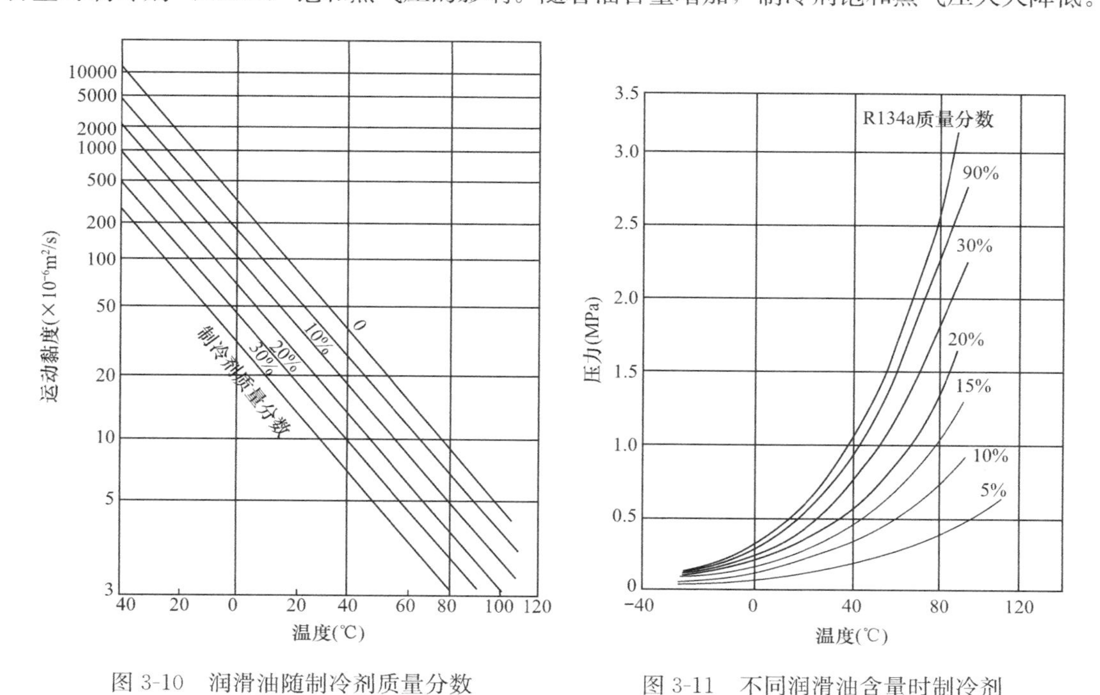

图 3-10　润滑油随制冷剂质量分数和系统温度变化关系

图 3-11　不同润滑油含量时制冷剂饱和蒸气压曲线

四、润滑油的选择

润滑油的选择主要取决于制冷剂种类、压缩机形式和运转工况（蒸发温度、冷凝温度）等，一般是使用制冷机制造厂推荐的牌号。选择润滑油时，首先要考虑的是该润滑油的低温性能和对制冷剂的相溶性。从压缩机出来随制冷剂一起进入蒸发器的润滑油由于温度的降低，如果制冷剂对润滑油的溶解性能不好的话，则润滑油要在蒸发器传热管壁面上形成一层油膜，从而增加热阻，降低系统性能。从传热角度来看，应该选取与制冷剂互溶性好的润滑油。按制冷剂与润滑油的互溶性可将润滑油分为三类：完全溶油、部分溶油和难溶油或微溶油（见表 3-14）。

制冷剂与润滑油互溶性　　**表 3-14**

	完全溶油	部分溶油	难溶或微溶油
矿物油	R290，R600a	R22，R502	R717，R134a，R407C
聚酯类油	R134a，R407C	R22，R502	R290，R600a
聚醇类油	R717	R134a，R407C	R290，R600a
极性合成碳氢化合物油	R134a，R407C	R22，R502	R290，R600a

为保护臭氧层，国际上对空调设备的制冷剂都做了限制，出现了各种替代制冷剂，其冷冻油也相应发生了变化。对空调替代制冷剂为 R134a、R410A/R407C，其替代分别采用 PAG、POE。

POE 是 Polyol Ester 的缩写，又称聚酯油，它是一类合成的多元醇酯类油。PAG 是 Polyalkylene Glycol 的缩写，是一种合成的聚（乙）二醇类润滑油。这两类都适应氢氟烃类制冷剂，如在常用温度范围内 R134a 与矿物油不相溶，但在温度较高时能完全溶解于 PAG 和 POE。POE 不仅能应用于 HFC 类制冷剂，也能用于烃类制冷剂；PAG 则可用于 HFC 类、烃类及氨制冷剂中。氨在矿物油中的溶解度很小，在温度较低时，只能溶解于 POE 合成润滑油。R600a 与矿物油能很好互溶，不需昂贵的合成润滑油。R502 的溶水性比 R12 大 1.5 倍，在 82℃以上与矿物油有较好的溶解性，低于 82℃时，对矿物油的溶油性差，油将与 R502 分层。

本章参考文献

[1] 张朝晖主编. 制冷空调技术创新与实践 [M]. 北京：中国纺织出版社，2019.

[2] 张朝晖，陈敬良，高钰，刘晓红. 制冷空调行业制冷剂替代进程解析 [J]. 制冷与空调，2015，15 (1)：1-8.

[3] 中国制冷空调工业协会，中国工商制冷空调行业 HFCs 制冷剂使用趋势研究报告 [R]，2014.

第四章　制冷压缩机及其技术进展

制冷压缩机根据其工作原理可分为容积型和速度型两大类，如图 4-1 所示。在容积型压缩机中，气体压力的升高是靠吸入气体的体积被强行缩小，使单位容积内气体分子数增加来达到的。它有两种结构形式：往复活塞式和回转式。在速度型压缩机中，气体压力的升高是靠气体的速度转化而来的，即先使气体获得一定高速，再由气体的动能转化为压力能，其主要形式是离心式制冷压缩机。

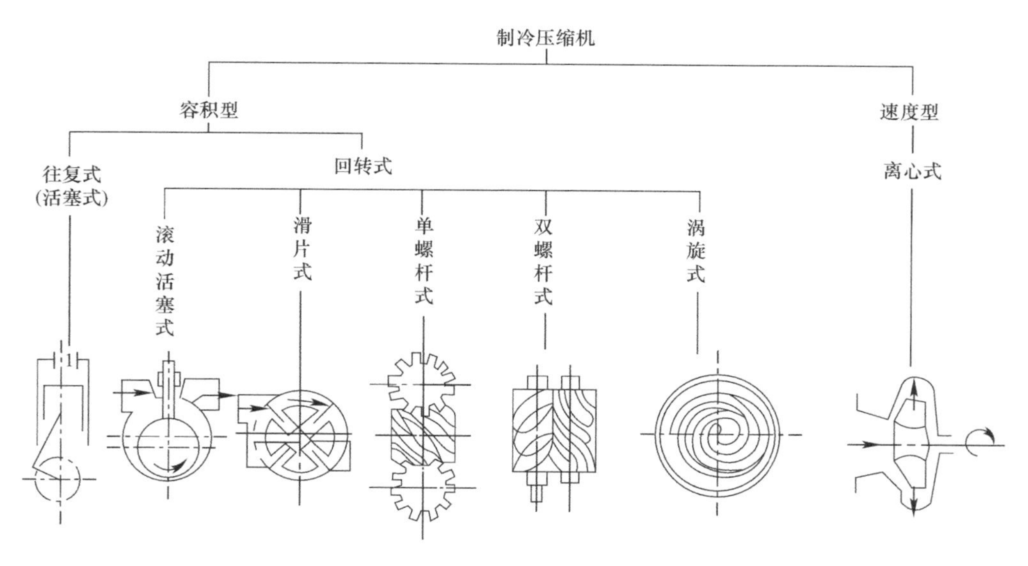

图 4-1　制冷压缩机分类

我国 30 多年来高速的经济发展，造就了巨大的制冷（热泵）装置需求，比如建筑业发展致使空调使用量急速增长；冷藏链及其物流业发展，加快了冷冻冷藏基础建设的速度。但是，制冷（热泵）产品的大量使用消耗了巨大的电力，也形成了巨大的节能减排压力；食品质量和安全是民众更加关心的问题，这就要求更普遍的使用冷藏链设备，而且要求冷藏链设备具备更高的品质；《京都议定书》的签署，迫使制冷剂进行新一轮的替换，即用低温室效应潜能（GWP）的制冷剂替换目前广泛使用的高 GWP 制冷剂，如 R134a，R404A，R407C 和 R410A 等。所有这些，再加上产品传统的高质量、低成本要求，造就了目前制冷（热泵）产品在我国大发展、大变革的时代。

作为制冷（热泵）系统或机组的核心部件，制冷压缩机决定了机组的性能和成本，是一种设计和制造水平要求极高的产品，既是制冷技术水平的综合体现，也是制造水平的综合反映。另外，制冷压缩机必须适应制冷（热泵）技术和产品的发展和变革，这也造就了制冷压缩机在我国市场上不仅品种多，而且新产品、新技术、新工艺不断涌现。

目前我国市场上常见的工商用制冷压缩机的制冷量范围如图 4-2 所示，活塞式制冷压缩机和涡旋式制冷压缩机的制冷量普遍在 300kW 以下，开启式活塞式制冷压缩机和螺杆式制冷压缩机的制冷量范围分布在 2000kW 以下，离心式制冷压缩机的制冷量可以达到 9000kW。

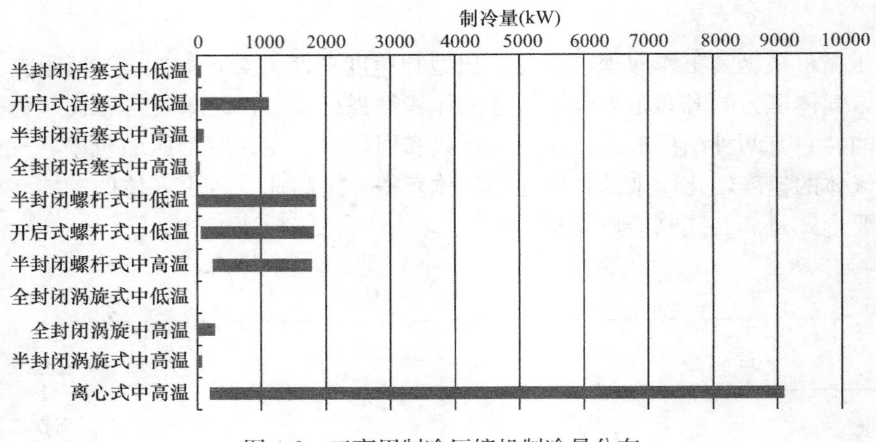

图 4-2　工商用制冷压缩机制冷量分布

工商用制冷压缩机的排气量如图 4-3 所示，半封闭活塞式制冷压缩机、开启式活塞式制冷压缩机、全封闭螺杆式制冷压缩机和涡旋式制冷压缩机的排气量都在 $400m^3/h$ 以下，半封闭螺杆式制冷压缩机的排气量可达 $2000m^3/h$，开启式螺杆式制冷压缩机的排气量在 $660m^3/h$ 以下。

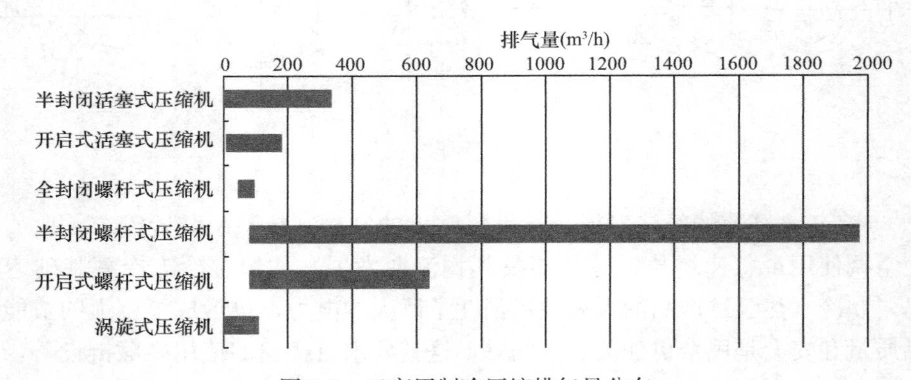

图 4-3　工商用制冷压缩排气量分布

制冷器具用压缩机制冷量分布如图 4-4 所示，活塞式压缩机主要用于电冰箱，制冷量普遍偏小，绝大多数产品都在 400W 以下，也有少数用于中高背压的活塞式压缩机制冷量达到 1300W；滚动活塞式压缩机主要用于空调、热泵、除湿机等，制冷量范围比较宽，微型滚动活塞式压缩机制冷量较小，最小可低至 240W，泳池热泵用滚动活塞式压缩机制冷量可达 17050W；线性压缩机由于发展时间较短、产品型号较少，目前只用于电冰箱，制冷量范围较窄，都在 400W 以下。

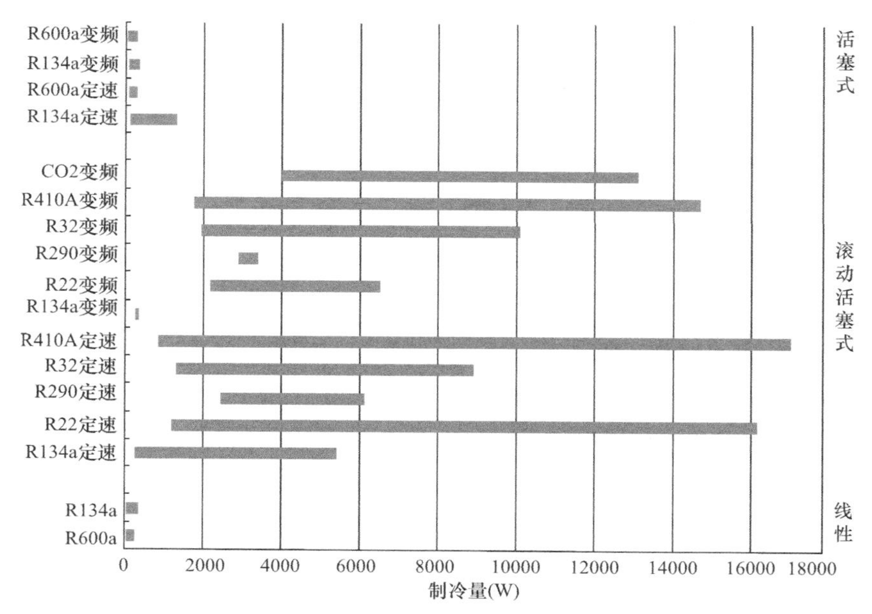

图 4-4　制冷器具用制冷压缩机制冷量分布

目前制冷器具用压缩机工作容积如图 4-5 所示，活塞式压缩机工作容积范围为 3～39.8cm³，滚动活塞式压缩机工作容积范围为 1.4～84.8cm³。

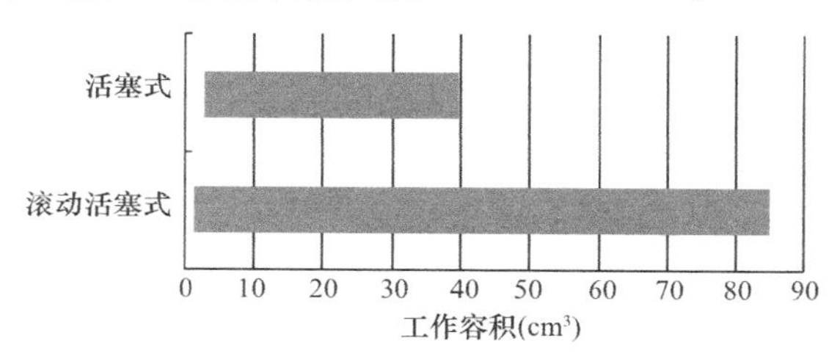

图 4-5　制冷器具用制冷压缩排气量分布

第一节　活塞式压缩机

活塞式制冷压缩机的工作是通过气缸、气阀和在气缸中做往复运动的活塞导致工作容积不断变化来完成的。如果不考虑活塞式制冷压缩机实际工作中的容积损失和能量损失，则活塞式制冷压缩机曲轴每旋转一周所完成的工作，可分为吸气过程、压缩过程和排气过程。活塞式制冷压缩机历史悠久、技术成熟、型号与规格齐全，长期以来广泛应用于制冷空调行业。全球范围内，约 99％的家用电冰箱使用活塞式制冷压缩机，约 3％的家用空调器使用活塞式制冷压缩机；在交通运输工具用空调设备中，约有 80％的大巴或轨道空调、近 95％的货车使用活塞式制冷压缩机；在工商应用领域，活塞式制冷压缩机在工艺冷却设备与食品相关的制冷和冷库链中广泛应用，活塞式制冷压缩机结构复杂、零部件较多，制冷剂气体的吸入和排出呈间歇性，易引起气柱及管道振动，且与其他回转式压缩机相比，其体积较大、维护费用相对较高、成本优势低；在小冷量范围与涡旋式或滚动活塞式压缩机竞争，在大冷量范围面临螺杆式压缩机的冲击。尽管我国工商制冷行业活塞式制冷压缩机的一些传统市场正逐步被低温螺杆式及涡旋式压缩机替代，但凭借其可适用的工作压力和流量范围广、在恶劣工况下可靠性高等技术优势，活塞式制冷压缩机在市场上仍占一席之地，其品种规格多集中于中、小型冷冻冷藏容量范围。

一、活塞式压缩机研究现状

（一）变容量调节技术

压缩机的额定排气量在设计时已被确定，然而在实际使用中由于负荷和工况的变化，需要设置能量调节装置对其进行排气量的调节。活塞式制冷压缩机的能量调节技术有很多种，除了小型活塞式制冷压缩机常采用的多台运行方式外，针对压缩机单体还有旁通调节、顶开吸气阀调节、吸气节流调节等机械式变容量技术，以及通过变频控制实现的变频调节技术。

1. 旁通调节

旁通调节实际上是一种溢流调节方式，即排气管路中的气体经设计的旁通管路和旁通阀返回至进气管路。调节时只需要开启旁通阀，部分被压缩的气体便返回至进气管路。通过旁通阀的开度调节可以实现排气量的调节。

旁通调节方式结构简单，流量可连续变化，各级的压比保持不变，保证了压缩机运行的稳定性。配上自动控制系统后，旁通调节也可以达到较高的调节精度。然而在旁通调节中，由于多余流量的压缩功全部被浪费，造成压缩机电机功率的过多消耗，同时压缩机高负荷运行，增加了不必要的机械损耗。因此，这种调节方式实际不能起到节能作用，经济性较差，只能适用于偶尔调节或调节幅度小的场合。

2. 顶开吸气阀调节

顶开吸气阀调节是在气缸的吸气阀上安装卸荷器，对压缩机流量进行调节。高速多缸活塞式制冷压缩机通常都带有气缸卸载机构，将气缸的吸气阀顶开，利用气缸的逐级卸载进行能量调节。但是，定值逐级卸载法受到气缸数量的限制，其能量的变化呈阶梯式。对单列双作用气缸，可实现 0、50％和 100％的流量调节；对双列单作用气缸，可实现 0、25％、50％、75％和 100％的流量调节。当负荷降低为 80％时，压缩机仍在 100％负荷下运行，这样会浪费部分能量或使压缩机频繁增减载。另外，气流在气阀处的摩擦会产生热量，并会在气缸中形成热量积累，使气缸中的温度升高。该方法一般只能作为开停时的操作，不宜作为长期的操作调节。

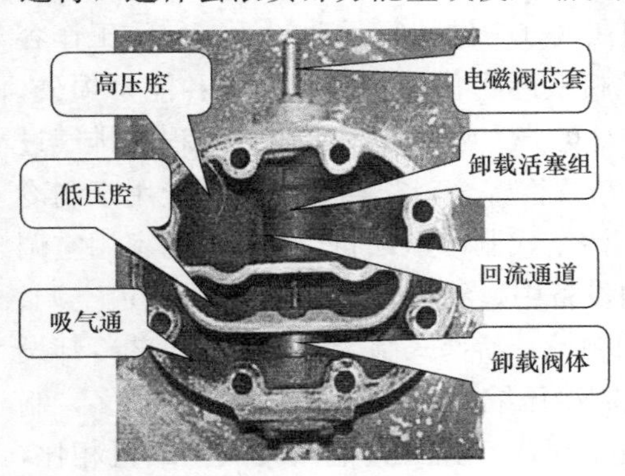

图 4-6　电磁式能量调节机构外观图

顶开吸气阀是通过压缩机气缸的上载和卸载实现动作的，压缩机气缸的上载、卸载有电磁式和压力式两种。例如，开利某型号用于冷水机组的半封闭活塞式压缩机采用的就是电磁式能调机构。该压缩机有 2 个电磁式能调机构，分别位于气缸的两侧，主要由电磁阀组、卸载活塞组、卸载阀体及回流通道组成，如图 4-6 所示，依靠电磁阀关闭或打开辅助阀口，使卸载气缸内的压力发生变化，以此推动活塞移动，卸载活塞又带动卸载主阀移动打开或关闭吸气通道，从而实现上载或卸载，实现能量调节。

3. 吸气节流调节

吸气节流调节是通过在压缩机的吸气管路上安装节流阀，调节节流阀的开度来实现的。调节时，节流阀逐渐关闭，吸气受到节流压力降低，以致压力系数减小，从而降低排气量。由于吸气节流可以使吸气压力连续变化，故可实现连续的排气量调节。

吸气节流调节的经济性视具体情况而定。单级压缩时，当排气压力不变、进气压力变化时，压缩机的耗功在某一进气压力下达到最大。在一般的活塞式制冷压缩机中，压力比通常大于对应最大耗功的压力比，因此每一循环的指示功是减少的，但是功率消耗比正常工况大，因为气量的减少与功耗的减少成反比。吸气节流手动调节结构简单，常用于不频繁调节的中、大型压缩机中。

4. 变频调节

目前变频技术具有温度控制精度高、能量调节范围大、变频形式的软启动、部分负荷的高效等优点。采用变频实现变速控制逐渐成为压缩机技术的发展热点。

这种通过频率变化实现压缩机转速变化调节压缩机排气量是最为有效、经济的提高方法，调节范围一般为10％～100％，可实现无级调节。使用变频技术可有效克服定速活塞式压缩机在部分负荷运行时COP低以及部分负荷时气缸不断启停等性能方面的不足。变频活塞式制冷压缩机的控制技术包括以下方面：全新数字技术、模糊控制技术和复合变频技术等。尽管活塞式压缩机的往复运动特点限制了变频特性的发挥，但相比于其他能量调节方式，目前的变频方式仍然具有最高的部分负荷能效。配有变频器的某系列活塞式制冷压缩机，其变频器的运行将高部分负荷效率与宽广的控制范围结合在一起，使系统节能在25％以上。

（二）运行范围拓展

当压缩机工作在高冷凝温度或者低蒸发温度时，其排气温度通常会比较高，引起压缩机效率降低。另外，随着活塞的往复运动，一部分润滑油在气缸内壁与活塞表面间形成润滑油膜，小部分润滑油分子呈悬浮状与制冷剂气体混合，存在于压缩机气缸头部，在高温作用下分解形成碳化物。随着这种碳化物的积聚，形成积炭，将大幅降低压缩机的可靠性。以上因素限制了活塞式制冷压缩机的应用范围，为了解决这一问题，目前普遍采用吸气喷液、多级压缩等措施控制压缩机的排气温度。

1. 吸气喷液技术

为了使压缩机在高冷凝温度或低蒸发温度的工况下正常工作，可以采用喷液冷却的方法，将制冷剂直接喷入压缩机的吸气管或吸气腔，用于降低压缩机的排气温度。

半封闭活塞式制冷压缩机的工作过程压焓图如图4-7所示，正常的工作过程在压焓图上表示为1-2-3-4，采用吸气喷液的循环过程为1′-2′-3-4。从图中可以看出，在吸气时进行喷液，降低了压缩机的吸气温度（$T_{1'}$＜

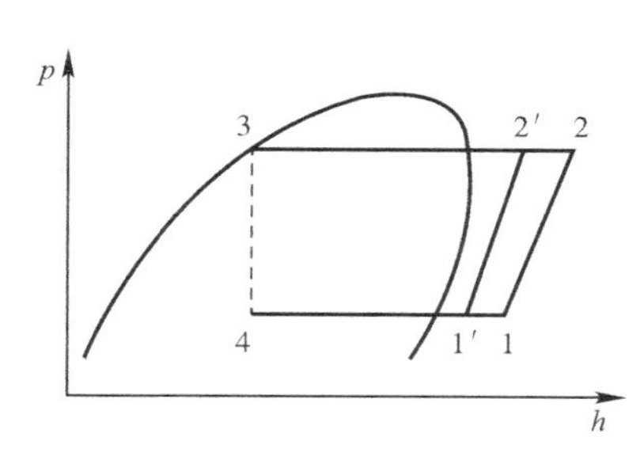

图4-7　吸气喷液在压焓图中的表示

T_1），所以排气温度也随之降低（$T_{2'}<T_2$）。但同时也可以看到，用于喷液的制冷剂不参与经过蒸发器的制冷循环，这样就使得参与经过蒸发器的制冷循环的制冷量有所减少。

通过分析喷液对半封闭活塞式制冷压缩机性能的影响，并以某型号压缩机进行试验，分析了不同工况下喷液对压缩机的排气温度、制冷量、功耗与 COP 的影响，以及喷液率随蒸发温度的变化趋势，如图 4-8、图 4-9 所示。结果表明，制冷剂喷射可以有效降低排气温度，但同时降低了制冷量 Q 和 COP，增加了功耗 P（下标 2 指代喷液后的参数）。喷液的质量流量主要由喷液管和喷液吸气腔的压差决定，喷液率的变化与制冷量以及温度的变化不是简单的线性比例关系，合理地选择喷液毛细管，可优化喷液量，既能有效降低压缩机的排气温度，又能确保压缩机的性能。

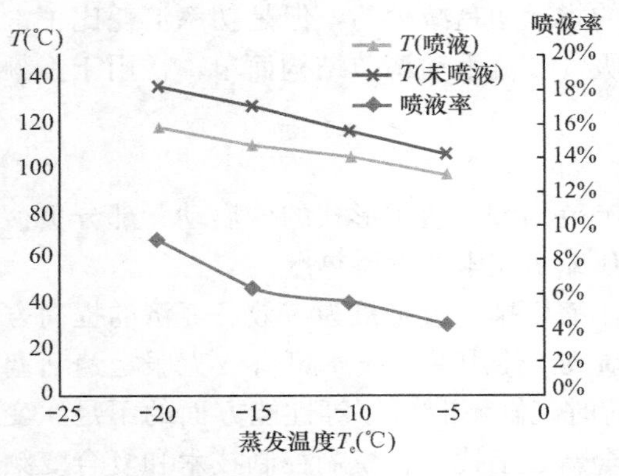

图 4-8　吸气喷液对压缩机排气温度的影响

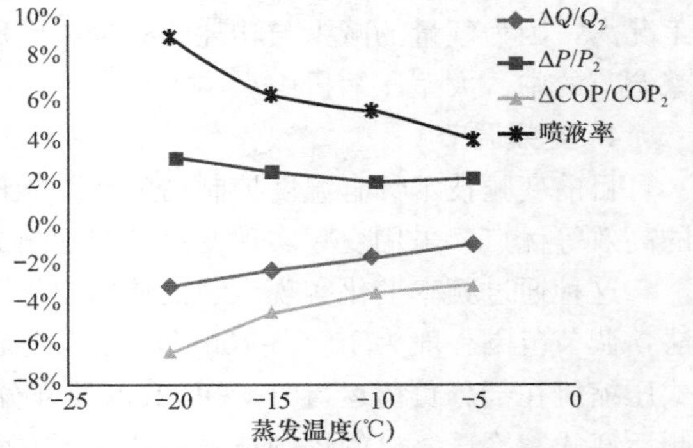

图 4-9　吸气喷液对制冷量 Q、功耗 P 和 COP 的影响

2. 多级压缩

多级压缩制冷是指来自蒸发器的制冷剂蒸气要经过低压与高压压缩机多次压缩后，才进入冷凝器。可以在多次压缩中间设置中间冷却器。多级压缩制冷循环系统可以是由多台压缩机组成的多机（低压级压缩机和高压级压缩机）多级系统，也可以是由一台压缩机组成的单机多级系统，其中一个或多个气缸作为高压缸，其余几个气缸作为低压缸。这样，可使各级压力比适中，由于经过中间冷却，又可使压缩机的耗功减少，可靠性、经济性均有所提高。图 4-10 所示为两级压缩过程的 p-V 示意图。虽然压缩级数越多越省功，但级数过多会造成压缩机组成过于繁琐，尺寸、质量、造价等随之上升，而且会使机械摩擦和气体流动损耗更加明显，所以在实际设计过程中，应当进行综合分析，选择最佳级数。

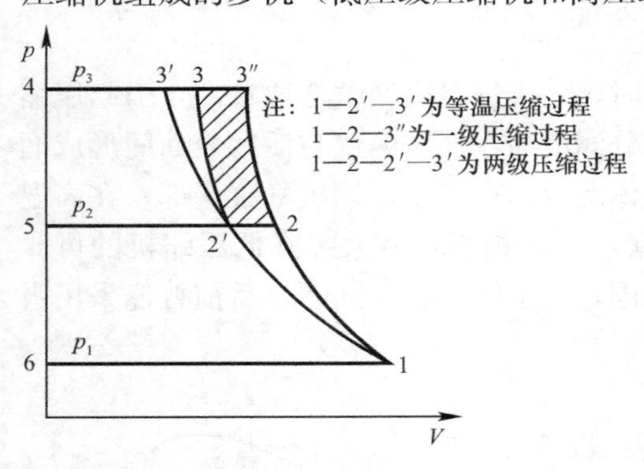

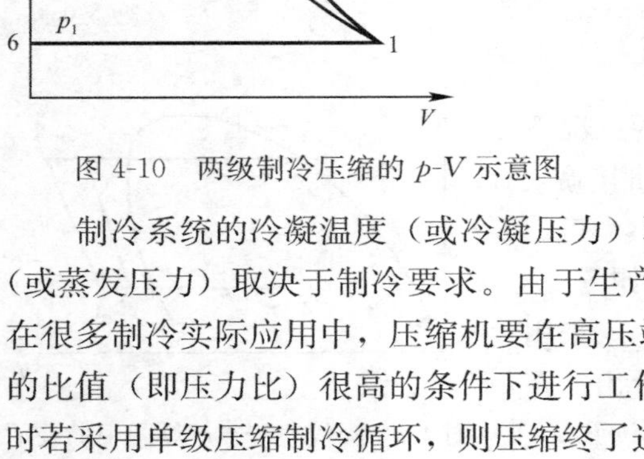

图 4-10　两级制冷压缩的 p-V 示意图

制冷系统的冷凝温度（或冷凝压力）取决于冷却剂（或环境）的温度，而蒸发温度（或蒸发压力）取决于制冷要求。由于生产的发展，对制冷温度的要求越来越低，因此，在很多制冷实际应用中，压缩机要在高压端压力（冷凝压力）对低压端压力（蒸发压力）的比值（即压力比）很高的条件下进行工作。由理想气体的状态方程 $PV/T=C$ 可知，此时若采用单级压缩制冷循环，则压缩终了过热蒸气的温度必然会很高（V 一定时，P 的升

高会导致 T 升高），于是就会产生以下问题：

（1）压缩机的容积效率大大降低；

（2）压缩机的单位制冷量和单位容积制冷量都大为降低；

（3）压缩机的功耗增加，COP 下降；

（4）必须采用高着火点的润滑油，因为润滑油的黏度随温度的升高而降低；

（5）被高温过热蒸气带出的润滑油增多，增加了分油器的负荷，降低了冷凝器的传热性能。

综上所述，当压缩比过高时，采用单级压缩循环，不仅是不经济的，甚至是不可能的。为了解决上述问题，满足生产要求，实际中常采用带有中间冷却器的双级压缩制冷循环。但是，双级压缩制冷循环所需的设备投资较单级压缩大得多，且操作也较复杂。因此，采用双级压缩制冷循环并非在任何情况下都是有利的。

（三）减振降噪技术

活塞式制冷压缩机的噪声发生源涉及泵体结构、轴承、气流压力脉动、电机电磁力、壳体刚性等诸多方面。压缩机的降噪一般针对机械系统、流体系统、电磁系统三类激振力进行考察，弱化这些因素与压缩机结构的最优化就成为低噪声化的具体内容。从采用仿真分析工具至今，压缩机噪声问题逐步从研究要素转向设计要素。从低噪声化设计角度入手是活塞式压缩机降噪技术发展的一个明确方向。在气流脉动与管道振动研究中，采用模拟机可以分析气柱固有频率、结构振动、复杂管路固有频率及动力效应，使管路系统设计更加合理。

以典型的机械系统降噪技术为例，通过联立可动部分的惯性力与气缸部分的气体压缩力，可以获取在气缸部分发生的激振力，进而预测压缩机与制冷剂配管的振动，实现低噪声化的参数调查。结合单节和双节扩张室式消声腔，针对全封闭活塞式制冷压缩机吸排气消声腔建立了声学模型，并给出了其消声量的计算方法。通过理论计算和分析提出了改善扩张室式消声腔消声特性的方法，并且在改进压缩机排气消声腔结构设计的基础上，进行了压缩机辐射噪声对比试验，取得了一些降噪效果。此外，在弱化压缩机振动方面，较常用的减振措施包括：安装平衡块、底座重力减振和增加各种减振器等。

从国内外对压缩机噪声与振动方面的研究来看，研究人员主要是通过动力学分析、结构有限元分析和试验频谱分析等手段研究了汽车空调用压缩机和家用空调压缩机的运动学、动力学和结构振动特性，对大型工商业用压缩机的噪声源识别、噪声与振动分布、噪声与振动特性、噪声与振动控制方面的研究甚少。降噪措施主要包括：提高零部件工艺精度、壳体优化设计、吸排气腔优化设计、电机泵体动平衡最优化、安装消声器等。

（四）制冷剂替代

目前有可能替代 R22 作为制冷剂的物质可分为几大类：天然物质，如 R717、R718、R290、R744 及这些物质的混合物等；人工合成单质或混合制冷剂，如 R410A、R134a、R32 和 R407C 等；以及尚处于开发阶段的某些混合制冷剂。其中一些制冷剂的压缩机技术已经成熟，并具备批量供货能力。用于 R717、R290、R32 和 R744 等制冷剂的活塞式压缩机将是未来的主要开发方向。

开发新制冷压缩机相对比较简单，难题在于长期替代制冷剂的不确定性所带来的研发投入和工作量问题，以及装备制造工艺的改造问题。另外，在采用易燃易爆制冷剂时还存在安全性问题。

1. CO_2 活塞式压缩机

由于在经济性、安全性、环保性和热物性方面表现优异，国际上对使用 CO_2 这一天然制冷剂有着持续的关注。CO_2 活塞式单级压缩机（亚临界、跨临界）主要应用于热泵、商业制冷（中温）和食品冷冻冷藏运输领域；CO_2 单机双级活塞式压缩机（跨临界）主要应用于商业制冷（低温）和冷藏运输。

国外 CO_2 活塞式压缩机技术相对比较成熟，主要应用于热泵、商用制冷等领域，但由于成本因素，应用推广存在一定障碍。我国相关的 CO_2 压缩机标准已发布实施，提供了产品考核评价工况与试验方法。零部件机械强度、摩擦润滑特性、轴承材料、润滑油选择及油路、排气阀设计等将是 CO_2 活塞式压缩机产品研发与优化设计的关键点。

2. R32 活塞式压缩机

与 CO_2 活塞式压缩机类似，R32 活塞式压缩机产品研发的关键技术主要集中在零部件强度、摩擦润滑特性、润滑油选择等方面。

基于目前国际上的制冷工质材料相容性研究方法，综合考虑 R32 和润滑油热物理性质，通过研究 R32 及润滑油 PVE 与选定的压缩机密封材料 PET 和 PA 的相容性。结果表明：R32/PVE 与 PET 和 PA，在低水分浓度的润滑油测试条件下具有较好的相容性，但在高水分浓度的润滑油及高温环境时，PET 材料的性能下降幅度大于 PA 材料。结合我国制冷剂替代现状，参考现行石化行业标准，应用相溶性测定的试验装置，已获取 R32 与某油品的两相分离曲线，为 R32 活塞式压缩机的油品选择和换热器设计提供了基础数据。

二、典型产品

（一）冷藏用（中低温用途）

半封闭活塞式制冷压缩机是冷冻冷藏领域中小型制冷装置采用的主要机型，如图 4-11 所示。从适用的蒸发温度看，半封闭活塞式制冷压缩机有中高温、中温和低温工况机型；从适应的冷凝温度看，有低冷凝压力（水冷）和高冷凝压力（风冷）机型。半封闭活塞式制冷压缩机的冷却方式主要有两种，分别是吸气冷却和空气冷却。该类型压缩机的蒸发温度能够达到－50℃，适用的制冷剂为 R22、R404A、R507A、R134a 和 R407C，常用机型的名义功率为 0.5～70hp，制冷量范围约为 0.31～82.8kW，排气量范围为 4.06～281.3m^3/h。目前我国市场上每年销售约 15 万台，外国品牌和国产品牌大约各占一半。

单机双级半封闭活塞式制冷压缩机如图 4-12 所示，其部分气缸作高压级缸，其余气缸作低压级缸，常见的高、低压缸数比为 1∶2 或 1∶3。该类压缩机适合低温用途，适用的制冷剂为 R22 和 R404A，常用机型的名义功率为 15～30hp，制冷量范围约为 15～40kW，排气量范围为 28～101.2m^3/h。此类压缩机应用于较低的蒸发温度场合，可用 R22，R404A 和 R507，其显著优势就是采用板式热交换器进行液体过冷处理，提高了制冷量与系统的总能效，允许最低蒸发温度达到－60℃。

图 4-11　半封闭活塞式制冷压缩机　　　图 4-12　单机双级半封闭活塞式制冷压缩机

低温用途的 CO_2 半封闭活塞式制冷压缩机主要用于亚临界循环，亚临界循环的 CO_2 压缩机冷凝温度范围为－20～10℃，蒸发温度范围为－25～－50℃，电机功率范围为 0.5～30hp，排气量范围为 1.33～46.90m^3/h。图 4-13 所示此类压缩机的运行工况范围，其主要用于复叠制冷系统的低温级。

开启式活塞式制冷压缩机具有转速高、多气缸、体积小、质量轻、节能高效、排气温度低、适用温度范围宽、安装维修方便等特点，目前在中大型冷藏库中仍在广泛使用。该类压缩机设有顶开吸气阀片的调节机构，可以使部分或者全部气缸处于卸载状态，从而实现分级能量调节。例如，对于 6 缸机型，可实现“三级”能量调节（33%，66%和 100%）；对于 4 缸和 8 缸机型，可实现“四级”能量调节（25%，50%，75%和 100%）。125 缸径系列分别有 2 缸，4 缸，6 缸和 8 缸机型，适用工质为 R717 和 R22，配用电动机功率为 22～115kW，制冷量范围为 61～264kW。170 缸径系列分别有 4，6 和 8 缸机型，适用工质为 R717，配用电机功率范围为 90～250kW，制冷量范围为 255～1116kW。6 缸和 8 缸机型有单机双级压缩机，其中的 2 个气缸作为高压级缸，其余气缸作为低压级缸，蒸发温度可以低至－45℃。图 4-14 所示为开启式 R717 活塞式制冷压缩机。

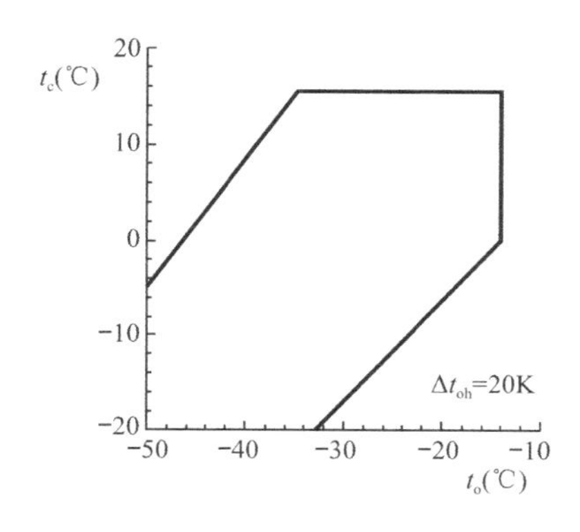

图 4-13　亚临界循环的 CO_2 半封闭活塞式制冷压缩机运行界限图

图 4-14　开启式 R717 活塞式制冷压缩机

中低温用途的全封闭活塞式压缩机主要用于家用冰箱、冰柜和冷柜，蒸发温度可达到－35℃，适用的制冷剂为 R134a、R600a、R290。

变频丙烷压缩机如图 4-15 所示，可兼顾快速冷冻和节能运行，在设备负荷较高时，能够以近 500W 的制冷量运转，实现箱体内部快速降温；在温度稳定后，又可以用 200W 以下的制冷量稳定运行，确保产品静音节能运行。

无油线性压缩机如图 4-16 所示。适用于 50～260V 的宽电压范围，能效可达 2.34，压缩机高度仅有 106mm，重量仅为 4kg。制冷量覆盖 40～245W。适用于 R134a 和 R600a 环保制冷剂。

图 4-15　变频丙烷压缩机

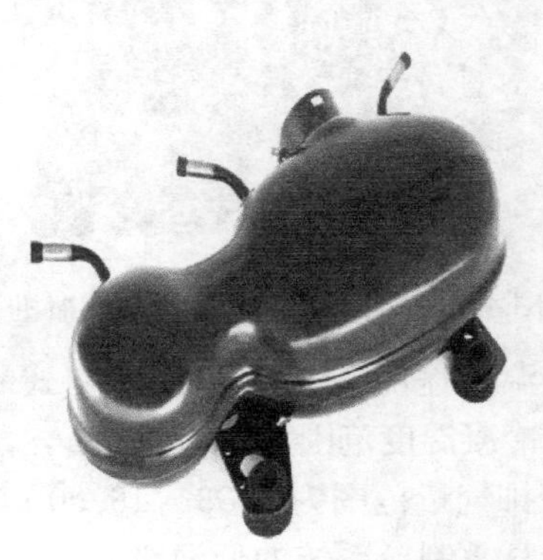

图 4-16　无油线性压缩机

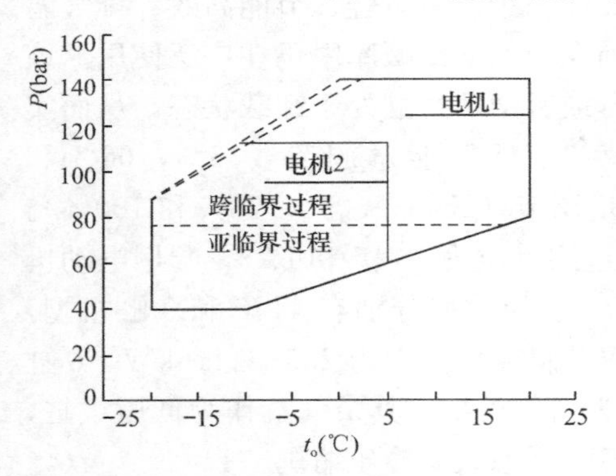

图 4-17　跨临界循环 CO_2 半封闭活塞式制冷压缩机的运行界限

(二) 空调用 (中高温用途)

常见空调用半封闭活塞式制冷压缩机，单台输入功率范围为 10～190hp，3～8 台并联后用于制冷量范围为 86～3500kW 的冷水机组。

中高温用途的 CO_2 半封闭活塞式制冷压缩机主要用于跨临界循环，排量范围为 1.12～26.57m³/h，高压侧最大压力为 140bar，低压侧最大压力为 80bar。图 4-17 所示为跨临界循环 CO_2 半封闭活塞式制冷压缩机的运行界限。

空调用全封闭活塞式制冷压缩机的排气量范围为 5.26～94.5m³/h，输入功率范围为 1.39～26.79kW。

三、发展趋势

(1) 用途以冷冻冷藏应用为主。活塞式压缩机由于使用压力范围广、在恶劣工况下的高可靠性等技术优势，在冷冻冷藏领域仍占有一席之地。近年来，我国冷链行业呈现强劲的发展势头，国家也加大了对冷链行业的关注和投入，这给活塞式制冷压缩机的发展带来了动力。未来冷链物流业对冷冻冷藏设备的需求仍将给活塞式制冷压缩机带来一定的市场增长空间。

(2) 部分市场被涡旋压缩机和螺杆压缩机替代。随着涡旋压缩机补气技术，螺杆压缩机单机双级、双机双级技术的发展，涡旋压缩机和螺杆压缩机在低温领域得到了一定的应用。

(3) 舒适性降噪研究。基于使用场合舒适性要求的日益提升，降噪成为活塞式制冷压缩机的重要研究方向之一。噪声测试与模拟技术将进一步融入产品研制设计过程。

（4）降低成本。活塞式压缩机使用时间最长，与其他类型的压缩机相比技术最为成熟，随着其他类型压缩机对活塞式压缩机市场的占有，活塞式压缩机将进一步降低成本，以确保市场占有率。

第二节　滚动活塞压缩机

滚动活塞压缩机又称滚动转子式压缩机，是转子式压缩机的一种。利用一个偏心圆筒形滚动活塞在气缸内的转动来改变气缸的工作容积，从而实现气体的吸气、压缩和排气，因而也属于容积式压缩机。20 世纪初，美国的 Vilter 首次推出滚动活塞压缩机，之后瑞士的 Escher Wyess 公司开始生产，但当时与往复式压缩机相比，并无明显竞争力。直到 20 世纪 60 年代，精密加工技术迅速发展，滚动活塞压缩机的技术也日臻完善。之后，滚动活塞压缩机广泛应用于小型空调与制冷装置中，在小容量范围（如 0.3～5kW）内有替代往复式压缩机趋势。滚动活塞压缩机的优点是：结构简单，体积小，重量轻，相同冷量时，与活塞机比体积减小 40%～50%，重量减轻 40%～50%；零部件少，易损件少，相对运动部件之间摩擦损失少；滑片有较小的往复惯性力，旋转惯性力可完全平衡，因此振动小，运转平稳、噪声低（38～40dB，室外系统），可靠性较高；没有吸气阀，吸气时间长，余隙容积小，并且直接吸气，减小了吸气有害过热，容积效率高。滚动活塞压缩机的缺点是：机械加工及装配精度要求高，且密封线较长，密封性能较差，泄漏损失较大。

一、滚动活塞压缩机研究现状

（一）压缩机能量调节

在滚动活塞压缩机中，能量调节能力能够满足各种冷负荷与工况需求。因为该压缩机本身没有吸气阀，所以能够实现变速运行，利用变频控制保证系统的性能。滚动活塞压缩机的能量调节技术有很多种，为了提高综合能效，开发了容积可变型滚动活塞压缩机。通过调节不同工况下的压缩机排气量，使得压缩机不仅可在高负荷条件下高效运行，而且能够解决低负荷、低频率运行时滚动活塞压缩机的能力衰减快、能效下降的问题。其中，将 2 台及以上压缩机并联，如图 4-18 所示，对于各压缩机而言，其正常输气量不必完全一致，且随着其数量增加，可选类型随之增多，从而方便对空调性能以及负荷进行有效匹配，提高使用舒适度。如果是单台压缩机，可以依靠变转速、吸气节流等机械式变容量技术进行处理。现阶段，采用变频压缩机低频启动方式，因为在使用定速压缩机的空调产品中，其舒适度以及效率等有着明显不

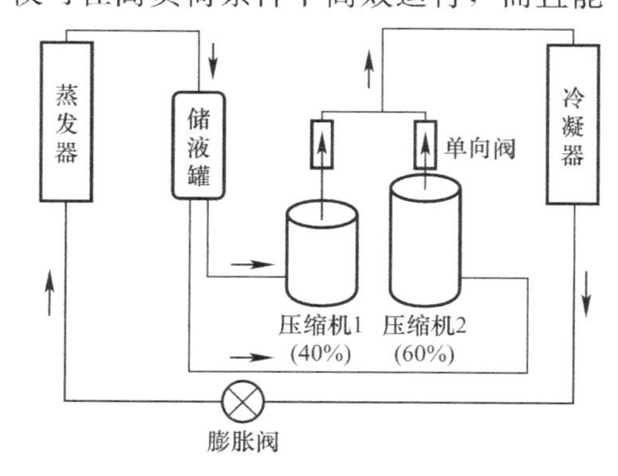

图 4-18　并联技术

足，始终无法得到人们的认同，不但如此，其自身也存在大量不足，主要表现为启动期间容易出现振动、噪声，从而导致电源电压明显变化，同时还有循环启动等问题，但是使用变频压缩机，能够使以上情况得到有效改善。

在实践与应用过程中，选择变频压缩机低频启动方式进行处理，能够做到软启动，此时电流低，不会使电网受到冲击。同时可以使整个系统迅速得到控制，使室温在最短时间内达到设定状态，而在温度不断接近设定状态时，输入功率也将随之减小，从而实现室内温度平衡，确保室温始终处于设定状态，控温效果佳，且能够降低停机压力消耗，尽可能防止压缩机频繁启动等问题。大部分情况下，机组制冷量可以接近负荷，当转速、压力比全部较小时，同样可以保证性能的合理性，能源利用率进一步提升。对于制冷空调产品而言，采用变频技术实现变速运行，不仅是制冷压缩机研发期间的重点，也顺应了时代发展的潮流，意义重大。

（二）多级压缩技术

目前，国内某公司已开发出双级补气滚动活塞式变频压缩机，实现了滚动活塞压缩机的二级压缩，一方面能够降低压缩机的运行压力，另一方面可以保证效率。面对极限运行环境时，单级压缩机常常会表现不佳，影响制冷、制热效果，基于相关调研数据不难发现，当处于−30℃和54℃两种环境下时，此项技术同样能够让家用空调器达到理想的制热、制冷效果。在冬季，其制热量将上升10%，而在夏季，其制冷量将上升35%，且最低功率能够保持在15W左右。同时，该公司开发的第二代“双级变容积比压缩机”产品实现了−35～54℃宽温范围内稳定运行，该技术可应用在空调和热泵热水器产品中。

（三）吸气喷液技术

滚动活塞压缩机具有较好的抗湿压缩性能，利用少量吸气带液可有效降低压缩机排气温度，且不造成额外的系统成本。对滚动活塞压缩机少量吸气带液时，排气温度、排气比焓的变化趋势进行试验研究，并探讨了压缩机功耗、吸气比焓以及机壳散热量等因素的关联性。结果表明：少量吸气带液能够有效降低排气温度，且压缩机运行性能良好；当吸气干度$0.9<x<1.0$时，3个影响因子均趋向定值，且机壳散热所占比例很小（低于1%）。在环境温度的变化区间内，不同的环境温度与排气温度之间没有直接关系，不必对这方面进行重点关注。通过试验研究滚动活塞压缩机吸气带液对系统性能和排气温度的影响，结果表明：滚动活塞压缩机存在优异的抗湿压缩特性，即便压缩机中出现了一定的雾状湿蒸气，也不存在液击问题，在大部分空调工况和运转频率下，当吸气干度在0.95～0.98之间时，系统制冷量和COP达到最大值，且压缩机的排气温度显著降低至吸气压力对应的饱和等熵压缩排气温度。考虑到运行的安全性，吸气干度合适的范围为0.95～0.98。

（四）强化补气技术

补气技术是对冷凝器中的制冷剂进行分流处理，压缩机获得相应的中间压力气体，从而使低温条件中的制热效果得到强化与提高。通过对补气压缩机在性能实验台改装的回热喷射循环系统中的试验研究，分别从滚动活塞压缩机结构、不同喷射循环原理、低温补气对滚动活塞压缩机性能的影响等方面进行分析和研究，结果表明在制热工况下，低温补气滚动活塞压缩机的制热能力和COP的趋势并不完全相同，制热量随喷射比例的提高而提高，但喷射比例在15%～20%范围内存在COP最大值，环境温度越低，制热性能提升越明显。

二、典型产品

（一）冷藏用（中低温用途）

中低温用途的滚动活塞压缩机主要用于冷冻冷藏陈列柜，制冷量范围为 1580～3720W，适用制冷剂为 R404A、R22。

微型滚动活塞压缩机作为车载冰箱的核心部件已正式进入中高端汽车相关配套市场，如图 4-19 所示。该机型体积小、结构紧凑，节省空间；质量轻、能效高，可进一步降低油耗和电池负担；可直接采用车内直流电源驱动，同时满足冷冻冷藏等功能。并且已通过耐振和倾斜试验考核，保证车用环境下的可靠运行。

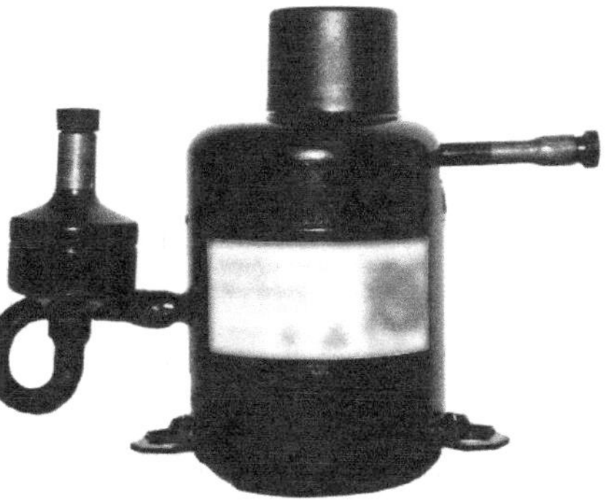

图 4-19　微型滚动活塞压缩机

（二）空调用（中高温用途）

中高温用途的滚动活塞压缩机主要用于空调、热泵、除湿机、干衣机、泳池热泵、便携式微型制冷系统及固定式微型制冷系统，制冷量范围为 1600～16350W，适用制冷剂为 R134a、R22、R410A、R32、R290、CO_2。

三缸双级变频变容压缩机在单台压缩机上实现了可变容积比的双级压缩，如图 4-20 所示。测试表明，在环境温度－35～54℃范围稳定运行，－25℃时制热量不衰减，双缸多排气压缩机容量可达 16 匹，采用多排气技术后能效提高 5%。

针对超市陈列柜和热泵热水器开发的二氧化碳双滚动活塞压缩机，如图 4-21 所示，单个电机带动两个压缩缸，但两个压缩缸具有两套独立的吸气口和排气口。采用直流变频，相比同功率的活塞压缩机，具有体积小、重量轻等优势。－25～43℃运行环境下，出水温度达到 55～95℃，制热 COP 达到 4.5。

图 4-20　三缸双级变频变容压缩机

图 4-21　双滚动活塞压缩机

三、发展趋势

（1）制冷剂替代。随着 HCFCs 制冷剂淘汰日期的临近，替代制冷剂的研究已刻不容缓，目前在 1～3hp 滚动活塞压缩机中使用的 R290（A3）或 R32（A2L）具有不同程度的可燃性，这会限制其在家用空调器中的推广与应用。因此，在开发新型制冷剂专用压缩机时，不仅要解决压缩机的泄漏问题，更要使得压缩机小型化，减小压缩机内部空间，同时可减少油量需求，以期减少压缩机内制冷剂的留存量。

（2）变容量调节。市场需求为滚动活塞压缩机带来了各种工作频率的需求，这样一来，相关公司开始着手实施变容量压缩机的研发与设计。现阶段，小型滚动活塞压缩机主要包含两种模式，即单缸和双缸。但是，随着频率不断减小，后者的排量难以减小，所以在低频环境中，双缸滚动活塞压缩机作用并不明显。根据上述缺陷与问题，研究人员的关注点逐渐转移至变容量技术，开展了大量与之相关的研究工作。

（3）压缩机小型化导致的散热问题。2015 年以前，各企业主要通过“散热”的理念来解决小型化带来的过热问题。散热方式已经几乎趋于完美，企业、学者们纷纷通过降低“热量”产生的方式这一角度来解决过热的问题。最为可行的三个技术优化方案均为以提高电机本身性能，从而减小发热为基础。

（4）热泵专用滚动活塞压缩机的开发。随着北方供暖“煤改清洁能源”工程建设的推进，热泵专用压缩机的需求猛增。由于普通压缩机在蒸发温度较低的工况下不能稳定高效运行，因此开发热泵专用滚动活塞压缩机势在必行。

（5）滚动活塞压缩机也将朝着大型化、低温化的方向发展。目前，格力公司正在将滚动活塞压缩机应用于冷冻装置，名义功率可达 20HP。

第三节　涡旋式压缩机

20 世纪初，法国工程师 Creux 提出了涡旋机械的构思，并于 1905 年取得美国发明专利，该专利阐述了一种新型旋转式发动机。此后 70 多年前，涡旋机械的重要性未被人们充分认识，再加上没有高精度的涡旋型线加工设备，并未得到更深入的研究和发展。世界上第一台空调用涡旋式压缩机在 1983 年由日立公司制造出来并拥有专利，与滚动活塞压缩机和第三代摆动式压缩机相比，具有运动部件少、无气阀、泄漏小、效率高、噪声低、振动小、寿命长的特点。

涡旋式压缩机中的主要部件是两个形状相同但角相位置相对错开 180°的渐开线涡旋盘，其一是固定涡旋盘，而另一个是由偏心轴带动，其轴线绕着固定涡旋盘轴线做公转的绕行涡旋盘。工作中两个涡旋盘在多处相切形成密封线，加上两个涡旋盘端面处的适当密封，从而形成好几个月牙形气腔。两个涡旋盘间公共切点处的密封线随着绕行涡旋盘的公转而沿着涡旋曲线不断转移，使这些月牙形气腔的形状大小一直在变化。压缩机的吸气口开在固定涡旋盘外壳的上部。当偏心轴顺时针旋转时，气体从吸气口进入吸气腔，相继被摄入到外围的与吸气腔相通的月牙形气腔里。随着这些外围月牙形气腔的闭合而不再与吸气腔相通，其密闭容积便逐渐被转移到固定涡旋盘的中心且不断缩小，气体被不断压缩而压力升高。

目前来看，涡旋压缩机产品和市场以空调（热泵）为主，并向冷冻冷藏、热泵热水及供暖市场拓展。涡旋式压缩机单台排气量范围为 2.1～116m^3/h，工作容积范围为 12～664cm^3，单台功率范围为 1～60hp，多台并联最大可达 120hp。

一、涡旋压缩机研究现状

（一）变容量调节技术

对于涡旋式压缩机，迄今为止用于调节容量的压缩机技术真正主导市场的只有变频和数码涡旋技术两种，下面对两种变容量调节技术进行说明。

1. 数码涡旋技术

数码涡旋技术是谷轮公司于 2001 年 8 月推向市场的一种压缩机变容量技术，其核心部件为涡旋式压缩机背压控制系统，涡旋式压缩机的静涡旋顶部有一气腔，该气腔通过一个带电磁阀的旁通管同压缩机的低压腔相连。调节旁通管电磁阀通断的时间比值，即可连续调节压缩机的吸排气量及压缩机的容量，如图 4-22 所示。

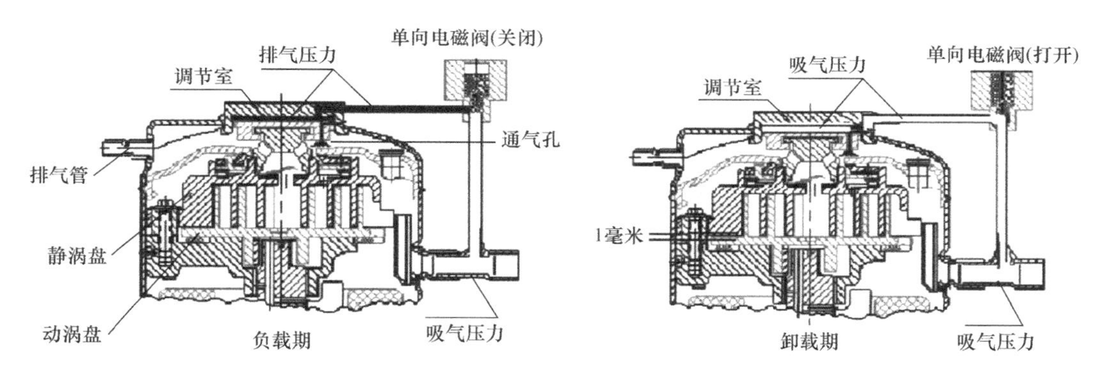

图 4-22　数码涡旋式压缩机变容量调节原理

这种压缩机容量调节方式的优点是控制方式简单，可以准确满足需求的输出容量，较好的低容量控制，较大的容量范围，即使管线较长也易回油。同时系统部件较少，无电磁干扰问题，装置结构简单。但由于数码涡旋式压缩机的加载、卸载以及定速压缩机的启动、停止导致制冷系统内的制冷剂压力、流速等产生连续的较大波动，从而出现噪声较大的问题。

2. 变频涡旋式压缩机

涡旋式压缩机如何能更有效地节能降耗，变频技术在此领域的应用成为近来的研究热点。变频涡旋式压缩机由于采用了变频器，其转速随着频率变化而产生不同的输气量，从而使制冷、制热量增大或减少。按照额定负荷设计的制冷空调系统在压缩机低速运行时，压缩机质量流量减少，换热器面积相对变大，使得传热温差减小，降低了能耗。

变频调节的优点包括控制精度高、温度波动小、舒适性好；刚开机时可以高速运转，迅速达到目标温度；可以实现卸载（低速）启动，启动电流小。其缺点是成本高，变频器本身存在一定的能耗，而且存在电磁兼容和电磁干扰问题。

目前全封闭涡旋式压缩机的变频调节有交流变频和直流变速两种方式。从能量调节角度看，数码涡旋调节和变频调节各有优势。但就目前发展形势看，变频技术已经超越了数码涡旋技术，市场份额较大，连续多年高速发展。

（二）运行范围拓展

1. 中间级喷液

涡旋式压缩机的压比在一定程度上受涡旋盘工作温度的制约，喷液冷却是保证涡旋盘和轴承可靠工作的重要手段。目前涡旋式压缩机是采用喷射制冷剂到中间级压缩腔来实现冷却的。

当向中间级压缩腔喷射制冷剂时，会增加压缩功，压缩机的排气温度随着制冷剂喷入比的增大而降低，制冷剂的喷入会降低润滑油的温度，从而抑制压缩功的增加。但当喷入比过大时，将引起润滑油黏性降低过大，同时由于制冷剂的过度溶解，润滑油将产生泡沫从壳体流出。另外，喷液可以减少泄漏。当压缩机运转时，将具有一定压力的液体喷入工作腔，利用附着在工作腔壁的液膜层减少其工作介质泄漏通道的实际间隙，从而达到减少介质泄漏量的目的。

2. 经济器补气

为使热泵在低温环境中高效、安全运行，国内外进行了许多技术研发和改进，主要的研究集中在采用经济器提高热泵的低温性能和采用变频系统，以及在低温工况下让压缩机高速工作，增加制冷剂的循环量等方面。对适应寒冷地区使用的热泵技术研究发现，采用涡旋式压缩机经济器系统可以明显提高热泵的制热量，同时有效解决了压缩机排气温度过高的问题。补气系统可采用过冷器系统、过冷贮液器系统和闪发器系统 3 种。针对不同的使用目的，其有最佳的循环形式，如：单冷空调适宜采用过冷器系统；过冷贮液器系统适合热泵制热；由于闪发器系统方便制冷/制热切换，在制冷及制热兼有的场合占有优势。带经济器补气的系统循环图以及压焓图如图 4-23 所示。

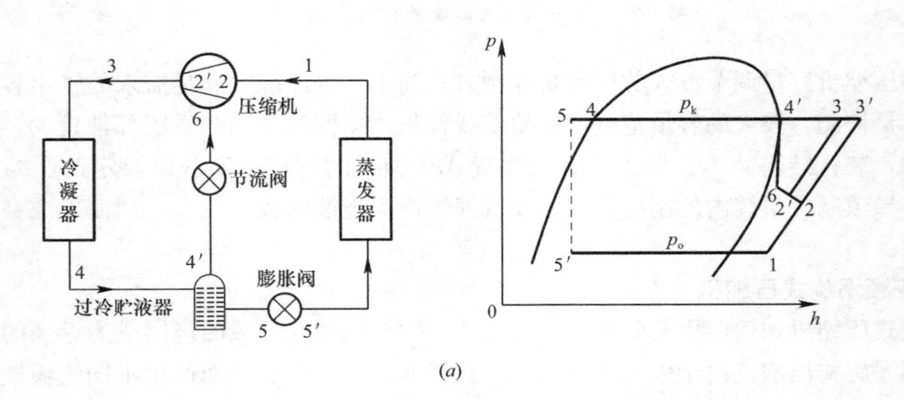

(a)

图 4-23　带经济器补气的系统循环图以及压焓图（一）

(a) 过冷贮液器系统

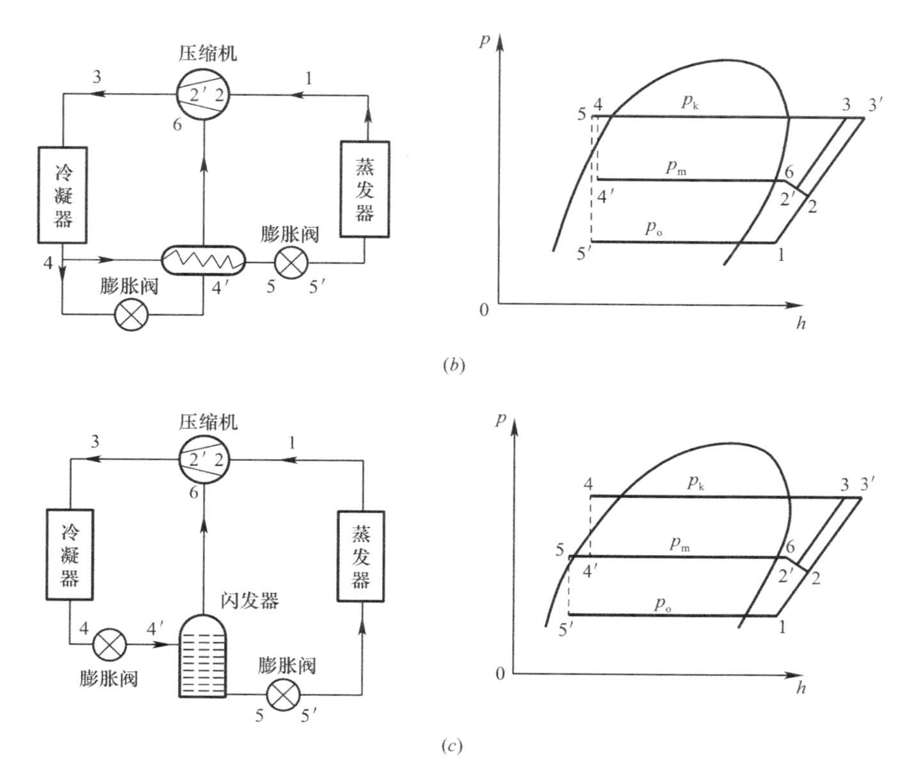

图 4-23 带经济器补气的系统循环图以及压焓图（二）

(b) 过冷器系统；(c) 闪发器系统

测试表明，与单机压缩系统及变频系统相比，涡旋式压缩机经济器可以增加机组的制热量及性能系数，大大增加了其低温适应性。经济器补气可增加机组的制热量和功率消耗，但制热量增加的速度大于功耗的速度，所以可以通过经济器补气提高系统的制热性能系数。

以上两种内部冷却方式在产品中均得到了应用。中间级喷液系统结构简单、成本低。经济器补气系统制冷量大，但成本高。这两种技术各有优缺点，在不同的场合可以采用不同的冷却技术。

3. 变容积比设计

一般涡旋式压缩机的容积比是由涡旋的几何型线决定的，一旦涡旋设计完成，其容积比就无法改变。在压缩机的工作区域内有两种工况：一种是过压缩，也就是涡旋的内压比大于工况的压比；另一种是欠压缩，也就是涡旋的内压比小于工况的压比。过压缩区域是变容积比需要优化的工况。

此外，当有大量液体制冷剂进入压缩机时，变容积比的设计有更多的提前泄漏通道，使液体制冷剂可以在排气口之前排出漩涡，降低液击对运动部件的破坏，从而提高涡旋式压缩机的可靠性。

（三）制冷剂替代

1. CO_2 涡旋式压缩机

相比采用传统工质的压缩机，CO_2 涡旋式压缩机的特点是工作压力高，结构尺寸小，压比小以及吸排气温差大。CO_2 涡旋式压缩机结构形式主要以全封闭为主，排气量较常用的制冷剂减小很多，应用场合主要是热泵热水器和汽车空调。CO_2 涡旋式压缩机的开发主要考虑以下几个方面的问题：动态涡旋盘间的轴向、径向泄漏；各个运动部件间的润滑；整机性能的理论分析及试验验证；动静涡旋盘结构尺寸的优化设计；气路、润滑油路的合理组织和安排；零部件材料的选择；零部件强度校核；选择合适的润滑油等。

日本在 CO_2 涡旋式压缩机开发领域处于前端，对现有的涡旋式压缩机结构进行了改进，申请了多项专利。日本所开发的压缩机均采用了较小的涡圈高度，可以降低切向泄漏，增加涡圈的强度，而且高度与动盘端板外径之比较小。日本富士通公司提出了一种轴向柔性机构，该柔性机构被称为推力环，由沿着框架的内周面嵌合和环本体和外径大于内周面外径的凸缘部两部分构成，推力环把背压腔分成高压和低压两个部分；推力环凸缘部的滑动面上设有环状槽，沿着凸缘部的半径方向形成将上述槽与吸入压力空间相连通的连通槽或连通孔，在压缩机正常工作时，推力环下端面受到背压作用，通过上端面迫使动涡旋盘向静涡旋盘压靠，以减小轴向间隙，减小径向泄漏量。松下电器工业有限公司通过试验研究了压缩腔喷油速率和性能间的关系，确定了最佳喷油率。

在我国，CO_2 涡旋式压缩机的开发正处于可行性研究、样机开发、试验验证阶段，建立了 CO_2 涡旋式压缩机样机的动力学模型，并指出减小动静涡旋盘间的损失是提高 CO_2 涡旋式压缩机机械效率的最重要因素，采用滚动轴承、设计新型的轴向柔性机均是减小动静涡旋盘间的损失的有效途径。

大连三洋压缩机有限公司提出一种可以降低 CO_2 涡旋式压缩机涡旋腔气体泄漏量以及提高能效的方法，对涡旋型线进行改良设计，采用涡旋齿型线偏移的方法对泄漏量较大部分的型线进行修正，确保该区间内涡旋齿表面的良好啮合。排气压力对切向泄漏的影响不明显，提高蒸发温度可以减小 CO_2 涡旋式压缩机的泄漏量，吸气过热度对 CO_2 涡旋式压缩机所有泄漏量的影响均不大。

针对 CO_2 跨临界循环压力高、压差大的特点，总结以往的研究经验，应该从以下几个方面进行深入研究：

（1）对涡旋型线进行改良设计，确保该区间内涡旋表面的良好啮合；

（2）综合考虑动静涡旋盘之间的泄漏损失和机械摩擦损失，确定合理的轴向间隙和径向间隙，使泄漏损失和机械摩擦损失二者之和达到最小；

（3）考虑热变形等因素的影响，设计更加合理的轴向柔性机构，确定最佳的轴向推力；

（4）全封结构的承压特性，满足 CO_2 设计压力要求。

2. R32 涡旋式压缩机

R32 作为 R410A 制冷剂的一个主要组成成分，其性质与 R410A 有许多相似之处。与 R410A 涡旋式压缩机相比，R32 涡旋式压缩机存在排气温度过高、排气压力偏高、能效比偏低的问题。这就使得 R32 涡旋式压缩机的开发关键在于：降低排气温度、材料强化、电机优化。考虑以上 R32 涡旋式压缩机开发的重点与难点，须提出相应的解决方案。

（1）排气温度过高

R32 制冷剂的比热容较 R410A 高，这决定了在其他条件相同的情况下采用 R32 制冷剂的涡旋式压缩机具有更高的排气温度。压缩机排气温度过高会导致润滑油劣化、润滑油黏度降低、轴承磨损加剧以及压缩机内树脂密封圈熔化等问题。因此，解决 R32 涡旋式压缩机排气温度高的问题是推广 R32 应用的首要问题之一。

1）内部冷却方式。内部冷却方式是通过压缩机自身的结构设计或外界辅助，使制冷剂气体在压缩机内部冷却的方式。喷液/补气 R32 涡旋式压缩机的开发，将外部冷却的制冷剂液体或气体充入涡旋式压缩机的压缩腔，使排气温度降低。这种方法已经在低温涡旋式压缩机、热泵涡旋式压缩机中得到大量应用，并有许多开发人员对此进行了研究，证明其在控制排气温度上是可行的。

2）外部冷却方式。外部冷却方式是通过压缩机自身的结构设计或外界辅助，使制冷剂气体在压缩机外部冷却的方式。借鉴二级压缩理论，将 R32 涡旋式压缩机中间腔制冷剂气体从涡旋盘中引出并进行冷却，再返回涡旋盘内，从而降低排气温度。类似的方法在双转子式压缩机中已有应用，对降低 R32 涡旋式压缩机的排气温度是可行的，但整个系统的成本可能会增加，这点在设计时要给予充分考虑。

（2）材料的强化

提高涡旋式压缩机材料的耐高温性能，特别是寻找耐高温的冷冻油、涡旋盘材料、密封圈材料等，对 R32 涡旋式压缩机的开发是一个十分重要的研究方向。对于 R32 冷冻油，应选择与 R32 制冷剂具有良好的互溶性、适宜的黏度、很高的稳定性的 R32 专用冷冻油。对于涡旋盘材料，应在现有涡旋盘的基础上，考虑更小热变形和受力变形，更高的耐磨、减磨性能等新型材料的开发。

（3）电机的优化

在 R32 涡旋式压缩机中，特别是采用吸气冷却电机形式的涡旋式压缩机，电机的发热量对最终排气温度的影响很大。因此，提高电机的效率，对降低 R32 涡旋式压缩机的排气温度、提高能效比有着很好的作用。

（4）R32 涡旋式压缩机的开发

由于在制冷量及排气温度方面的差异，有必要针对 R32 制冷剂的特性对压缩机进行改进设计，例如提高压缩机的耐温性以减少热变形，选择更合适的高温冷冻油，通过喷射制冷剂降低排气温度等，使压缩机更适应于 R32 制冷剂，体现 R32 制冷剂替代优势。

R32 涡旋式压缩机技术的开发已具备一定的技术储备。从 2015 年初开始，品牌空调企业对 R32 的替代进程明显加快，在进行了部分 R32 滚动活塞压缩机的替代工作之后，涡旋式压缩机的 R32 制冷剂替代也被列入了日程。一方面积极同上游压缩机厂家进行产品匹配，另一方面则开始逐步进行生产线的改造。

二、典型产品

（一）冷藏用（中低温用途）

低温涡旋式压缩机，如图 4-24 所示，适用于最低可达－40℃的低温制冷领域，其运行工况范围见图 4-25，主要用于组合式冷库，以及超市用陈列柜。该系列压缩机带有补气口，构成经济器流程，经济器采用板式换热器。该类压缩机适用工质：R22、R404A 和 R407C，工作容积范围为 115～205ml/rev，制冷量范围 6～22kW。

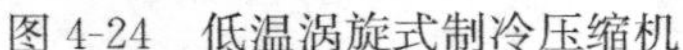

图 4-24　低温涡旋式制冷压缩机

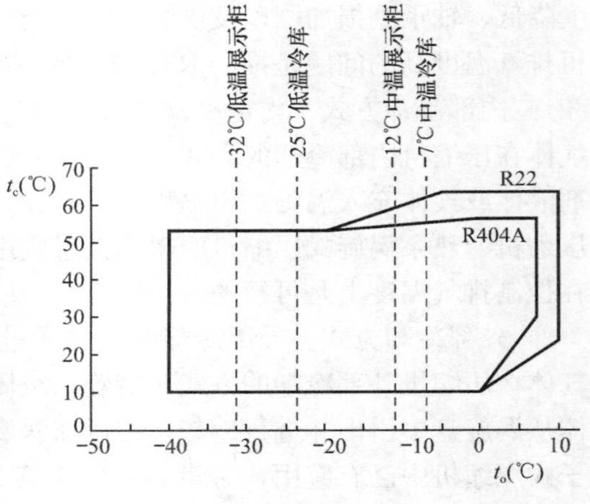

图 4-25　低温涡旋式压缩机运行工况范围

CO_2 亚临界涡旋式压缩机，容量范围为 7～23kW，采用数码调节方式，可实现 10%～100%容量范围内的无级调节。

（二）空调用（中高温用途）

涡旋式压缩机早期主要应用于单元式空调机，其主要机型的输入功率范围为 2～6hp。对于商用空调，早期使用涡旋式压缩机的产品为空气源热泵冷热水机、屋顶空调，压缩机的输入功率范围为 7～15hp，工作容积 90～182ml/rev，能效比高达 3.3，适用的制冷工质为 R410A、R22 和 R407C。大多数制冷系统采用 2 台压缩机并联使用，并联压缩机高输入功率达 30hp，制冷量可达 70kW。图 4-26 所示为中高温用途的全封闭涡旋式压缩机。

随着技术进步，涡旋式压缩机进一步大型化，目前市场供应的大型商用空调涡旋式压缩机的名义功率范围为 20～40hp，工作容积范围为 250～725ml/rev，能效比范围为 3.25～3.49，适用的制冷剂为 R22、R407C 和 R410A，主要用于水冷热泵机组，以及大型空气源热泵机组和屋顶空调机等。而某公司的 R410A 机型，名义功率为 60hp，制冷量高达 183kW，能效比为 3.19，噪声为 88dB（A）。该类压缩机系列均有强化补气口（EVI 孔）选配。带补气口的涡旋式压缩机可以构成经济器流程，运行工况范围显著扩大，能够改进其在寒冷气候区的制热性能和炎热气候区的制冷性能，能效比也有所改善。

多台压缩机可以并联使用，如图 4-27 所示，以扩大应用的容量范围。应用 20～40hp 商用涡旋式压缩机，最多并联压缩机数量为 6 台，可以提供高至 240hp 的冷量，推荐系统配置方式见表 4-1。

采用机械能量调节方式的数码涡旋式压缩机（见图 4-28）可实现 10%～100%的容量调整范围，实现 0.5℃的精确温度控制。采用数码涡旋式压缩机的系统，季节能效比通常比传统系统的效率高 40%，与热气旁通系统相比效率高 30%。

半封闭涡旋式压缩机，如图 4-29 所示，适用工质为 R22、R134a、R404A、R410A 和 R507A，排气量范围为 38.5～72.3m³/h，制冷量范围（R22）为 26.5～76.9kW。

图 4-26　中高温用途的全封闭涡旋式压缩机

图 4-27　大型商用并联涡旋式压缩机组

多台压缩机并联使用推荐系统配置方式　　表 4-1

系统	压缩机（hp）	系统制冷量（hp）							
		80	100	120	140	160	180	200	240
回路 1	20								
	25								
	30		2						
	40	1		3	2	2	3	3	3
回路 2	20								
	25								
	30				2		2		
	40	1	1			2		2	3
压缩机数量		2	3	3	4	4	5	5	6

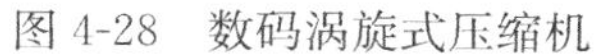

图 4-28　数码涡旋式压缩机

图 4-29　半封闭涡旋式压缩机

采用中间排气阀（IDV）技术的涡旋式压缩机，如图 4-30 所示，避免了压缩机的过压缩损失，从而减少了能量消耗；同时扩大其运行范围，提高了抗液击能力，还使用一项能使压缩机在并联应用中可以更好地回油的专利技术——“油平衡管”。容量范围覆盖 7.5～40 冷吨，主要用于屋顶空调机组和冷水机组。

内置变频卧式涡旋式压缩机，如图 4-31 所示，其重量只有同类产品的一半，能够兼容 24VDC 和 400VAC 工作电压，尤其适合混合动力客车和列车。

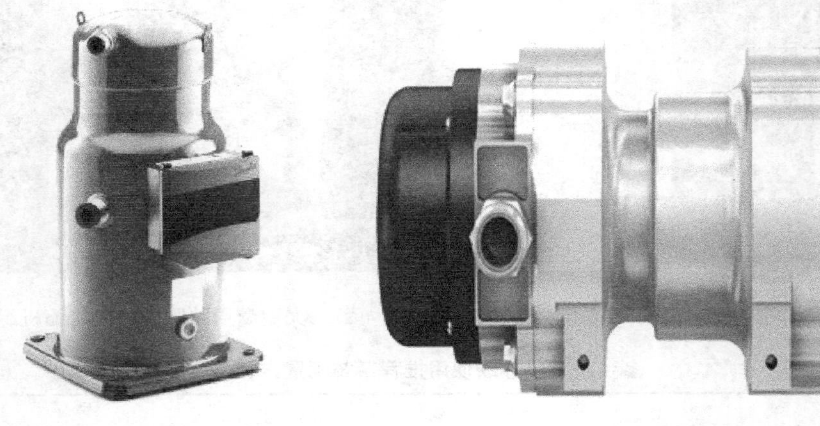

图 4-30　采用中间排气阀（IDV）技术的涡旋式压缩机

图 4-31　内置变频卧式涡旋式压缩机

三、发展趋势

（1）DC 变频趋势。家用空调领域变频率达到 40%以上，使用涡旋式压缩机的商用空调领域变频化不足 10%，随着节能要求的逐步提升，商用空调领域变频化也成为趋势。

（2）增大制冷量趋势。单机涡旋式压缩机型谱大都密集在 2～15hp，拓展潜力巨大。涡旋式压缩机 15～40hp 的应用，目前主要靠多机并联方式满足制冷要求，对于单纯要求制冷量大的应用市场，多联机有成本高、系统控制复杂、损坏几率大、体积大等缺点。大马力单机恰巧弥补了多联机以上缺点。大制冷量涡旋式压缩机的开发，可以进一步组装更大制冷量并联机组，有力争夺 60hp 以上螺杆机和活塞机市场，将打破大制冷量螺杆机和活塞机高成本的市场格局。

（3）环保制冷剂趋势。目前，节能环保成为全球的共同目标，采用安全性高、经济性好、GWP 值低的制冷剂成为制冷行业的发展趋势。近几年逐渐取代 R22 制冷剂的新制冷剂已全面铺开，主要是混合制冷剂和天然制冷剂。近年来，有关环保制冷剂话题被热议，未来主要倾向于 R32、R744、R290 及 HFOs 类环保制冷剂。

（4）应用领域拓展。除传统空调制冷应用外，新应用领域的拓展也是涡旋式压缩机使用的新出路，热泵产品、烘干机、除湿机、机房空调、轨道交通和新能源汽车等新领域应用都得到拓展。

第四节　螺杆式压缩机

螺杆式压缩机是瑞典人于 1934 年发明的，其最初目的是用于柴油机和燃气轮机的增压。20 世纪 60 年代以前，螺杆式压缩机的发展非常缓慢，只在军事装备中有高速、无油的螺杆式压缩机得以应用。之后，喷油技术应用到螺杆式压缩机中，降低了对螺杆转子加工精度的要求，对压缩机的噪声、结构、转速等都产生了有利作用。目前，喷油螺杆式压缩机广泛应用于空气动力、制冷空调等领域，无油螺杆式压缩机广泛应用于石油、化工、食品、医药等领域。

螺杆式压缩机通常指的是双螺杆压缩机，在“∞”字形的气缸内平行地安装着两个相互啮合的螺旋形转子。气缸的两端用端盖封住，支承转子的轴承安装在端盖的轴承孔内。转子上每一个螺旋槽与气缸内表面所构成的封闭容积即是螺杆式压缩机的工作容积。在压缩机体的两端，分别开设有一定形状和大小的吸排气孔口，呈对角线布置。此外，还有轴封，同步齿轮、平衡活塞等部件。

螺杆式压缩机是一种工作容积作回转运动的容积式气体压缩机械。气体的压缩依靠容积的变化来实现，而容积的变化又是借助压缩机的一对转子在机壳内做回转运动来达到目的。与活塞式压缩机的区别是它的工作容积在周期性扩大和缩小的同时，其空间位置也在变化。只要在机壳上合理地配置吸、排气口，就能实现压缩机的基本工作过程——吸入、输气、压缩及排气过程。

一、螺杆式压缩机研究现状

（一）变容量调节技术

螺杆式压缩机在实际运行过程中，外界使用工况多变，为了保证压缩机的运行效率，必须调节其自身运行工况。根据螺杆式压缩机容量调节和内容积比调节的机制，可同时调节压缩机能量和内容积比的能量调节机构已被国内螺杆式压缩机生产厂家广泛使用，解决了在变工况时由于内容积比不匹配造成的过压缩或欠压缩带来的损失，保证压缩机运行功耗最小化，使螺杆式压缩机在正常工况、高温工况、低温工况和最大压差工况下运行时都能够保持较高的效率。下面主要介绍滑阀调节、变频调节和柱塞调节几种螺杆式压缩机容量调节方式。

1. 滑阀调节

滑阀是螺杆式压缩机中用来调节容积流量的一种结构元件。虽然螺杆式压缩机的容积流量调节方法有多种，但采用滑阀的调节方法获得了广泛的应用，在喷油螺杆式制冷和工艺压缩机中应用尤为普遍。滑阀上开设有径向排气口，在压缩机中处于不同的位置时，转子被密封的长度相应不同，从而在旋转周的过程中被送入压缩腔气体的量不同，在密封段外的吸入气体则通过机体下方的旁通口回流至吸气端。通过这种方法就可以达到调节和改变压缩机输气量的目的。合理地布置滑阀机构的增减载油路，容易实现有级或无级容量调节。两者相对而言，有级容量调节比较稳定，但调节范围有限；无级容量调节范围比较灵活，却容易出现载位漂移现象。

2. 变频调节

在实际应用中，螺杆式压缩机是处于变工况的运行状态。据统计，压缩机的负荷率平均为67％，33％为空载负荷，常规螺杆式压缩机在部分负荷下因效率低而浪费了大量的电能，变频螺杆式压缩机由于改善部分负荷性能、节能省电而得到大力推广。变频技术在螺杆式压缩机上的应用，使得螺杆式压缩机在节能降耗方面进一步发挥了作用。据不完全统计，目前发达国家变频螺杆式压缩机的销售量已经占螺杆式压缩机年销售量的70%。

变频螺杆式压缩机与普通螺杆式压缩机相比，节能省电在20%以上。传统压缩机的能源成本占运行成本的77%，在螺杆式压缩机的整个生命周期中，其能耗占90%以上的成本支出。应用变频技术，可使得压缩机的能源成本降低44.3%，此外，变频启动时，对压缩机的机械部件、电器部件和电网的冲击减小，增加系统的可靠性，压缩机寿命增加，维护成本低，运行成本大大降低。随着变频技术的发展，变频螺杆式压缩机的市场份额将逐步增加，并将具有美好的发展前景。

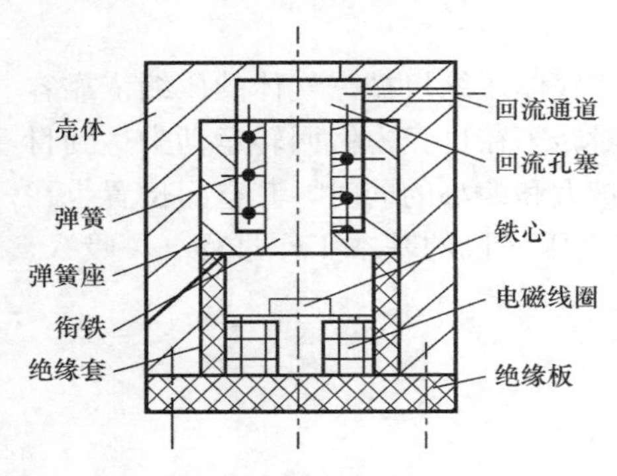

图 4-32　柱塞式电磁调节阀

3. 柱塞调节

柱塞调节被广泛应用于螺杆式冷水机组。图4-32所示为螺杆式压缩机的柱塞调节示意图。柱塞调节是在压缩机机体的适当位置上设置电磁阀，当电磁阀开启时，封闭螺槽中待压缩的气体就会通过此阀的回流孔返回吸气腔，待星轮齿越过回流孔后，压缩过程才开始。因此，利用电磁阀调节气量的实质在于改变封闭螺槽内气体开始压缩的时间（位置），使有效的螺槽容积作相应的改变，从而达到调节气量的目的。电磁阀设置的数量及其安装位置，可根据实际需要，由要求的调节范围和级数确定：根据压缩机运行工况的需要，确定气量调节的级数；根据分级数确定电磁阀在压缩机主平面内的安装位置；根据压缩机机体的结构，确定电磁阀的实际安装位置。

这种调节方法结构简单，能够在不改变机体结构的条件下，实现排气量的分级调节。由于柱塞电磁阀的顶面与气缸内壁在同圆柱面上，无余隙容积，压缩机未对回流气体做功，在调节工况下仍具有较高效率。同时，采用电磁阀易于实现压缩机的自动控制。

（二）运行范围拓展

随着螺杆式压缩机技术的逐渐成熟，其正逐步向低温冷冻冷藏领域及为了保证螺杆式压缩机在低温及高温大压比场合的应用向热泵领域拓展。多采用双级或多级压缩机，在系统中采用补气喷液等技术，保证螺杆式压缩机的可靠运行。

1. 可变容积比

内容积比是螺杆式压缩机的一个重要参数，其决定了排气口的位置和大小。对压缩机性能、应用范围以及可靠性都有非常重要的影响。

当内压比与外压比相等时，螺杆式压缩机的工作过程是一个理想的压缩过程，压缩机不会产生额外的功耗。但当两者不匹配时，无论是过压缩还是欠压缩，由于螺杆式压缩机内压缩终了压力和系统背压不匹配，都会产生额外的功耗损失，从而降低系统的性能，同时压缩机的噪声、振动会恶化，进而影响压缩机的可靠性，且功耗以及噪声、振动的增大进一步限制了压缩机的应用。对于传统的固定内容积比的螺杆式压缩机而言，只有在内容积比设计点附近运行时这种情况才不会发生。但是螺杆式压缩机在实际运行时，外界使用工况是多变的。由于系统冷凝或蒸发温度会随季节变化，或随客户端需求的变化（制冷、制热或蓄冰等）而变化，并且部分负载也会改变系统运行工况，从而使系统产生偏离内容积比设计点的运行需求，这就会导致压缩机过压缩或欠压缩的发生。不同工况需要不同的内容积比来优化系统的性能和应用范围。可变内容积比（无级或有级）的应用正是响应了这种需求。

目前可变内容积比设计已在空调、热泵以及工业冷冻螺杆式压缩机上得到了广泛应用。通过监测系统压力（压比）对螺杆式压缩机内容积比进行自动调节，压缩机可以在相当宽的范围内与系统工况匹配，故而系统的运行效率和可靠性均得到优化。行业内通常使用滑块和滑阀的组合调节内容积比和负载，通过滑块和滑阀的移动改变滑阀上径向排气口的位置，从而调节内容积比大小，而在某一内容积比下（固定滑块位置）又可以通过滑阀的移动调节压缩机负载。滑阀和滑块的移动通常是通过油压控制不同的活塞液压系统来实现的。简单来看，对于可变内容积比的压缩机，实质上是用滑块代替了固定内容积比压缩机中滑阀前的机体部分，将其设计成可移动的，从而避免了滑阀打开时吸气旁通回流的产生，这样只要在满载位置（滑块和滑阀贴紧彼此的位置），通过滑块的移动，改变排气孔口的大小，就达到了可变内容积比的目的。

2. 喷油喷液

螺杆式压缩机喷油或喷液，是利用了其对湿行程的不敏感，即不怕带液运行的优点而实施的。在螺杆式压缩机工作过程中，喷油可以起到冷却、润滑、密封和降噪等作用，喷油技术的引入极大地促进了螺杆式压缩机的发展。喷油孔的大小、位置、喷油量、油的雾化程度以及油在工作腔内滞留的时间等参数对压缩机的特性都有重要的影响，引起大批国内外螺杆式压缩机从业人员的高度关注。以西安交通大学为代表的国内科研机构与生产厂家开展了螺杆式压缩机喷油特性的研究工作，研究了油在螺杆式压缩机工作过程中的分布问题以及喷油对螺杆式压缩机泄漏率的影响，形成了一套完整的喷油技术理论。目前，还须进一步分析喷油对螺杆式压缩机工作过程中泄漏、换热和摩擦等方面的影响机制，使喷油参数的设计从目前的经验设计提高到机制设计和优化设计。

3. 强化补气技术

螺杆式压缩机虽然具有单级压比高的特点，但是随着压比的增大，泄漏损失急剧增大，因此其在低温工况下运行效率显著降低。为了扩大其使用范围，改善低温工况性能，提高效率，可利用螺杆式压缩机吸气、压缩、排气单向进行的特点，通过补气的方式，使单级螺杆式压缩机按双级制冷循环工作，达到节能的效果。通过试验获取螺杆式压缩机在补气过程中的 p-V 图，并以此分析使用经济器对压缩机补气时压缩机的性能参数变化情况。我国螺杆式压缩机从业人员已基本掌握了压缩机功率及效率随补气压力及补气孔口形状大小的变化规律和最佳补气压力的选定原则，目前普遍赞同最佳进气位置的观点是使进气混合之后的压力等于循环中压力。也有人认为，运行中的热泵循环工况将受到各种随机因素的影响，所谓最佳补气点应表述为最佳区域。

通过实测带闪蒸型经济器的空气源螺杆式热泵机组性能的变化，测试结果表明，经济器的开启可以有效提高机组的制热量和运行效率。将补气技术应用于螺杆式高温热泵并进行试验研究，如图 4-33、图 4-34 所示，结果表明：将补气技术应用于高温热泵是可行的，冷凝器出口水温 88℃下通过经济器补气可有效增加高温热泵的制热量，相对补气量由 9.88%增加至 22.61%时，系统总制热量增加 9.28kW，改善了其制热性能。

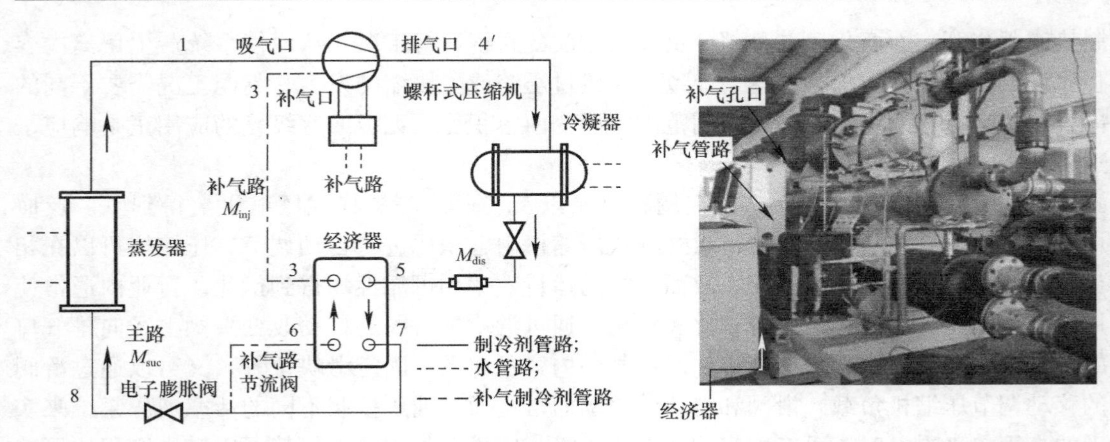

图 4-33　高温螺杆式热泵补气系统原理图　　图 4-34　高温螺杆式热泵补气系统实物图

4. 单机双级、双机双级

(1) 单机双级

螺杆式单机双级压缩制冷循环每级压比减小、泄漏少；绝热损失少，容积效率高；制冷量大，中冷器过冷，从而使制冷量增加；制冷系数高，转子轴承受力小使用寿命长；绝热效率高，电机节能、易于实现自动化控制，是一种高效的制冷循环方案。

单机双级螺杆式压缩机的蒸发温度最低可达－60℃（R404A 可达－65℃），其特点是：噪声低、振动小、抗液击能力强；油路简单（压差供油、开机用 1 台预润滑油泵）；可与各种冷风机、钢（铝）排管、壳管式蒸发器或其他类型蒸发器匹配。

(2) 双机双级

双机双级螺杆式压缩机组的工作原理如图 4-35 所示。低压级压缩机从蒸发器吸气，其排气作为吸气进入高压级压缩机，高压级压缩机的排气依次进入冷凝器、中间冷却器、经济器和蒸发器，最终回到低压级压缩机，形成一个完整循环。中间冷却器的两大作用：一是对来自冷凝器的制冷剂液体初步过冷；二是冷却低压级压缩机的排气。经济器的两大作用：一是对从中间冷却器出来的过冷液体进行再过冷；二是提高低压级压缩机的吸气温度和吸气压力。由于双机双级螺杆式压缩机能够达到更低的蒸发温度，从而在冷库、速冻等领域得到比较广泛的应用，其性能的优劣对所冷冻产品的品质有较大影响。

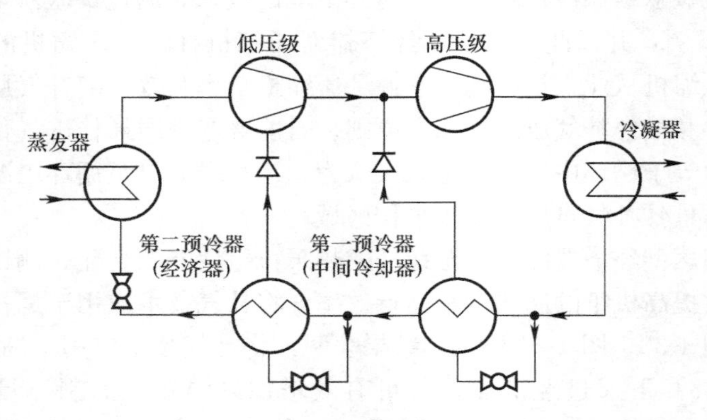

图 4-35　双机双级螺杆式压缩机组工作原理图

（三）天然工质的应用

螺杆式压缩机的设计关键是相互啮合的转子设计，转子设计中最重要的是型线的设计，因为型线决定了螺杆式压缩机的性能。CO_2 螺杆式压缩机的最高排气压力约为140bar，压差超过 30bar，内部泄漏比较严重。因此，在转子型线设计中必须首先考虑泄漏问题。转子型线主要由圆弧及其共轭曲线组成，这样有助于形成动力润滑油膜。以转子型线为基础，可以计算诸如接触线长度、泄漏三角形面积以及吸排气口等几何特征。然后通过压缩机工作过程的数值模拟获得齿数组合、阴转子的齿顶系数以及长径比等参数的最优组合。排气口的位置是影响螺杆式压缩机效率的重要参数之一，因为它保证了 CO_2 在其中实现预定的内压缩。根据压缩机的运行工况，选择合理的内容积比，按照容积变化规律可以计算阳转子的内压缩转角，最后可以得到轴向排气口位置。

双螺杆式压缩机可以采用滚动轴承和滑动轴承。旋转速度和载荷限制了滚动轴承的应用，但是安装平衡活塞可以减少轴向载荷。大容量的螺杆式压缩机通常选择滑动轴承。为了准确定位转子、减少泄漏间隙、提高压缩机的效率，选择滚动轴承承受轴向力，采用滑动轴承承受径向力。若设计的 CO_2 双螺杆式压缩机是开启式压缩机，还需要可靠的轴封防止 CO_2 和润滑油的泄漏，通常选用一种弹簧式的机械轴封。由于 CO_2 性质稳定，对轴封的材料没有特殊要求。

螺杆式压缩机在运行中喷入的润滑油起冷却、润滑、密封、降噪的作用。合适的润滑油量既能够保证压缩机的稳定可靠运行，又能够避免额外的功耗。因此，需要推导出合理的润滑油量计算方法，并在试验的基础上不断修正。同时，可以采用模拟软件对润滑油路进行模拟，保证轴承、转子腔等的润滑油量以降低阻力，避免过多的润滑油引起耗功增加，使整机性能提高。研究人员试验证实，润滑油量计算方法和模拟结果与试验数据相差在±15%以内。

通过建立采用螺杆式压缩机的 NH_3/CO_2 复叠式制冷试验系统，对低温级 CO_2 螺杆式压缩机进行性能测试，并对主要技术参数进行分析，给出机组制冷量、轴功率、容积效率和绝热效率等在不同工况下的变化关系。在相同工况下，CO_2 制冷机组的制冷量约是同型号氨制冷机组的 7.5～10.5 倍，且在蒸发温度越低时差值越大。图 4-36 所示为 NH_3/CO_2 复叠式制冷机组基本原理。

二、典型产品

（一）冷藏用（中低温用途）

螺杆式压缩机主要应用于大中型的冷藏冻结装置，如速冻设备、预冷设备、制冰机和冷藏库等。最常见的形式是低温用途的半封闭螺杆式压缩机，适用制冷剂为 R22、R134a、R404A 和 R507A 等，常用机型的排量范围为 100～420m^3/h。此类压缩机的能量调节方法有：旁通调节方法和滑阀调节方法。滑阀调节方法通过油压系统和滑阀实现，可实现“三级”能量调节（33%，66%和 100%）、“四级”能量调节（25%，50%，75%和 100%）或“无级”能量调节（25%～100%连续）；旁通调节方法通过旁通系统实现，可实现“三级”能量调节。通常情况下，压缩机的内容积比（即压缩比）是固定的，例如：内容积比

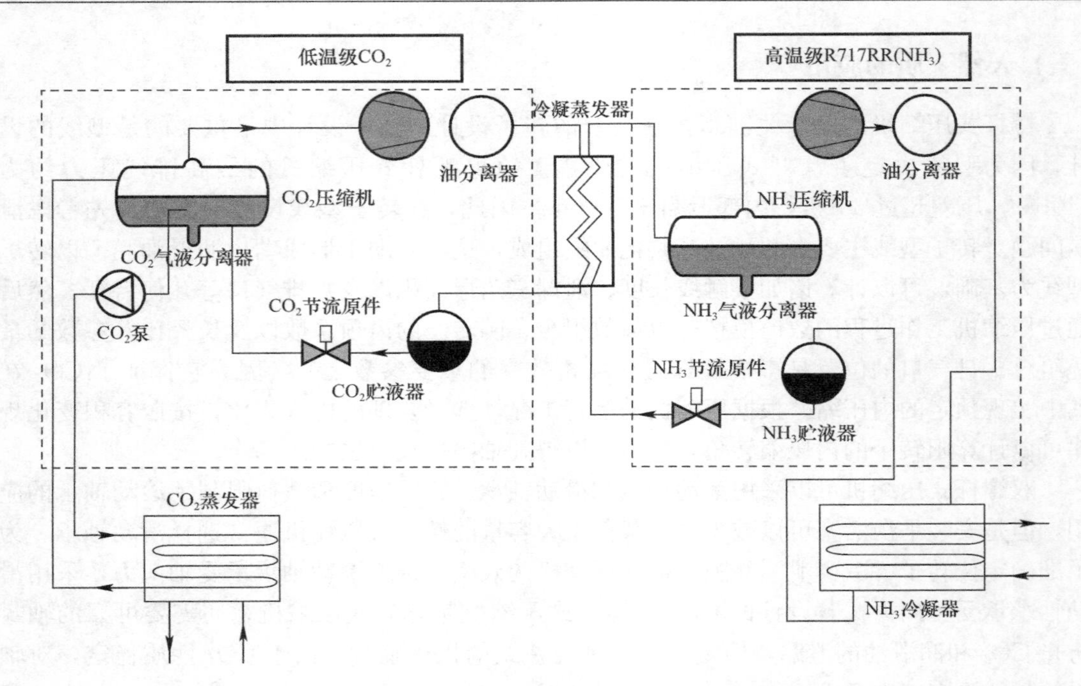

图 4-36 NH_3/CO_2 复叠式制冷机组原理图

图 4-37 低温用途的半封闭螺杆式压缩机

为 4.4，比较适合应用于低蒸发温度工况（蒸发温度最低可至−50℃）；内容积比为 2.6，比较适合应用于中、高蒸发温度工况。有的机型内置容积比调节装置，压缩机运行时可根据工况实时调整内容积比。部分机型均可选配补气口（即经济器口），构成制冷系统时可实现经济器流程，进一步提高制冷性能和能效比，特别是对于中、高压缩比的场合尤其适合。单机系统自带高效多段式油分离器，分离效果好且压降低。图 4-37 所示为低温用途的半封闭螺杆式压缩机。多台压缩机可以并联成机组使用，每个并联系统可以连接多至 6 台压缩机。

随着国际上已达成全面禁用氟氯烃（CFC）类、逐渐限制使用氢氟氯烃（HCFC）类制冷剂的共识，氨作为自然工质、绿色工质，其 ODP 值为 0，对臭氧层无破坏；GWP 值为 0，不会引起全球气候变暖，可以自由使用。所以，氨在大型制冰系统、建筑领域、医药制药等制冷工程中都有着广泛的应用。为此，主要生产商都专门开发了开启式螺杆式压缩机系列产品，如图 4-38 所示。目前常用机型的排气量范围为 190～1500m^3/h。压缩机的内容积比有固定和可调两种类型，通常情况下，固定式的内容积比为 2.2、2.6 和 3.0 等；可调式内容积比范围为 2.6～5.1。

用于制冰机机组的氨用半封闭螺杆式压缩机，如图 4-39 所示，排气量为 420～780m^3/h，并采用高效同步变频电机，可根据负荷变化调整电机转速。实际运行结果表明，该氨用半封闭螺杆式压缩机在很大的蒸发温度范围内具有比氟利昂制冷剂更高的能效比，该压缩机能在很大范围内适用于工业、商业制冷应用领域替代 R22 制冷系统。

图 4-38　开启式螺杆式压缩机　　图 4-39　氨用半封闭螺杆式压缩机

为了达到更低温度、更高效率的目的，近年来有生产企业推出了单机双级螺杆式压缩机，如图 4-40 所示，即一台螺杆式制冷压缩机实现二级压缩。图 4-41 所示为单机双级螺杆式压缩机以氨为工质时的运行界限。该压缩机有开启式和半封闭式两种形式，对于开启式机型，氨、氢氟烃（HFC）类制冷剂均可使用，对于半封闭式机型，只可使用氢氟烃（HFC）类制冷剂，如 R404A 和 R507 等。目前常用机型的排气量范围为 500～5000m^3/h，吸气压力对应的制冷剂饱和温度范围为－65～－10℃，排气温度范围为 45～100℃，设计压力为 2.8MPa，可以实现 10%～100%的连续无级能量调节。通常采用高效分子筛三级油分离系统，分油效率达到 99.7%。

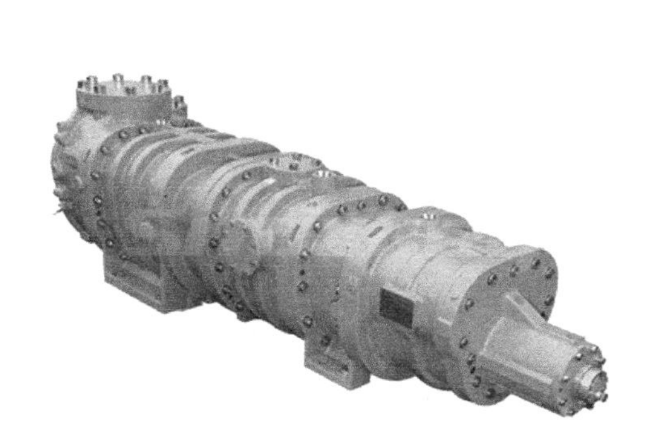

图 4-40　开启式单机双级螺杆式压缩机　　图 4-41　单机双级螺杆式压缩机的运行界限（氨）

CO_2 螺杆式压缩机，蒸发温度能够达到－45℃，名义制冷量为 207kW，用于 NH_3/CO_2 复叠制冷系统。将 CO_2 螺杆式压缩机用于低温级系统，大大提高了氨泄漏的安全性，同时 COP 比 NH_3 双级制冷系统高 8.8%。

（二）空调用（中高温用途）

工商空调用螺杆式压缩机主要是半封闭式，功率范围为 30～390hp，使用的工质为 R22、R407C 和 R134a 等。电源有：2 相，230V，50Hz 和 3 相，400V，50Hz。容量调节方式主要采用滑阀调节方式，可选择四级或无级调节；也可采用旁通调节方式，为三级冷量调节或二级冷量调节。自带 ECO（经济器）接口，可直接连接经济器进一步提高能效比。可连接液喷、外置油冷却器，使压缩机在高排气温度时应用范围更大。可选择不同内容积比，并可增加内置内容积比调节装置，使压缩机具备运行时内容积比切换的功能。图 4-42 所示为中温用途的半封闭螺杆式压缩机。

立式全封闭螺杆式压缩机采用耐高温电机及不对称齿形结构，保证压缩机长期无故障运行。该压缩机用于空气源热泵机组，空调工况制冷量范围为 246～1780kW，制热量范围为 285～2024kW。

螺杆式压缩机的容量调节一般采用滑阀进行调节，但滑阀调节机构一般可靠性较低。变频螺杆式压缩机采用变转速进行容量控制。例如，有厂家开发了 R134a 专用变频螺杆式压缩机，内置变频器，体积小，结构紧凑，安装简易，采用内置变频器制冷剂冷却系统，变频调节范围为 30～70Hz（推荐范围），在应用范围内的任意工况下效率均实现最优化，功率因数高于 0.9。

适用于高冷凝温度的半封闭螺杆式压缩机最高冷凝温度可达 125℃，如图 4-43 所示，可直接产出蒸汽，多用于高余热回收，使用制冷剂为 R245fa 环保制冷剂，在冷凝温度为 120℃时 COP 可达 4.38。

图 4-42　中温用途的半封闭螺杆式压缩机

图 4-43　半封闭高温螺杆式压缩机

三、发展趋势

（1）应用范围向热泵及高温热泵应用拓展。近年来，随着城镇化的发展，大中型空调的应用促进了螺杆式压缩机的持续增长。螺杆式热泵逐渐兴起，在常温热泵领域主要应用于空气源热泵机组、水源热泵机组、屋顶热泵机组等方面，在工业应用领域采用螺杆式热泵用于热回收；高温热泵应用方面，研究压缩机在余热回收利用，自然资源或者可再生资源利用中的应用空间，开发应用于油气田低压余气提取等典型高温热泵用途的螺杆式热泵压缩机，进一步拓宽螺杆式压缩机的运行范围。

（2）在冷冻冷藏领域继续占领大容量活塞式压缩机的市场。随着螺杆式压缩机单机双级、双机双级技术的发展，螺杆式压缩机逐步应用于冷冻冷藏领域。螺杆式单机双级压缩制冷循环每级压比减小、泄漏少、绝热损失少，具有容积效率高、制冷量大的特点，同时转子轴承受力小、使用寿命长，易于实现自动化控制，加之配用的经济器可以有效提升制冷量和系统能效，在冷冻冷藏领域是一种高效的制冷系统设计方案。单机双级螺杆式压缩机，以单台压缩机实现两级压缩，延伸了螺杆式压缩机的低温应用范围，在我国食品冷藏产业链中扮演着越来越重要的角色。

（3）在空调领域受到大容量涡旋机和磁悬浮离心机的冲击。随着大容量涡旋机和磁悬浮离心机的发展，螺杆式压缩机市场必定受到冲击，但在高端的工商应用中螺杆式压缩机仍具有一定的竞争力。

（4）变频技术的应用。应用变频技术可使得螺杆式压缩机的运行成本显著降低，且变频启动时对压缩机的机械部件、电气部件和电网的冲击减小，增加系统的可靠性，压缩机寿命增加，维护成本降低。

第五节　离心式压缩机

离心式压缩机是依靠叶轮对制冷剂蒸气做功使制冷剂蒸气的压力和速度增加，然后在扩压器中将动能转变为压力能，制冷剂蒸气沿径向流过叶轮的压缩机。离心式压缩机的形式可按结构可分为开启式和半封闭式，按级数可分为单级、双级和多级，按驱动方式可分为直驱式和齿轮驱动式。

离心式压缩机目前广泛应用于高层办公楼、宾馆、剧院以及商场等大型公共建筑的舒适性集中空调系统的冷水机组，以及石油、化工、化纤、冶金和核电站等部门的工业制冷和工艺流程冷水机组，并逐渐在热泵供暖、区域能源中心等领域得到应用。

中低温用途离心式压缩机目前市场上很难见到。中高温用途离心式压缩机多应用于1000～4500kW制冷量范围的中、大型制冷系统。

一、离心式压缩机研究现状

（一）防喘振技术

在离心式压缩机的运转过程中，当流量小到一定程度时，在压缩机流道中会出现严重的旋转脱离，流动严重恶化，使压缩机出口压力突然大幅下降，低于冷凝器中的压力，气流倒流向压缩机，一直到冷凝压力低于压缩机出口压力为止，此时倒流停止，压缩机的流量增大，压缩机恢复正常工作。而实际上压缩机的总负荷很小，限制了压缩机的流量，压缩机的流量又慢慢减小，气体又产生倒流，如此周而复始，在系统中产生了周期性的气流振荡现象，这种现象称为“喘振”。

喘振是压缩机一种不稳定的运行状态。压缩机发生喘振时将出现气流周期性振荡现象，产生以下不利影响：使压缩机的性能显著恶化，气体参数（压力、流量）产生大幅度脉动；噪声加剧；振动加剧，使压缩机的转子和定子的元件经受交变的动应力，压力失调引起强烈的振动，使密封和轴承损坏，甚至发生转子和定子元件相碰撞等，叶轮动应力加大；电流发生脉动。喘振是离心式压缩机的固有特性，喘振的发生会带给压缩机严重的损坏，过于频繁的喘振会损坏叶轮和轴承，给用户的使用带来不便和不安全因素。因此，为保证离心式压缩机高效、可靠运行，需要采取相应的措施。离心式压缩机常用的防喘振技术包括以下几项：

1. 转速调节

对离心式压缩机加装变频驱动装置，将恒速转动改为变速转动。低负荷状态运行时，通过同时调节导流叶片开度和电机转速调节机组运行状态，可控制离心式压缩机迅速避开喘振点（改变压缩机转速，压缩机的性能曲线随之移动，可以增大稳定工况区域），避免喘振对机组的伤害，确保机组运行安全。

2. 热气旁通

压比和负荷是影响喘振的两大要素：当负荷小到某一极限时，或压比达到某一极限点时，都会发生喘振。为避免上述现象发生，可用热气旁通电磁阀进行喘振防护，从冷凝器至蒸发器连接一根连接管，当运行点到达喘振保护点而未达到喘振点时，通过控制系统打开热气旁通电磁阀，将高温气体从冷凝器排到蒸发器，降低冷凝器的压力并提高蒸发器的压力，这样在降低了压缩机压比的同时提高了压缩机的排气量，从而避免了喘振的发生。设计合适的控制算法用于电磁阀的自动开启是关键。虽然这种调节方法经济性有所欠缺，但从设计成熟性、生产经济性考虑，多数离心式制冷机组生产厂家都有旁通设计的成熟产品。

3. 多级压缩

通过多级压缩可以降低压缩机转速。一般任何一级压缩发生喘振，都会影响到整机的正常工作。压缩机的级数越多，性能曲线就越陡，工作范围就越小；但在同样的压比工况下，采用多级压缩可大大降低压缩机的转速，增大稳定工况区域。离心式压缩机出口的速度可分解为切向速度和径向速度。切向速度取决于叶轮的直径与叶轮的转速，径向速度与制冷剂流量成正比。通过多级压缩控制合速度与切向速度的夹角不小于一定值可有效避免喘振。

4. 采用可变截面扩压器调节

（1）可转动扩压器

当流量减小时，一般在扩压器中首先产生严重的旋转脱离而导致喘振。当流量变化时，通过改变扩压器流道的进口几何角，以适应工况的变化，使冲角不至于很大，则可使性能曲线向小流量区大幅度移动，扩大稳定工况范围，使喘振流量大为降低，达到防喘振的目的。该防喘振控制方式在相关产品中已得到具体应用。

（2）可移动式扩压腔

当离心式冷水机组的压比（提升力）一定时，机组的运行负荷将影响机组是否发生喘振。对于离心式冷水机组来说，当运行负荷降低时，压缩机的导叶逐渐关闭，吸气量降低，如果扩压腔的通道面积不变，则气体的流速降低；当气体的流速无法克服扩压腔的阻力损失时，气流会出现停滞，由于气体动能的下降，转化的压力能也降低；当气体压力小于排气管网的压力时，气体发生倒流，喘振发生。

图 4-44 所示为某公司产品的可移动式排气散流滑块设计。当机组在满负荷下运行时，滑块完全打开，扩压腔通道最大，气体以均匀的流速被排出叶轮。当机组运行负荷降低时，可移动式滑块逐渐向内侧运动，扩压腔的通道面积减小，但气流仍可保持均匀的速率，即机组具有足够的动能，在扩压腔中进行转换后获得足够的压力能，从而克服扩压腔的阻力，进入冷凝器，避免喘振的发生。采用这种可移动式扩压腔防喘振装置，机组一般可以在 10％～100％的范围内平稳运行，不发生喘振。

图 4-44　可移动式排气散流滑块

（3）可变扩压器

可变扩压器的研制是为了解决离心式压缩机的低负荷噪声和振动问题。随着设计的不断改进演变，该项技术得到逐步推广。其原理是根据离心式压缩机流量的大小改变扩压器通道的宽度，避免气流旋转失速和喘振现象的发生，从而解决离心式压缩机在部分负荷时噪声和振动急剧增加的问题。这一技术的应用不仅大大降低了离心式压缩机在部分负荷下的噪声及振动水平，进而改善了由于离心式制冷剂压缩机喘振振动问题带来的密封及轴承的损坏，大大提高了压缩机的可靠性，而且压缩机的运行范围得到进一步扩展，使得其可以在更低的负荷下安全稳定运行，提高了离心式压缩机的运行效率。

（二）能量调节

大多数离心式压缩机在实际运行时都是在一定工况范围内工作，仅在一个工况运行的情况较少。所以，除提高设计点的效率之外，提高离心式压缩机的调节性能也是节约能源的有效途径之一。为了适应空调负荷的变化和实现安全经济运行，需要对离心式压缩机的能量进行调节。目前，能量调节方法有变转速调节、进口导流叶片调节、可变截面扩压器调节以及多种方式组合调节等。

1. 变转速调节

变转速调节通过改变压缩机的转速来调节排气量。这种调节方法具有运行经济性高、制造简便、构造较简单的优点。采用变转速调节，制冷量可以在 50%～100%范围内改变。

传统的离心式压缩机基本上采用导流叶片的能量调节方式，由于压缩机的转速不变，压缩机提供的压头不能自动匹配系统的实际压头需求，且导流叶片调节导致压缩机效率有较大的衰减，因此，当机组运行偏离设计工况点时机组的效率较差。而变转速调节方法通过压缩机转速的变化，能够实现系统负荷和系统压头之间的自动匹配，不同的系统负荷下压缩机效率都维持在较高水平，且在控制流量的同时大大降低压缩机功耗（与转速的三次方成正比的特性），大幅提升离心式冷水机组的效率。

离心式压缩机使用变频调速装置不但节约能源，而且具有以下明显优势：

（1）加强卸载能力。当冷凝器入口水温过低时，变频调速装置能够进一步加强单级离心式压缩机的卸载性能。因为它在导流叶片关闭之前改变转速，能够更精确地与低负荷工况相匹配，避免机组不必要的停机，从而更好地控制冷水温度，并且可以有效地消除低负荷时的喘振。

（2）降低运行噪声。离心式压缩机所产生的噪声主要来自高速排入冷凝器的制冷剂。采用变频调速装置后，噪声得到大大降低。因为在低负荷、低压头时，它降低了压缩机的转速和制冷剂的排气速度，在任何非设计工况下都能降低噪声。

（3）提高了功率因数。由于采用了谐波滤波器，无论在何种工况下，变频调速装置都能够自动将功率因数修正至0.95，甚至更高。

2. 进口导流叶片调节

带可调进口导流叶片的离心式压缩机具有良好的调节性能。利用设置在压缩机叶轮前的进口导流叶片，使进口气流产生旋转，从而使叶轮加给气体的动能发生变化。

由定速电机驱动的离心式压缩机几乎全部采用这种调节方法，在诸多工业生产领域有着广泛的应用。采用这种调节方法，制冷量可以在25%～100%范围内变化。这种调节方法可以手动，也可以根据冷水的温度（或蒸发温度）进行自动调节。

3. 可变截面扩压器调节

可变截面扩压器可随机组负荷变化而自动调节，根据离心式压缩机流量的大小改变扩压器通道的宽度或者调节气流通道面积和气流方向，实现机组能量调节。使用可变截面扩压器可以极大地改善机组部分负荷性能，提高部分负荷时机组运行的稳定性。

4. 多种方式组合调节

随着可变扩压器技术的不断演变改进，近年来出现了一种使用可变扩压器结合变频技术调节离心式压缩机冷量的能量调节技术。这种技术利用可变扩压器排气节流的特点降低压缩机的吸气流量；降低了旋转失速和喘振现象的发生几率，进而扩宽了压缩机的运行范围；与变频技术结合使用可以大大提高离心式压缩机部分负荷的效率；同时可以省去机构复杂的进口导流叶片，进而大大提高压缩机的可靠性。

（三）运行范围的拓展

离心式压缩机运行范围的拓展可以通过多级压缩、经济器补气循环以及可变截面扩压器调节技术等实现。

1. 多级压缩

压缩机的级数越多，性能曲线就越陡，工作范围就越小；但采用多级压缩，在同样的压比工况下，可大大降低压缩机的转速，增大稳定工况区域。通常情况下，单级离心式压缩机如不采用热气旁通等措施，最小负荷只能达到30%～40%，而多级离心式压缩机能够在低至10%～20%的负荷下运行时不会喘振。因此，采用多级压缩的机组效率高，可以在较为广阔的范围内有效运行，同时避免热气旁通阀进行冷量调节时所造成的能量损失，并较为有效地避免喘振的发生。

相对于单级压缩，在同样流量及压缩比下，多级压缩叶轮轴的转速较低，从而使压缩机的运行较稳定。在同样的流量和压缩比下，级数越多，转速越低，中间补气增加，吸入口流量减小，噪声值也就越低，实现了高频区域的低噪声化。另外，多级压缩可以在级间增加经济器，降低排气温度。因多级压缩有利于降低叶轮转速，叶轮转速低可以降低振动值，减少轴承的磨损，从而延长机组的寿命。

2. 经济器补气循环

借鉴在工业冷冻系统和螺杆式压缩机中应用比较成熟的经济器补气制冷循环，充分发掘变频离心式压缩机的节能潜力。对采用带经济器的离心式压缩机的冷水机组进行试验测试和分析，结果表明：采用经济器后，制冷量和能效比均有所增加，可以达到节能的目的，并且存在最优的补气压力；经济器对于空调工况节能效果依然明显；经济器对于不同工况条件同样具有节能效果，可以优化控制逻辑增加经济器开启范围。图4-45所示为带经济器的离心式冷水机组的制冷循环压焓图及其与不带经济器机组的性能对比图。

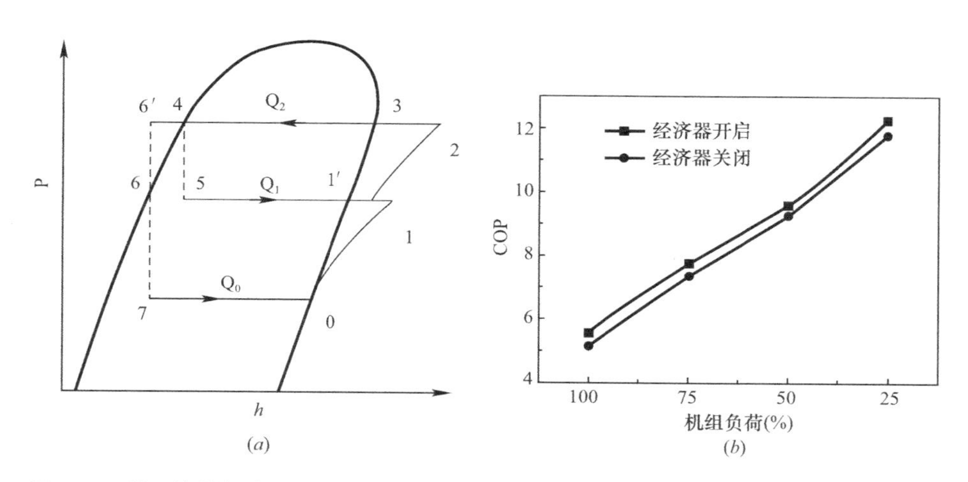

图4-45 带经济器的离心式冷水机组的制冷循环压焓图与不带经济器机组的性能对比图

(*a*) lg*p*-*h*；(*b*) COP

二、典型产品

磁悬浮轴承是一种利用磁场使转子悬浮起来，从而在旋转时不会产生机械接触，不会产生机械摩擦，不再需要机械轴承以及机械轴承所必需的润滑系统。因此，近年来推出了使用磁悬浮轴承的离心式压缩机产品。

图4-46所示为丹佛斯生产的TT系列离心式压缩机。该系列压缩机配备径向和轴向磁轴承使得轴实现悬浮，从而避免金属之间的接触，并因此避免摩擦及润滑要求。该系列压缩机采用R134a制冷剂，最高压比达到5.2，最大转速为40000r/min，制冷量范围为210～700kW。

气悬浮变频离心式压缩机，如图4-47所示，COP高达6.23，AHRI基准下*IPLV*值为10.76，冷量范围100～300冷吨。采用无油润滑系统，具有低噪声、低振动的特点。

图 4-46　丹佛斯离心式压缩机

图 4-47　气悬浮变频离心式压缩机

三、发展趋势

（1）应用以大中型冷水机组为主，在数据中心、区域能源中心的应用，以及余热利用高温热泵机组是离心式压缩机发展的方向。

（2）随着国家节能政策的不断推动，国家能效标准对于冷水机组的能效水平要求进一步提升，标准引领了行业技术的发展，冷水机组的节能性能评价指标已经从传统的单点式指标转为综合评价指标，我国和国际上普遍采用综合部分负荷系数 *IPLV* 作为全年效率的评价指标。为了满足冷水机组的高能效水平，多级压缩是离心式压缩机的主要发展方向。

（3）离心式压缩机的冷量范围向大冷量和小冷量不断扩充。在大冷量方向，通过多级压缩技术的应用，拓展其冷量范围，满足不同的应用需求；在小冷量方向，通过磁悬浮轴承等技术的应用，向传统螺杆式压缩机的适用范围拓展，以此拓展其产品应用范围和产品竞争力。

（4）中高压变频大冷量产品的应用。随着变频技术的发展和广泛应用，近年来市场上逐渐推出的中高压变频器，其电压范围为 2300～13800V，最大功率可达 2500hp，所覆盖的机组的最大制冷量可以达到 3000 冷吨以上，中高压变频器的应用使得变频技术所带来的优势被应用于更宽广范围的冷水机组产品。

（5）高速电机直驱型离心式压缩机。利用高速直驱型电机直接驱动叶轮实现压缩机的压缩过程，取消了传统离心式压缩机齿轮增速装置，有效减小了压缩机的机械损失，同时避免了齿轮啮合的高频噪声，降低了压缩机的噪声水平，使得离心式压缩机的体积更小、质量更轻，并可以有效提高离心式压缩机的效率。

第六节　发展与展望

压缩机经过多年的发展，围绕着制冷剂替代、可靠性提升、能效提高以及成本降低等主题，产品及技术发生了翻天覆地的变化。未来压缩机将朝着智能制造、环保、节能、高可靠性、宽工况以及低成本等方向发展。

智能制造是我国制造业未来的趋势，发展智能制造能进一步推动制造业技术水平的发展。发展压缩机智能制造产业是加快推进先进制造技术、信息技术、智能技术融合集成，推动压缩机行业由生产传统装备向生产智能装备，由流水线批量生产向个性化生产和便捷化服务转变。智能制造将会提高压缩机企业竞争水平，促进压缩机技术的发展，对提升企业生产效率、降低成本起到重要的推动作用，使压缩机行业发生革命性的突破和转变。

制冷剂替代是压缩机技术发展的重要部分，开发使用环保制冷剂的压缩机主要围绕三个方面：(1) 压缩机工作容积的尺寸重新调整，以适应不同流量和压力的要求；(2) 压缩机中与制冷剂接触的各种材料之间的相容性，如合成橡胶和润滑油；(3) 考虑到制冷剂的可燃性，压缩机各部件的安全性需要重新设计。在制冷空调行业发展进程中，压缩机技术须紧跟制冷剂替代的进程，研发相应的环保制冷剂压缩机产品，为制冷空调行业的发展提供保障。

压缩机的节能一直是行业关注的话题，随着各类能效标准的制定，给压缩机能效提出了越来越高的要求，使得压缩机节能技术的发展面临挑战。从压缩机节能技术现状来看，压缩机的节能技术发展趋势主要为零部件设计加工技术提升、电机性能的提升和开发、变容量调节技术以及系统的匹配等方面。零部件设计加工可以减少摩擦损失，减少泄漏，从机械结构方面提升压缩机能效。离心式压缩机的无油技术，如磁悬浮轴承技术等对提高能效有较好的效果，目前已得到了一定的推广应用。电机的改进包括材料的选择、高速电机等。新型电机的研发包括永磁电机、开关磁阻电机等。变容量调节技术是应对变工况运行而发展的压缩机节能技术，未来将继续对压缩机的变频技术、活塞式压缩机的气缸卸载调节、离心式压缩机的可变扩压器调节、螺杆式压缩机的滑阀调节等技术展开深入研究。系统的匹配对于压缩机能效的提升起着重要作用。在变容量调节技术中，变频技术是压缩机节能的重要手段。变频压缩机主要的研发方向是解决低速运转时的振动问题和润滑油供给问题，高速运转时的轴承负荷问题、摩擦和磨损问题以及设计制造问题等。随着压缩机的节能要求越来越高，变频压缩机将逐步取代定频压缩机，成为压缩机的主流产品，未来变频螺杆式压缩机和变频离心式压缩机将拥有广阔的发展空间。

随着供热及冷冻冷藏领域的应用越来越广泛，未来对于热泵及冷冻冷藏用压缩机的开发将受到越来越多的关注。现有的压缩机已经不能满足热泵及冷冻冷藏应用需求，能效达不到国家标准的要求。压缩机运行范围的拓展为压缩机的应用和市场开辟了新的渠道。采用补气、喷液、双级和多级压缩等技术，拓宽压缩机的运行范围，可保障压缩机在极端工况下的可靠运行。一方面，可以采用喷液补气的方案拓宽压缩机的运行范围；另一方面，可以根据热泵及冷冻冷藏专用压缩机的需求，开发大压比压缩机。

压缩机成本的降低不仅是现在也是未来企业追求的目标。在压缩机设计、生产、检测、销售各个环节，相关的技术将得到应用和发展。计算机技术的应用，将会随其技术的发展发挥显著作用。基于成本控制和应对运输制冷设备等轻量化的要求，在保证产品可靠性的前提下，设计兼顾轻量化已成为压缩机的重要发展方向。特别是对于全封闭压缩机，通过电机芯体优化及新型材料应用、泵体与整机结构紧凑化节材设计等要素研究，可实现压缩机尺寸减小、轻量化和总成本降低的目的。铝电机成为压缩机优化成本理想的方向，相关技术已经得到应用，未来有一定的发展空间。

本章参考文献

[1] 韩杰，谢元华. 活塞式压缩机的研究进展 [J]. 节能，2014 (12)：17-23.

[2] 邱传惠，张秀平. 活塞式制冷压缩机技术现状及发展趋势 [J]. 制冷与空调，2014 (4)：4-5.

[3] 高磊，侯峰. 低温用半封闭螺杆式压缩机的现状及发展趋势 [J]. 制冷与空调，2015 (2)：69-74.

[4] 胡继孙，何亚峰. 涡旋式制冷压缩机应用和技术现状及发展趋势 [J]. 制冷与空调，2016 (4)：1-6.

[5] 王学军，郑治国，葛丽玲. 离心压缩机结构形式发展现状与展望 [J]. 化工设备与管道，2015 (2)：23-27.

[6] 史敏，钟瑜. 我国容积式制冷压缩机名义工况一致性研究 [J]. 制冷学报，2014 (12)：102-108.

[7] 缪道平，吴业正. 制冷压缩机 [M]. 北京：机械工业出版社，2001.

[8] 郝杰，畅云峰，郭蔚. 滚动活塞压缩机的研究现状及发展趋势 [J]. 压缩机技术，2004，(2)：44-45.

[9] 张立钦，邹慧明，徐洪波，田长青. 小型制冷装置用线性压缩机的研究及应用 [J]. 压缩机技术，2008，(5)：1-6.

[10] 李强，李涛，郝亮，等，喷液在制冷系统中的应用 [J]. 制冷与空调，2005，(5) 3134

[11] HONGHYUN C，JIN T C，YONGCHAN K. Influence of liquid refrigerant injection on the performance of an inverter driven scroll compressor [J]. International Journal of Refrigeration，2003，26：87-94.

[12] DUTTA A K，YANAGISAWA T，FUKUTA M. An Investigation of the performance of a scroll compressor under liquid refrigerant injection [J]. International Journal of Refrigeration，2001，24：577-587.

[13] 殷翔，孙帅辉，曹锋. 吸气喷液对涡旋压缩机及系统性能的影响 [J]. 制冷学报，2015，(6)：12-16.

[14] 李雪琴，王君. 喷液涡旋压缩机气液增压过程模型研究 [J]. 流体机械，2010，(6)：13-16.

[15] ERIC L W，JEAN L. Scroll compressors using gas and liquid injection：experimental analysis and modeling [J]. International Journal of Refrigeration，2002，25：1143-1156.

[16] 刘强，樊水冲，何珊. 喷气增焓涡旋压缩机在空气源热泵热水器中的应用 [J]. 流体机械，2008，36：68-72.

[17] 刘敬辉，徐恺. 涡旋式压缩机在低温冷冻领域应用的实验研究 [J]. 制冷与空调，2014，14：99-101.

[18] 许树学，马国远. 两次中间补气涡旋压缩机的工作特性 [J]. 制冷学报，2015，36：40-44.

[19] 夏楠. 数码涡旋及变频多联机空调系统的市场分析 [J]. 机电信息，2011，15：220-222.

[20] 石磊. 数码涡旋与变频技术的对比分析 [J]. 制冷技术，2006 (2)：25-28.

[21] 杜海存，涂传毅，高国珍. 数码涡旋与变频 VRV 中央空调系统性能比较 [J]. 江西能源，2005，(1)：18-20.

[22] HU S C，YANG R H. Development and testing of a multi-type air conditioner without using

AC inverters [J]. Energy Conversion and Management，2005，46：373-383
[23] 詹跃航，张辉，谭建明，等. 多联空调机组两种技术路线分析 [J]. 流体机械，2005，33（增刊）：341-345.
[24] 刘骥，李智，虞维平. 数码涡旋与变频技术在VRV空调系统中能效分析 [J]. 建筑节能，2008，(2)：28-32.
[25] 邓曙光，陈汝东. 变频与数码涡旋技术在空调系统中的应用 [J]. 制冷空调与电力机械，2009，(1)：45-49.
[26] 郝璟瑛，李连生，赵远扬，等. CO_2 涡旋制冷剂压缩机研究进展 [J]. 通用机械，2010，(10)：82-85.
[27] 王伟，杨晓倩，高飞，等. CO_2 涡旋式压缩机改进设计 [J]. 制冷与空调，2014，14（10)；83-85.
[28] HIWATA A. IIDA N，FUTAGAMI Y，et al. Performance investigation with oil-injection to compression chambers on CO_2 scroll compressor [C]//Proceedings of International Compessor Engineeing Conference at Purdue. USA，2000.
[29] HASEGAWA H，IKOMA M. NISHIWAKI F. et al. Experimental and theoretical study of hermetic CO_2，scroll compressor [C]//Proceedings of International Compressor Engineering Conference at Purdue. USA，2000.
[30] 杨德玺，俞炳丰. CO_2 跨临界压缩机研究进展 [J]. 制冷与空调，2006，(6)：8-14.
[31] 幸野雄，孙自伟. 热泵热水器用高输出 CO_2 涡旋式压缩机的开发 [J]. 家电科技，2008 (Z2)：37-52.
[32] 张宝，王传富. R32 涡旋式压缩机开发 [J]. 制冷与空调，2012，12：52-54.
[33] 周英涛，刘忠赏，R32 制冷剂空调压缩机应用试验研究 [J]. 制冷与空调，2011，11：53-55.
[34] GUO W H，JI G F.，ZHAN H H. et al. R32 compressor development for air conditioning applications in china [C]//Proceedings of International Compressor Engineering Conference at Purdue. USA，2012.
[35] 黄俊军，王石，李庆伟. R32 制冷剂在变频喷气增焓涡旋压缩机中的应用研究 [C]//第二届中国制冷空调专业产学研论坛论文集，北京，2013.
[36] 韩杰，谢元华，李拜依. 活塞式压缩机的研究进展 [J]. 节能，2014，(12)：17-23.
[37] 刘文利，宋爱华. 开利活塞式制冷剂压缩机电磁式能调机构工作分析 [J]. 制冷，2012，31 (4)：70-72.
[38] 饶恕. 活塞式压缩机气量分时调节系统的研究 [D]. 武汉：武汉理工大学，2009.
[39] 梁涌. 往复压缩机气量无级调节系统的原理及应用 [J]. 压缩机技术 2007 (3) 13-17.
[40] 金江明. 活塞式压缩机排气量无级调节系统关键技术的研究 [D]. 杭州：浙江大学，2010.
[41] 郝华杰，申晓亮. 变频压缩机的研究现状 [J]. 制冷技术，2010，38 (7)：52-54.
[42] 王枫，郭强，李连生. 半封闭活塞式制冷剂压缩机喷液的研究 [J]. 制冷学报，2010，31 (5)：29-33.
[43] 邢万坤，谷绪英，邵继东. 活塞式压缩机气缸换热的研究 [J]. 吉林化工学院学报，2011. 28 (3)：80-83.
[44] 刘卫华，夏文庆，昂海松. 风冷压缩机气缸冷却效果的实验研究 [J]. 南京航空航天大学学报，2002，34 (5)：493-497.
[45] 黄爱华，吴秀琴. R134a 小型活塞式制冷剂压缩机气缸头部积炭现象的原因分析 [J]. 压缩机技术，2011，(5)：50-52.

[46] 仇颖，李红旗，吕亚东. 活塞式制冷剂压缩机吸排气消声腔的声学分析和测量 [J]. 2006，34 (11)：16-18.
[47] 赵斌. 活塞式压缩机气体动力性噪声控制研究 [J]. 煤矿机械，2010，31 (4)：43-44.
[48] 徐俊伟，吴亚峰，陈耿. 气动噪声数值计算方法的比较与应用 [J]. 噪声与振动控制，2012，(4)：6-10.
[49] 谢洁飞，金涛，童水光. 直线压缩机的研究现状与发展趋势 [J]. 流体机械，2004，2 (12)：31-35.
[50] 陈楠，唐亚杰，徐烈. 线性压缩机用动磁式直线电动机 [J]. 上海交通大学学报，2007，3：473-478.
[51] ANTONIO J L，MARCUS V C A，JADER R B. Analysis of oil pumping in a reciprocating compressor [C]//Proceedings of International Compressor Engineering Conference at Purdue. USA，2008.
[52] 江海峰，安青松，史琳. HFC32/PVE 的材料相容性实验研究 [J]. 工程热物理学报，2012，33 (7)：1101-1104.
[53] 王汝金，张秀平，贾磊，等. R32 制冷剂与冷冻机油的相溶性测定 [J]. 低温与超导，2014，(8)：59 64.
[54] 王枫，米小珍，慕光宇，等. 润滑油循环率对活塞式制冷剂压缩机性能影响的实验研究 [J]. 制冷学报，2014，35 (3)：33-38.
[55] 邱传惠，张秀平，等. 活塞式制冷剂压缩机技术现状及发展趋势 [J]. 制冷与空调，2014，14：1-5.
[56] 秋红丽，余江海，刘敬解. 螺杆式压缩机能量调节方式的对比测试研究 [J]. 制冷与空调，2012，12 (5)：73-74.
[57] 金立军，张淑存，余心源. 采用柱塞式电磁阀的单螺杆压缩机气量调节方法 [J]. 流体机械，2006，34：50-54.
[58] 秦黄辉. 带闪蒸型经济器的风冷螺杆热泵机组性能的实验研究 [J]. 制冷学报. 2013，34 (5)：55-58.
[59] 何永宁，杨东方，曹锋，等. 补气技术应用于高温热泵的实验研究 [J]. 西安交通通大学学报，2015，49 (6)：103-108.
[60] 姜韶明. 冷冻螺杆压缩机的行业现状与发展趋势 [C]//2012 年制冷空调行业压缩机应用技术现状及发展趋势专题研讨会. 合肥，2012.
[61] 钱宏. 浅谈半封闭单机双级螺杆压缩机在食品冷藏链中的节能优势 [J]. 冷藏技术. 2011，(4)：40-43.
[62] 李军. 螺杆式双级压缩系统的分析应用（上）[J]. 制冷与空调 2004，4 (4). 52-56.
[63] 李军. 螺杆式双级压缩系统的分析应用（下）[J]. 制冷与空调 2004，4 (5). 66-85.
[64] 陈浩然，陈奎，赵冬，等. 离心式压缩机防喘振方法的应用现状 [J]. 重庆理工大学学报(自然科学版)，2015，(3)：34-38.
[65] 李含瑛，王瑾，柳建华，等. 离心式冷水机组的喘振机理及防止方法 [J]. 暖通空调，2005，(7)：133-136.
[66] 郑水成，董爱娜. 离心式压缩机防喘振控制系统设计探讨 [J]. 石油化工自动化. 2015，(2)：16-21.
[67] KONG C，KI J. Components map generation of gas turbine engine using genetic algorithms and engine performance deck data [J]. Trans ASMEJ Eng Gas Turbines Power，2007，129

(2): 312-317.
[68] CUZEL' BAEV YA Z, KHAVKIN A L KHISAMEEV I G. Methods of rotating stall and surge detection in centrifugal compressors [J]. Chemical and Petroleum Engineering, 2006, (5): 34-39.
[69] SNELL P W. Variable geometry diffuser: US005116197A [P], 1992.
[70] NENSTIEL K. Variable geometry diffuser mechanism: US6872050B2 [P], 2005.
[71] BODELL M R. STABLEY RE. Control system: US7905102B2 [P], 2011.
[72] SUMMER STEVEN T, JR JOHN T. Compressor control system using a variable geometry diffuser: US8507207B2 [P], 2013.
[73] JONSSON U J, SNELL P W, MORSE R A, et al. Design of seal cavities in refrigeration compressors [C]//Proceedings of International Compressor Engineering Conference at Purdue. USA, 2000.
[74] 万时杰. 离心式制冷剂压缩机应用现状及发展趋势 [C]//2012 年制冷空调行业压缩机应用技术现状及发展趋势专题研讨会. 合肥, 2012.
[75] TEEMU T S, PEKKA R, JUHA H. Predicting off-design range and performance of refrigeration cycle with two-stage centrifugal compressor and flash intercooler [J]. Inter-national Journal of Refrigeration, 2010, 33: 1152-1160.
[76] 袁杰, 喻锑, 黄睿. 离心式制冷剂压缩机设计参数优化方法 [J]. 风机技术, 2014, (21): 95-97.
[77] 王继鸿, 陈曦. 经济器对磁悬浮离心压缩机性能影响的研究 [J]. 制冷技术, 2014, 34: 17-20.
[78] 刘洋. 制冷循环中经济器设置的数量对压缩机功率的影响分析 [J]. 化工工程设计, 2015, 25: 27-30.
[79] MILAN N. SAREVSKI, VASKO N. SAREVSKI Preliminary study of a novel R718 refrigeration cycle with single stage centrifugal compressor and two-phase ejector [J]. International Journal of Refrigeration, 2014, 40: 435-449.

第五章　制冷空调自控技术

制冷空调系统或设备，为保证温控指标、节能及系统安全运行的需要，必须使用自控系统。制冷空调系统对自控技术的需求促进了自控技术的发展，同时先进的自控技术产生后很快就会用到制冷空调设备上，使控制质量提高，节能效果更好。

第一节　自动控制原理

一个能够稳定工作的自动调节系统，都是在无人直接参与下，能使被调参数达到给定值或按预先给定的规律变化的系统。它一般是由发信器、调节器、执行器和调节对象组成的闭环负反馈系统。自动控制系统也可以看作是这样一个系统：它对一种变化或不平衡做出反应，通过调整其他参数，使系统恢复到所期望的平衡状态。

实际的控制系统可能复杂多样，但通常是基于最简单的控制回路的。一个简单的单回路自动调节系统框图如图 5-1 所示。要调节和控制的量是被调参数。对于制冷空调系统或设备，被调参数通常是温度、压力、液位等参数。发信器、调节器、执行器是调节设备。为使被调参数稳定在理想值（给定值），在调节器内的比较元件处设定给定值，用发信器测量被调参数的值，在比较元件处比较给定值 r 和测量值 z，得到偏差 e，注意这里 $e=r-z$。偏差信号是调节器的输入信号，调节器根据调节器自身的控制逻辑输出信号 p 给执行器，执行器动作带动执行器下部的调节机关通常是阀门（水阀、制冷剂阀或风门），使阀门开大或开小，阀门的开度大小直接导致流过阀门的流体流量大小发生改变，从而产生调节作用 q，干扰作用 f 和调节作用 q 共同作用在调节对象上，使被调参数的值调节到等于或接近给定值。上述循环反复进行，直到偏差 e 等于 0 或稳定在 0 附近的某一值，这时调节器不发出任何调节信号，执行器也不动作。直到干扰再次出现，偏差不再等于 0，这个调节回路再重复上述的调节过程，使被调参数等于或接近给定值。

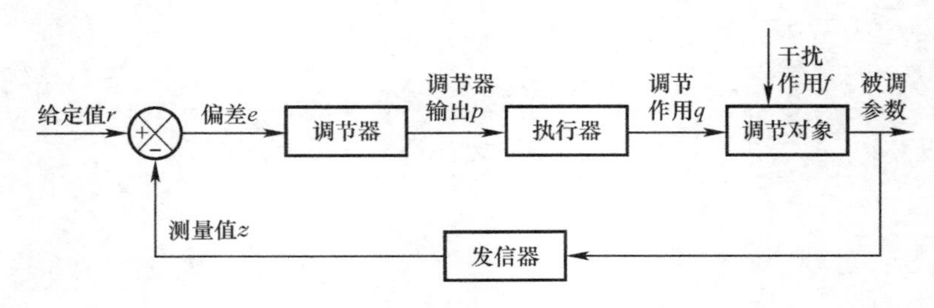

图 5-1　一个单回路自动调节系统框图

将调节系统的输出信号被调参数用发信器测量并引回调节系统输入端的比较元件，这个过程称为反馈。如果比较元件内包含一个正号和一个负号，这种反馈就称为负反馈。负反馈可使被调参数与给定值间的偏差逐渐减小。如果比较元件内包含两个正号，这种反馈就称为正反馈。正反馈会放大偏差信号，使被调参数与给定值间的偏差增大。制冷空调系统上的自控系统通常是负反馈系统。

图 5-2 给出一个用集中空调系统自动调节夏季室温的例子。采用一个空气处理机组处理空气。新风引入后，先和回风混合，然后混合风经空气处理机组内的盘管换热后，经风道送入空调房间，在空调房间经过热湿交换后，回风经回风口及回风道回到新风入口处再与新风混合，完成一个空气循环。

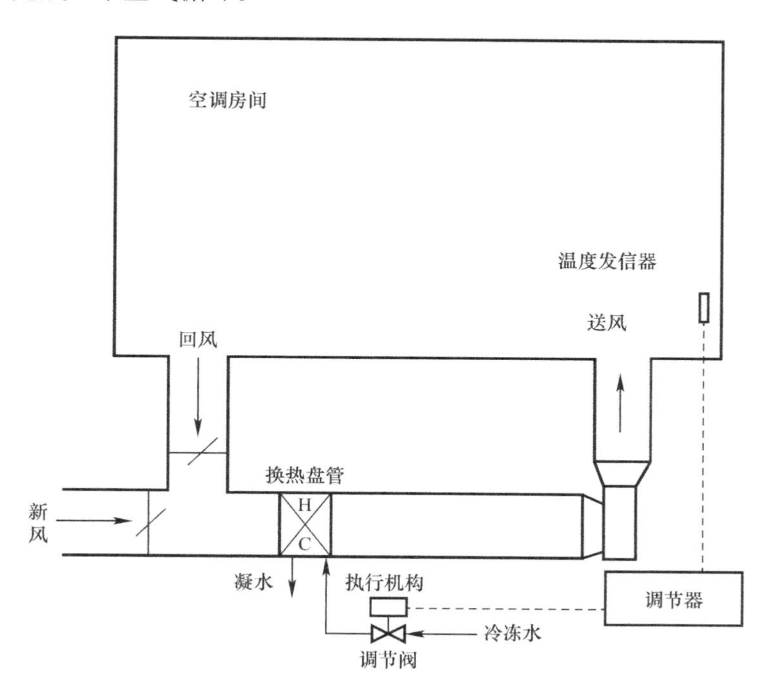

图 5-2　集中空调系统夏季的室温控制

这里使用了一个简单的自动控制系统控制室温。室温受流入房间的热量和流出房间的热量影响。如果流入房间的热量等于流出房间的热量，室温保持恒定；如果流入房间的热量大于流出房间的热量，房间升温；如果流入房间的热量小于流出房间的热量，房间降温。

流入空调房间的热量有通过围护结构传热进入房间的热量及由于太阳热辐射进入房间的热量、人和设备及灯光的散热、送风带入的热量。流出房间的热量有回风带走的热量。上述流入的热量及流出的热量能够人工控制的只有送风及回风携带的热量。

自动控温系统工作时，需设定室温为理想值，温度发信器放置于空调房间人的活动区域，温度发信器测量空调房间的实际温度，在调节器的比较元件处比较给定值和实际室温测量值的偏差，如果偏差小于 0，说明室温高于理想值，调节器输出调节信号给执行机构，执行机构动作开大冷水阀门，冷水阀门开大将导致混风经空气处理机组的换热盘管后，温度会进一步降低，较低温度的送风送入空调房间吸收室内的余热余湿，温度升高后的回风从回风口返回空气处理机组。送风温度越低，随送风进入空调房间的热量就越少，房间总的流入热量就小于总的流出热量，室温会降低。只要室温没达到或接近给定值，控温的反馈循环就会反复循环进行，偏差会逐渐减小，直到室温达到或接近给定值，室内流入、流出热量相等，室温将保持不变，直到干扰再次出现，室内流入、流出量不再相等，室温偏离给定值，控温循环又开始运行，直到偏差等于或接近给定值，热平衡重新建立为止。

第二节　调节系统的分类

带有反馈的调节系统是反馈调节系统。按给定值变化规律的不同，可以分为：

（1）定值调节系统：给定值为一确定的数值。制冷空调系统中定值调节系统应用普遍。例如：要求空调室温控制在25℃±0.5℃的系统就是定值调节系统，给定值为25℃。

（2）随动系统：给定值事先不确定，取决于系统以外某一进行着的过程，并要求系统的输出量跟着给定值变化。例如：火炮控制。

（3）程序控制系统：给定值是按预定规律随时间变化的函数，要求被控量迅速、准确地加以复现。例如：机加工数控机床的零件加工过程。

（4）自适应控制系统：能自动调整调节系统中调节器整定参数或控制规律的系统均称为自适应控制系统。例如：恒温水浴系统经常采用自适应控制系统。

（5）模糊控制系统：对于那些难以建立数学模型的复杂被控对象，采用传统的控制方法效果并不好。而看起来似乎不确切的模糊手段往往可以达到精确控制的目的。操作人员通过不断地学习、积累操作经验来实现对被控对象控制，这些经验包括对被控对象特征的了解、在各种情况下相应的控制策略以及性能指标判据。这些信息通常是以自然语言的形式表达的，其特点是定性的描述，所以具有模糊性。由于这种特性使得人们无法用现有的定量控制理论对这些信息进行处理，于是需探索出新的理论与方法。L. A. Zadeh教授提出的模糊集合理论，其核心是对复杂的系统或过程建立一种语言分析的数学模式，使自然语言能直接转化为计算机所能接受的算法语言，简称模糊控制（Fuzzy Control），是以模糊集合论、模糊语言变量和模糊逻辑推理为基础的一种计算机数字控制技术。

近年来随着计算机技术的发展，自适应控制、模糊控制应用越来越多。

第三节　调节过程与质量指标

一个自动调节系统的调节质量好不好需要用调节系统质量指标来衡量。在介绍调节质量指标前，需要先了解一下常用的干扰信号，因为调节的质量好不好，可以通过给调节系统一个干扰信号，看调节系统如何反应来进行评价。

常用的干扰信号有阶跃干扰信号、脉冲信号、斜坡信号及周期性波动信号。其中最常用的干扰信号是阶跃干扰信号。阶跃干扰如图5-3所示，即在某一时刻前没有干扰，某一时刻后，突然出现一个干扰幅值相同的干扰。

如果干扰幅值为 1，此阶跃干扰称为单位阶跃干扰。单位阶跃干扰的动态方程为：

$$f(t)=\begin{cases}0, & t<t_0\\ 1, & t\geq t_0\end{cases} \tag{5-1}$$

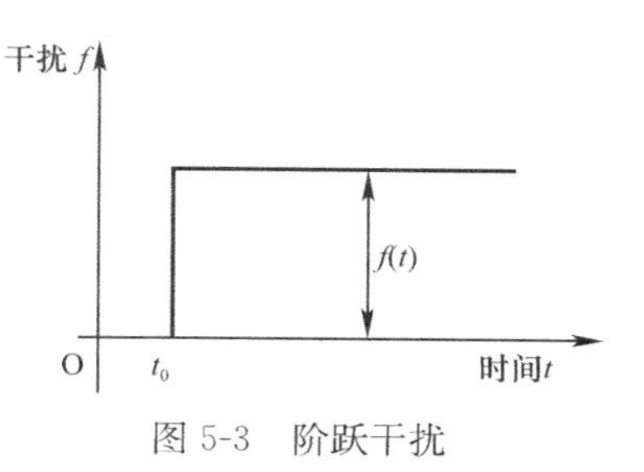

图 5-3　阶跃干扰

阶跃干扰可以有两种：一种是把设定值从一个值突然调到另一个值；另一种可以是其他的干扰，比如一个室温控制系统，房间突然进来十几个人，由于人体会发热，这十几个人突然进入空调房间，就是给室温控制系统施加了一个阶跃干扰。假设是后一种阶跃干扰施加到一个自动调节系统上，记录被调参数随时间的变化过程，就得到一条过渡过程曲线，如图 5-4 所示。分析过渡过程曲线可评价自动调节系统的调节质量。

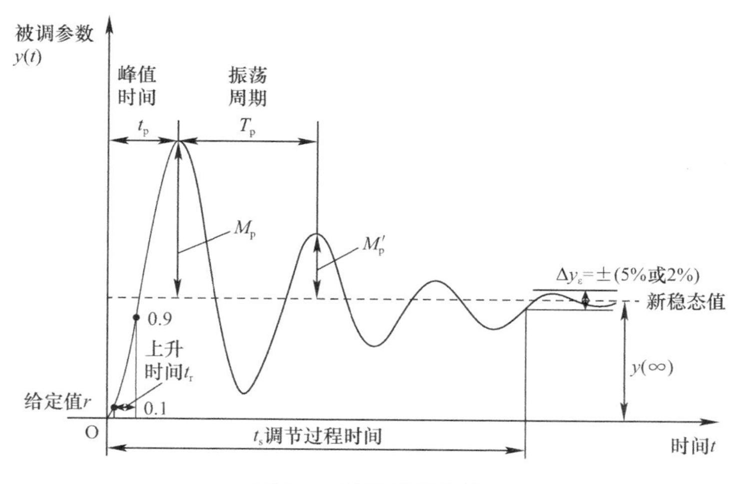

图 5-4　过渡过程曲线

评价自动调节系统的调节质量要从稳、准、快三个方面来考察。稳是指稳定性，准是指准确性，快是指快速性。其中稳定性是最重要的指标。自动调节系统必须具有稳定性才能达到控制被调参数的目的。

稳定性常用衰减率 φ 或用衰减比 n 来衡量。衰减率 φ 可用下式计算：

$$\varphi=\frac{M_p-M_{p'}}{M_p} \tag{5-2}$$

从图 5-4 可以看出，$\varphi>0$ 时，曲线减幅振荡，最终总能稳定到新稳态值。而 $\varphi<0$ 时，曲线增幅振荡，振荡的幅度越来越大，永远不可能稳定到新稳态值。因此衰减率 φ 大于 0，控制系统能稳定，并且 φ 等于 0.75 最理想，因为在这种情况下，过渡过程曲线振荡 2～3 下就可稳定下来。$\varphi=0$ 时，曲线等幅振荡，如果等幅振荡的范围不超过控制参数的允许范围，这样的控制系统也可以使用，但如果 $\varphi<0$，系统发生振荡，就达不到控制要求，必须重新整定控制器（调节器）的控制参数，使系统工作稳定。

调节系统的稳定性还可用另一参数衰减比来评价，衰减比 n 的定义为：

$$n=\frac{M_p}{M_{p'}} \tag{5-3}$$

调节系统保证了稳定性后，再考虑准确性和快速性。

准确性要求动态偏差、静态偏差越小越好。动态偏差是指第一峰值超出新稳态值的量，即过渡过程曲线中的 M_p。静态偏差也称残余偏差或稳态偏差，表示调节系统受到干扰后，达到新平衡时，被调参数的给定值与新稳态值之差。即 $e(\infty)=r-y(\infty)$。

快速性要求调节过程时间 t_s、上升时间 t_r、峰值时间 t_p 越小越好。调节过程时间 t_s 是指调节系统受到干扰作用，被调参数开始波动到进入新稳态值上下 2%～5%范围所需的时间。上升时间 t_r 是调节系统受到干扰作用，被调参数达到新稳态值的 10%到新稳态值的 90%处所需的时间。峰值时间 t_p 指过渡过程达到第一峰值所需的时间。其中峰值时间和上升时间可看出自控系统遇到干扰后反应的初始快速性。

过渡过程曲线上，相邻两个波峰所经历的时间，或振荡一周所需的时间，叫振荡周期 T_p。

制冷空调对象属慢速热工对象，有些参数（例如温度）的调节目的是为了改善工作和生活条件，对调节过程时间要求不严，对动态偏差要求也不严格，只对静态偏差要求严格，因此设计制冷空调领域的自动调节系统时，可突出稳定性和静态偏差两个指标，而把其他质量指标放在次要地位。

如果阶跃干扰是将给定值从一个值突然调到另一给定值，则得到的过渡过程曲线如图 5-5 所示。这种情况静态偏差 $e(\infty)=r-y(\infty)=0$

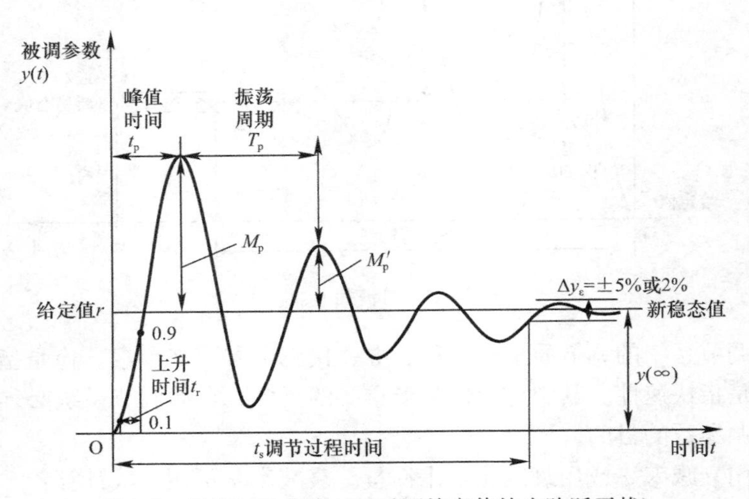

图 5-5　过渡过程曲线（通过调给定值给出阶跃干扰）

第四节　调节对象特性

调节对象是调节系统中最基本的环节，一切调节设备都服务于它，并根据调节对象特性来设计和调整调节系统。调节系统调节质量的好坏不但与调节器的特性有关，更与调节对象的特性有关。调节对象的特性一定程度上决定了调节过程和调节质量。研究清楚调节对象特性是设计好调节系统的基础。

调节对象特性包括静态特性和动态特性两个部分。静态特性指调节对象的放大系数 K。动态特性指时间常数 T 和迟延 τ。用实验的方法可获得调节对象的特性，常用的方法是反应曲线法。具体做法是向调节对象施加一单位阶跃干扰，得到如图 5-6 所示的反应曲线，注意记录反应曲线时，调节系统必须断开，如果不断开将得到过渡过程曲线。

由阶跃干扰线和反应曲线可确定出 τ、T 和 K 这个参数的值。

$$\tau = t_1 - t_0 \tag{5-4}$$

$$K = \frac{y_\infty - y_0}{\Delta f} \tag{5-5}$$

而时间常数 T 可从反应曲线图上求得，即：在反应曲线上找到 63.2%新稳态值点，过此点作垂线与时间轴交于 t_2，则

$$T = t_2 - t_1 \tag{5-6}$$

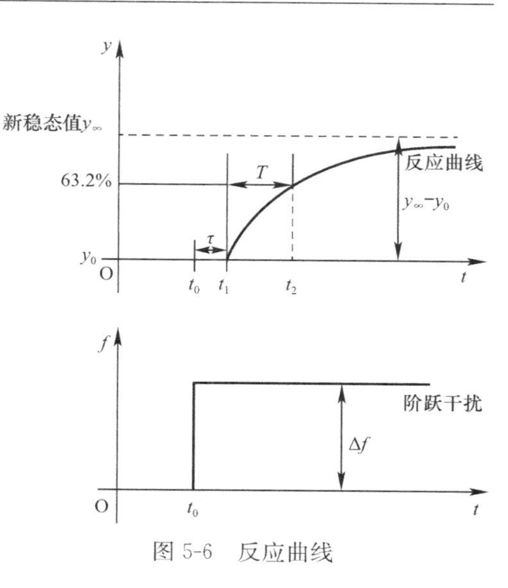

图 5-6　反应曲线

如果已知调节对象特性参数 τ、T 和 K 就可计算出 τ/T，可以依据调节对象特性 τ、T、K、τ/T 合理选择调节器及确定 PID 调节器的整定参数。

第五节　调　节　器

一、调节器的分类

调节器的输入信号是给定值与测量值间的偏差，输出信号给执行器。输出信号与输入信号之间存在一定的数学关系。

调节器按输出信号与输入信号间的关系，可分为如下几种：

（1）双位调节器：$m(t)=\begin{cases}M_1, & e(t)<0\\ M_2, & e(t)>0\end{cases}$

（2）比例调节器（P）：$m(t)=K_\mathrm{p}e(t)$

（3）积分调节器（I）：$m(t)=\int_0^t e(t)\mathrm{d}t$

（4）比例积分调节器（PI）：$m(t)=K_\mathrm{p}e(t)+\int_0^t e(t)\mathrm{d}t$

（5）比例微分调节器（PD）：$m(t)=K_\mathrm{p}e(t)+K_\mathrm{d}\dfrac{\mathrm{d}e(t)}{\mathrm{d}t}$

（6）比例积分微分调节器（PID）：$m(t)=K_\mathrm{p}e(t)+\int_0^t e(t)\mathrm{d}t+K_\mathrm{d}\dfrac{\mathrm{d}e(t)}{\mathrm{d}t}$

调节器也可划分为直接作用式调节器和间接作用式调节器。直接作用式调节器是指发信器、调节器和执行器都做成一体的设备，如制冷系统上常见的热力膨胀阀就是一种直接作用式调节器。

间接作用式调节器，可以是单独的调节器，也可以将发信器和调节器制作在一起，但和执行器不是一体的。例如 PID 调节器，就属于间接作用式调节器。

直接作用式调节器的优点是结构简单、紧凑、价格便宜、密封性好。因此被广泛用于制冷、空调的一般控制中。但它灵敏度及精度低，不能用于调节质量要求高的场合。间接作用式调节器的优点是调节器灵敏度高、作用距离长、输出功率大、便于集中控制及采用计算机控制等；缺点是常需要辅助能源、结构较复杂、价格较高等。

二、双位调节器

双位调节器是最简单、最常用的调节器。当调节器的输入信号发生变化后，调节器的输出只有“开”或“关”两种状态。为避免频繁开关，双位调节器都设有差动范围。即偏差位于差动范围内时，调节器保持原有的开关状态，只有偏差超出差动范围时，调节器的开关状态才改变。差动分为单边差动及双边差动两种。图 5-7 是双边差动的示意图，上下限位于设定点的两侧。如果上限或下限与设定点相同，就是单边差动。

冰箱中常使用双位调节器，一种常用的双位调节器的工作原理如图 5-8 所示。

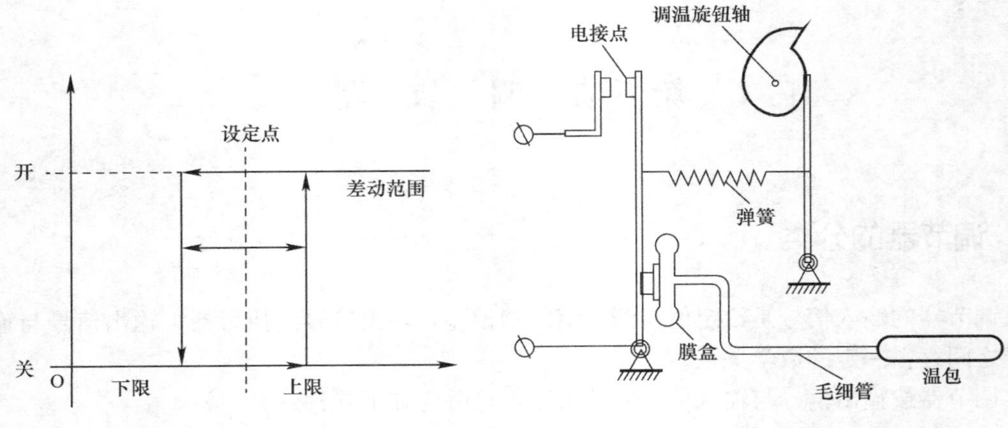

图 5-7　双边差动示意图　　　　图 5-8　一种双位调节器的工作原理

给定温度用凸轮上的调温旋钮设定。弹簧起到给出差动范围的作用。温包内充有气体，温包通过毛细管与膜盒相通。当温度上升时气体膨胀，膜盒鼓起来推动支杆绕轴逆时针转动，右侧电接点与左侧电接点接触，如果此双位调节器接的是压缩机电路，则压缩机电路闭合，压缩机工作，冰箱内温度下降，温包及膜盒中气体收缩，温度下降到给定值下限时，膜盒收缩带动支杆顺时针转动，右侧电接点离开左侧电接点，压缩机电路断开，压缩机停止工作，冰箱温度上升，温包及膜盒中气体逐渐膨胀，温度高于给定值上限时，膜盒中的气体膨胀带动支杆逆时针转动，电接点接通，压缩机工作，冰箱内温度开始降低，此升温降温过程反复进行，使冰箱内温度在给定值附近等幅波动，如图 5-9 所示。

如果调节对象的迟延为 0，温度的波动范围就等于差动范围。如果迟延不等于 0，如图 5-10 所示，被调参数升到给定值上限，双位调节器改变开关状态，但由于调节对象有迟延，被调参数并不立刻下降，而是温度继续上升，迟延时间 τ 到，温度才开始下降，温度下降到给定值下限，双位调节器改变开关状态，由于迟延的存在，被调参数并不立即升温，而是温度继续下降直到迟延 τ 时间结束，温度才开始上升。因此调节对象有迟延时温度波动范围大于双位调节器的差动范围，并且迟延越大，波动范围越大。另外，双位调节器调节过程的上升下降曲线就是沿着飞升曲线（反应曲线）的方向，由于调节对象的时间常数 T 越小，飞升曲线越陡，因此在相同差动范围下，相同迟延 τ 下，调节对象的时间常数 T 越小，飞升曲线越陡，波动范围越大。使用双位调节控制某参数时，希望被调参数波动范围越小越好，因为被调参数波动范围越大，越容易超出允许范围。为保证使用双位调节器时被调参数的波动范围不超过允许范围，要求双位调节器的使用需要满足调节对象的特性参数 $\tau/T<0.3$。$\tau/T>0.3$ 的调节对象不允许使用双位调节器。

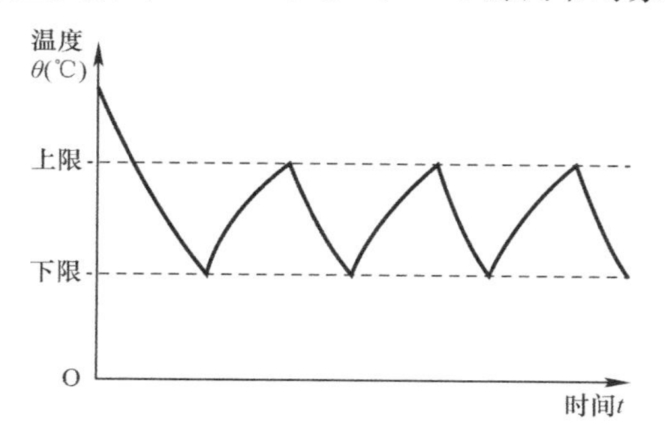

图 5-9　冰箱双位调节器温度调节过程曲线

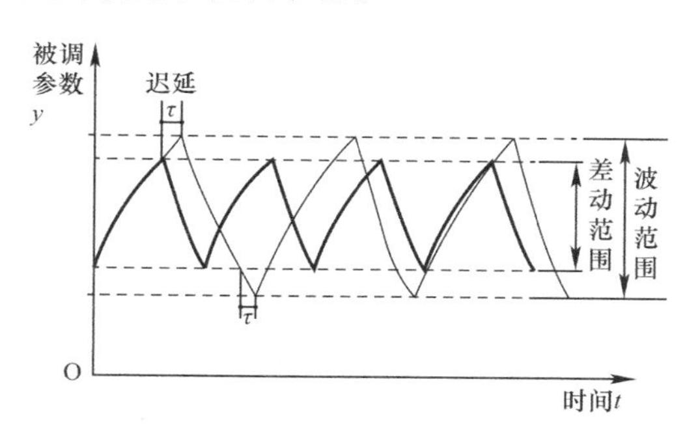

图 5-10　迟延对波动范围的影响

三、比例调节器

比例调节器是一种按比例调节规律变化的调节器，即调节器的输出信号和输入信号成比例，简称为 P 调节器。例如常见的浮子液位系统、热力膨胀阀都属于比例调节器。

比例调节器以比例带 δ 表示调节器灵敏度。比例带定义为调节器输出值变化 100%时，输入值变化的百分数。比例带越小，调节器的灵敏度越高，静态偏差越小，但系统易振荡。比例带越大，调节器的灵敏度越低，静态偏差越大，但稳定性提高。比例调节器在使用时需要根据实际情况，调整比例带 δ 的大小，使调节器的运行既稳定，静态偏差又小。比例带为比例调节器的整定参数。

比例调节器在制冷空调系统中应用极其广泛，但比例调节器有一缺点，即总是存在静态偏差，比例调节器自身无法消除此静态偏差。

四、积分调节器

积分调节器适合用在调节对象迟延 τ、时间常数 T、放大系数 K 都小的场合。例如压力对象、液位对象一般 τ、T、K 都较小，可以使用积分调节器。另外，集中空调系统露点温度作为调节对象也具有 τ、T、K 都较小的特点，可采用积分调节器控制。积分调节的优点是可消除静态偏差，缺点是容易造成过调。注意积分调节器也有整定参数，整定参数为积分时间 T_i，改变积分时间，过渡过程曲线会随之改变。一般积分时间越小，积分作用越强，越容易产生振荡。积分时间越大，积分作用越弱，系统越容易稳定，但消除静态偏差越慢。如果积分时间调得合适，系统振荡两三下就可稳定下来，且没有静态偏差。

五、比例积分调节器

如果对调节质量要求高，要求静态偏差为 0，又不易发生振荡，这时需要使用比例积分调节器（PI）。比例积分调节器的输出信号是输入信号的比例关系和积分关系的叠加。因此它具有比例调节器和积分调节器的优点。既反应迅速又能消除静态偏差。

使用比例积分调节器时需根据实际应用调整比例带 δ 和积分时间 T_i 两个整定参数，只有这两个整定参数调整得合适，调节器遇到干扰才能较快稳定下来。一般制冷空调系统中的参数控制使用双位、比例、积分、比例积分调节器大多能满足使用要求。如果使用上述调节器调节作用不够及时，可考虑采用 PID 调节器，即比例积分微分调节器。

六、微分调节器

微分调节器的输出信号与输入的偏差信号的微分成正比。由于一旦干扰出现，偏差对时间的一阶导反应速度会大于偏差本身的反应速度，因此微分调节器的反应速度大于比例调节器的反应速度，可以减小动态偏差，这是微分调节器的优点。但微分调节器存在不敏感区，有时偏差 $e(t)$ 不等于 0，但 $\frac{\mathrm{d}e(t)}{\mathrm{d}t}$ 约等于 0，这时微分调节器不会发出任何调节信号，这样容易造成偏差积累而超出允许变化范围，因此微分调节器不能单独使用。只能和比例调节器组成比例微分调节器，或与比例积分调节器组成比例积分微分调节器使用。微分调节器的整定参数是微分时间，微分时间越大，微分作用越强。

七、比例积分微分调节器

比例积分微分调节器（PID）是在比例积分的基础上再增加微分环节。用于调节对象迟延特别大或负荷变化特别激烈时，用 PI 调节器调节作用不及时的情况。PID 调节器在使用时需调整比例带 δ、积分时间 T_i 和微分时间 T_d 三个整定参数。只有三个整定参数设得合适，遇到干扰时，PID 调节器才能很快稳定下来。如果使用 PID 调节器仍不能解决调节滞后问题，可考虑采用串级调节或补偿调节。

八、PID 调节器的工程整定

调节系统设计和安装完成后投入运行前，先要对调节器的参数进行整定，即：选择合适的比例带 δ、积分时间 T_i 和微分时间 T_d，以保证调节系统运行良好，达到最佳的过渡过程。最佳过渡过程相对应的调节器参数值称为最佳整定参数。一般工程中用到的自动调节系统，调节器参数的整定工作都是通过现场调试完成的。整定方法有多种。但一般的标准是：在阶跃干扰的作用下，被调参数的波动具有衰减率 0.75 左右，在这个前提下尽量满足准确性和快速性的要求。常见的三种整定方法为反应曲线法、稳定边界法和衰减曲线法。

采用反应曲线法，首先需要断开自动调节系统发信器和调节器间的信号联系，让调节器的输出端产生一个阶跃干扰，或使调节阀产生阶跃位移，记录发信器测量的被调参数随时间变化的过程，得到调节系统的广义调节对象的反应曲线，如图 5-11 所示。

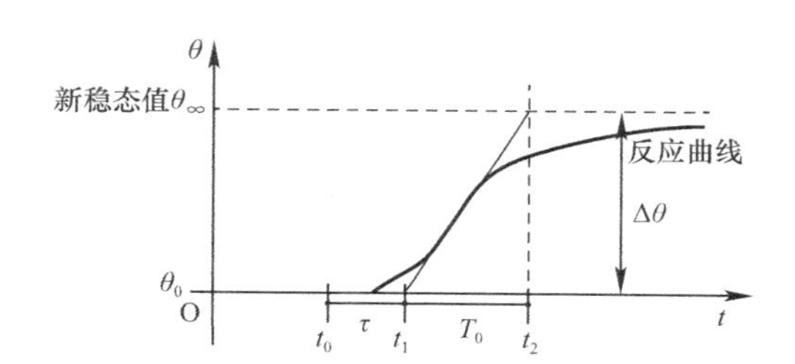

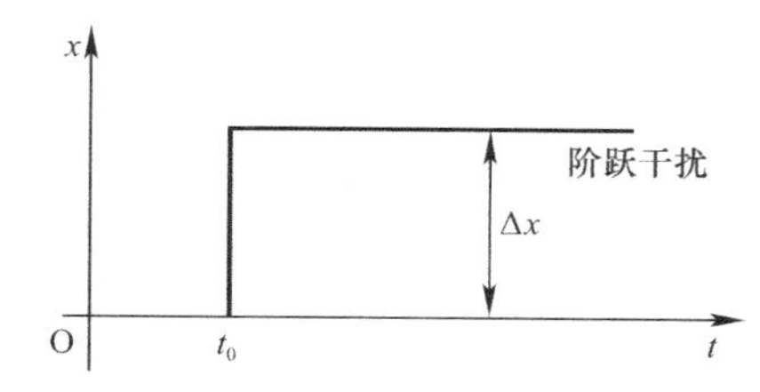

图 5-11　广义调节对象的反应曲线

因为这样得到的调节对象特性是除调节器外自控系统所有部件的广义调节对象特性。注意观察这样得到的反应曲线形状像指数曲线但不完全是指数曲线，这是因为广义对象是多容对象，因此曲线上有拐点，过拐点作一直线与曲线相切，与 t 轴和新稳态值线各有一个交点，等效纯迟延时间 τ 于是等于 t_1 与 t_0 的差。等效时间常数 T_0 等于 t_2 与 t_1 的差。广义对象的放大系数 K_0 用相对值计算如下：

$$K_0 = \frac{\dfrac{\Delta\theta}{\theta_{max} - \theta_{min}}}{\dfrac{\Delta x}{x_{max} - x_{min}}} \tag{5-7}$$

式中　$\Delta\theta$——发信器测得的被调参数的变化值；

Δx——干扰的变化值；

θ_{max}——发信器可测得的被调参数的最大值；

θ_{min}——发信器可测得的被调参数的最小值；

x_{max}——调节器能达到的最大输出信号；

x_{min}——调节器的最小输出信号。

根据广义调节对象的特性参数 τ、T_0 和 K_0，利用下面的经验公式，可获得衰减率为 0.75 的最佳整定参数。

对于比例调节器：

$$\delta = \frac{K_0\tau}{T_0} \times 100\% \tag{5-8}$$

对于比例积分调节器：

$$\delta = 1.1\frac{K_0\tau}{T_0} \times 100\% \tag{5-9}$$

$$T_i = 3.3\tau \tag{5-10}$$

对于比例积分微分调节器：

$$\delta = 0.85\frac{K_0\tau}{T_0} \times 100\% \tag{5-11}$$

$$T_i = 2\tau \tag{5-12}$$

$$T_d = 0.5\tau \tag{5-13}$$

另外，人们也从大量的实践中总结出整定参数经验值，如表 5-1 所示，供调节器工程整定时参考。

常用被调参数的 PID 工程整定参数经验值　　表 5-1

被调参数	特点	δ(%)	T_i(min)	T_d(min)
流量	时间常数 T 小	40～100	0.1～1	—
温度	时间常数 T 大	20～60	3～10	0.5～3
压力	时间常数 T 小	30～70	0.4～3	—
液位	允许有静态偏差	20～80	—	—

第六节　典型制冷装置的自动控制系统

图 5-12 是一个一机双温系统自控系统示意图。图中 A 为其中一个蒸发器，蒸发温度为－20℃；B 为另一个蒸发器，蒸发温度为 5℃；C 为压缩机；D 为冷凝器；E 为储液器；TE 为外平衡式热力膨胀阀；DX 为干燥过滤器；BM 为截止阀；SGI 为视液镜。压缩机进出口安装有 KP15，是高低压控制器，高低压控制器是双位调节器。高低压控制器一方面起安全保护作用，即压缩机吸气压力过低或排气温度过高都会使压缩机自动停机。另一方面，高低压控制器的低压控制器以吸气压力为控制参数，使压缩机的制冷量和负荷相匹配。吸气压力低于给定值下限，说明负荷太小，压缩机停机，吸气压力高于给定值上限，说明负荷大于压缩机制冷量，压缩机工作。一般安装有热力膨胀阀的系统，用低压控制器控制压缩机的启停。压缩机的下部还装有油压差控制器，以保证压缩机的润滑。压缩机进口处还安装有 KVL 是吸气压力调节阀，在吸气压力过高时可起到节流降压的作用。在蒸发器 B 的出口安装有 KVP，是蒸发压力调节阀，蒸发压力调节阀的结构如图 5-13 所示。

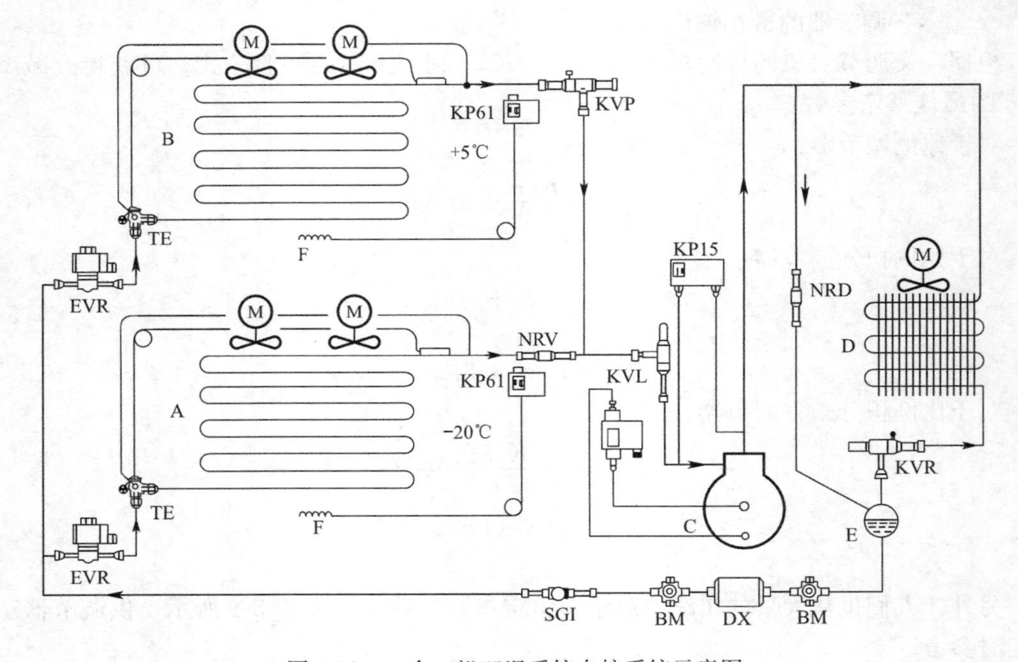

图 5-12　一个一机双温系统自控系统示意图

这种蒸发压力调节阀是阀前压力控制的比例型调节阀，把此阀安装在系统中，不需要电源也不需要气源就能起到自动调节阀前蒸发压力的作用，因此这种阀是自力型（self-powered）阀门。如果阀前的蒸发压力高于设定的蒸发压力，阀门将打开，制冷剂流过阀门，蒸发压力下降。阀门的开度与实际蒸发压力与设定蒸发压力的差成正比，因此，此阀为比例型调节器。如果阀前的蒸发压力小于设定的蒸发压力，阀门会在弹簧的作用下关死阀门，使蒸发器积聚更多的制冷剂，蒸发器的压力逐渐提高到设定的蒸发压力。

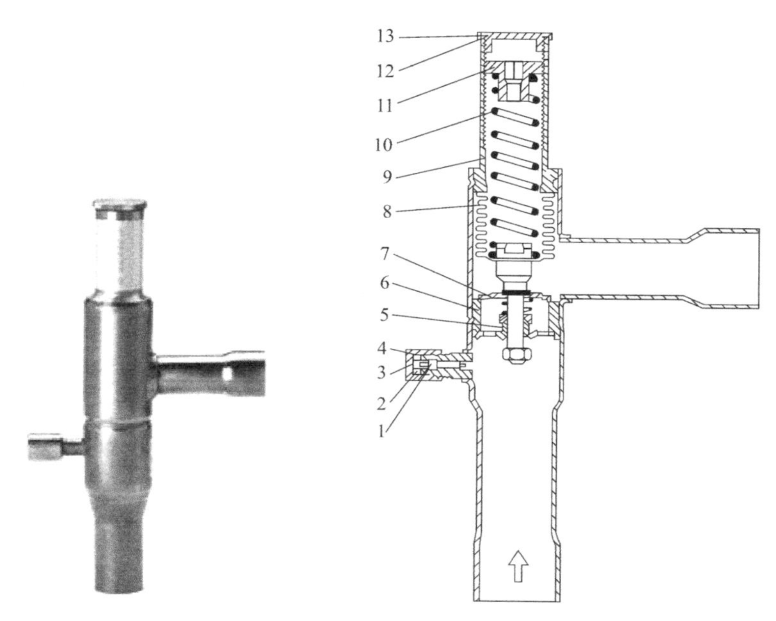

图 5-13　蒸发压力调节阀的结构及外形图

1—塞子；2—密封垫；3—盖；4—压力表接头；5—阻尼机构；6—阀座；7—阀板；8—平衡波纹管；9—阀体；10—主弹簧；11—设定螺钉；12—密封垫；13—护盖

在冷凝器出口安装有高压调节阀 KVR，其结构及外形与蒸发压力调节阀 KVP 相似，也是阀前压力控制的自力型控制阀，一般与差压调节阀 NRD 配合使用，压差调节阀的结构如图 5-14 所示。

如果图 5-12 所示的设备在寒冷的天气启动，若系统上没有安装 KVR 高压调节阀和差压调节阀 NRD，可能出现贮液器的压力较低，没有足够的推动力使制冷剂流过蒸发器。为了避免出现这种情况，在系统上安装了 KVR 高压调节阀和差压调节阀 NRD。如果系统刚启动，储液器、冷凝器的压力都低，但压缩器的排气压力高，差压调节阀两端压差较大，使差压调节阀自动打开，压缩机排气进入储液器上方，保证有足够的推动力使制冷剂流过蒸发器。这时，冷凝器的压力还很低，达不到需要的冷凝压力，制冷剂进入冷凝器，没有足够的冷凝压力打开高压调节阀，制冷剂逐渐积聚，冷凝压力逐渐提高，直到达到理想的冷凝

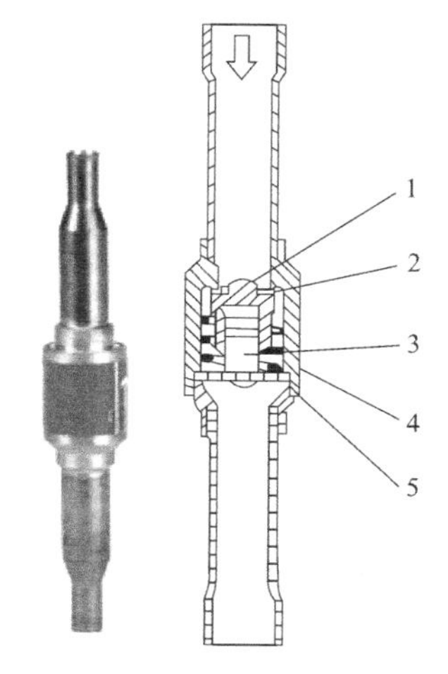

图 5-14　差压调节阀的结构

1—活塞；2—阀板；3—活塞导套；4—阀体；5—弹簧

压力，如果冷凝压力继续增加，这个压力可以使高压调节阀打开，使制冷剂流出，使冷凝压力重回理想值。当冷凝器内压力已达到理想值，差压调节阀两端的压差很小，不足以打开差压调节阀，制冷剂从冷凝器流入贮液器，贮液器的压力等于冷凝器的冷凝压力，系统建立起正常的循环。

在蒸发器A的出口安装了一个逆止阀NRV。安装这个阀门的主要目的是为了防止系统停机时蒸发温度高的蒸发器内的制冷剂流入蒸发温度低的蒸发器形成倒流。图5-12中还有一个温控器KP61，温度发信器F的信号发给温控器KP61，温控器的输出给各蒸发器前的电磁阀EVR，控制制冷剂是否流入蒸发器，以控制蒸发器内的温度。

这里的压缩机可以采用变频压缩机，变频可以采用交流变频或直流调速。变频可以使压缩机电机的转速改变，以使压缩机的制冷量随时与变动的负荷相匹配。一方面如果采用变频压缩机，压缩机启动时可采用低转速，防止出现大的启动电流对电网的冲击。另一方面，变频压缩机可通过变频变速使压缩机制冷量随时与负荷相匹配，因此蒸发器外的温度与理想设定值的偏差比定速空调的偏差小。如果以上两种情况蒸发器内外温差相同，采用变频空调的系统蒸发温度比采用定速空调的蒸发温度高，从制冷系统的压焓图上可知，蒸发温度越高，系统COP越大，因此变频空调的运行比定速空调更省电。

从图5-12这个典型的制冷装置的自控系统可以看出，自控系统在制冷装置上主要起控温、安全和节能的作用。

本章参考文献

[1] 陈芝久，吴静怡主编. 制冷装置自动化（第2版）[M]. 北京：机械工业出版社，2010.

[2] 朱瑞琪. 制冷装置自动化（第2版）[M]. 西安：西安交通大学出版社，2009.

[3] Ross Montgomery，Robert Mcdowall. Fundamentals of HVAC control systems [M]. Elsevier，2008.

[4] K. J. Astroem，T. Haegglund，PID controllers：Theory，Design and Tuning，2nd Edition [M]. Instrument Society of America，1995.

第六章　建筑热回收技术

第一节　建筑能耗

中国是能源消耗大国，提高能源利用效率是可持续发展的战略举措。我国积极应对当前的能源现状，《国家应对气候变化规划》提出到2020年我国单位国内生产总值二氧化碳排放比2005年下降40%～45%。《能源发展战略行动计划（2014—2020年）》明确提出到2020年一次能源消费总量控制在48亿吨标准煤左右，煤炭消费总量控制在42亿吨左右，非化石能源占一次能源消费比重达到15%。2014年11月12日，中国政府与美国政府达成温室气体减排协议，承诺到2030年停止增加二氧化碳排放量，并将于2030年将非化石能源在一次能源中的比重提升到20%。2015年6月，中国政府正式向联合国提交中国2020年和2030年的行动目标：2020年的目标是，单位国内生产总值二氧化碳排放比2005年下降40%～45%，非化石能源占一次能源消费比重达15%左右；2030年行动目标是，二氧化碳排放2030年左右达到峰值并争取尽早达峰，单位国内生产总值二氧化碳排放比2005年下降60%～65%，非化石能源占一次能源消费比重达20%左右。这就意味着在节能减排方面我们应该更加紧迫和重视。

根据国际能源署《世界能源展望2014》基准情景预测，到2040年全球初级能源需求将比目前水平增长37%，这将给全球能源体系构成长期压力。在2010年的全球能源消费结构中，建筑能耗为3026万亿吨标准煤，约占全球总能耗的36%。随着经济发展和城镇化步伐的加快，建筑能耗在我国能源消费结构中所占的比例也越来越大。2013年我国建筑总商品能耗为7.56亿吨标准煤，约占全国能源消费总量的19.5%。为了有效降低建筑能耗，"超低能耗建筑"被提出，且成为目前绿色建筑和建筑节能的热点，尤其是在我国寒冷、严寒气候区。超低能耗建筑消耗很少的煤炭、石油、电力等不可再生能源，就能维持建筑的正常运转需要。

目前，空调系统用能占建筑能耗的一半以上，而其中建筑物换气的新风能耗一项就占建筑物总能耗的4%～12%，因此空调系统的节能性和经济性已越来越受到重视。国外研究空调系统节能的同时也会考虑到室内空气品质（IAQ，Indoor Air Quality）。随着我国人民生活水平的提高，空气品质也逐渐成为大家关注的焦点，而且空气品质与人体健康息息相关。现代人们大多数时间在室内，与室内各种污染物有连续的接触，严重危害人体健康。把空调房间的热量排放到大气中既造成城市的热污染，又白白地浪费了热能。对于建筑而言，夏季排风温度（24～28℃）要比室外空气温度（32～38℃）低，冬季排风温度（20～25℃）要比室外空气温度（5～10℃）高。如果用排风中的余冷余热来预处理新风，就可减少处理新风所需的能量，降低机组负荷。排风热回收装置的使用，可以在节能的同时增加进入室内的新风，降低室内污染物浓度，大大提高室内空气品质。

对空调系统的排风进行热回收有很多优点：

（1）新风进行预处理，减小空调运行负荷，节约运行费用；

（2）减小空调系统的最大负荷，减小空调系统的型号，节省初投资；

（3）在节约能源的同时可以加大室内的新风比，提高室内空气品质；

（4）夏季排气温度降低，减少向外的排热量，降低热污染，缓解热岛效应。

虽然使用排风热回收系统也会增加一定量的风机能耗，但是回收系统本身所节约的能量要远远大于这一部分的能耗。有关数据显示当显热热回收装置回收效率达到70%时，就可以使供暖能耗降低40%～50%，甚至更多。

第二节　热回收装置类型及特点

一、热回收设备类型

排风携带的能量，夏季为冷量，冬季为热量。因此，换气热回收技术实质上就是一套高效换热装置，其核心部件就是换热器，它将排风中携带的冷量或热量通过热交换的形式传递给新风，使新风的状态参数向回风偏移。热交换器的使用是有前提的，只有在一定气象条件下，才可以实现减少空调系统能耗的效果，在其他气象条件下，反而会有增加能耗的可能。因此，使用热交换器是否节能和节能量的多少与室外气象条件密切相关。从理论上讲，室外空气参数与室内偏离越大，热回收带来的节能效果就越显著。从换热机理来看，换气热回收设备主要有载热流体换热、间壁换热和蓄热换热等形式，如图 6-1 所示。

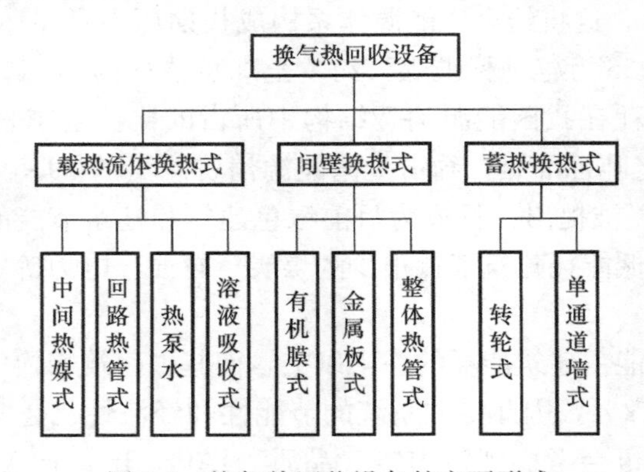

图 6-1　换气热回收设备的主要形式

二、载热流体换热式设备

载热流体换热式设备主要有中间热媒式、回路热管式和热泵式，其特点是新风和排风通道中各置一换热器，并用管路将之连接成封闭回路，流体在回路中循环流动，排风先将能量通过换热器传递给载热流体，之后载热流体再把能量通过换热器传递给新风。中间热媒式设备的流体为单相流体，以水为主，通常为了防冻而加入一定的防冻剂；泵驱动载热流体循环流动，如图 6-2 所示，安装位置和距离不受限制。由于单相流体的换热温差大、热容量小，其能效水平较低，目前在换气热回收中的应用已经很少了。

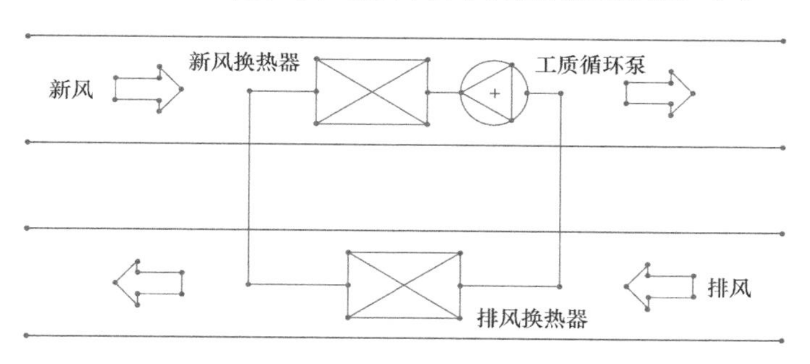

图 6-2　中间热媒式热回收装置

回路热管式设备的流体在工作时为两相流体，以制冷剂等低沸点工质为主，工质泵驱动载热流体循环流动。如图 6-3 所示，夏季工况运行时，截止阀 1 和 2 开，3 和 4 关；冬季工况运行时，截止阀 1 和 2 关，3 和 4 开。由于两相流体的换热温差小、热容量大，其能效水平较高，但是设备成本和安装要求较高。它可以视为中间热媒式设备的更新换代技术，目前处于工程应用的初期阶段。

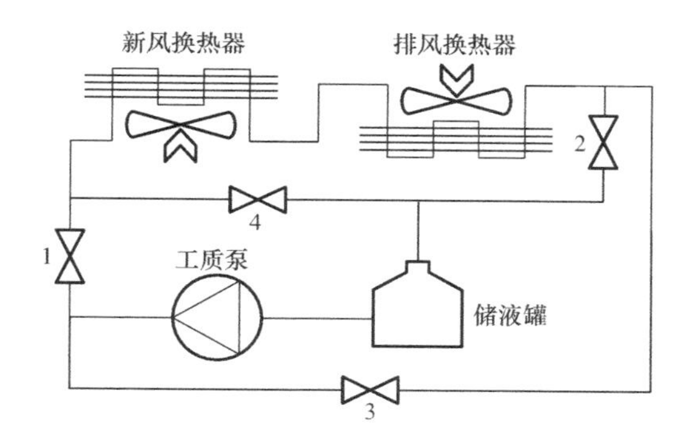

图 6-3　泵驱动回路热管式热回收装置原理图

注：1～4 截止阀。

热泵式设备就是一套热回收用的空气-空气热泵机组，流体为热泵工质，压缩机驱动工质循环流动来实现热功转换，可以将新风处理到室内空气参数送入，集热回收和新风处理两个功能于一体，其工作原理图如图 6-4 所示。尽管其能效水平高，但是设备成本和安装要求也高。

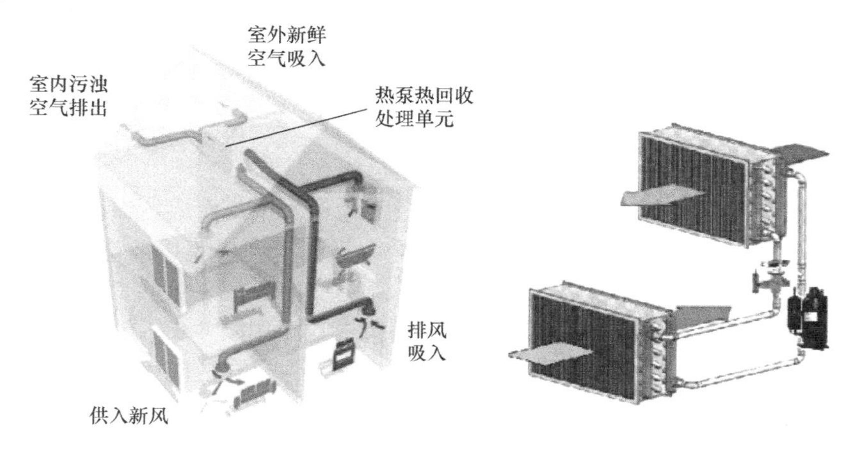

图 6-4　热泵式热回收装置原理图

当溶液表面与空气接触时，会与空气产生热湿交换，吸收或放出热量和湿量。溶液吸收式热回收器即利用此原理（见图 6-5），在新风和排风侧分别设置溶液填料塔，溶液循环泵驱动一定的溶液在两个塔间循环，夏季溶液在新风侧吸热吸湿，在排风侧放热放湿。冬季溶液在排风侧吸热吸湿，在新风侧放热放湿，从而实现对空气的全热回收。

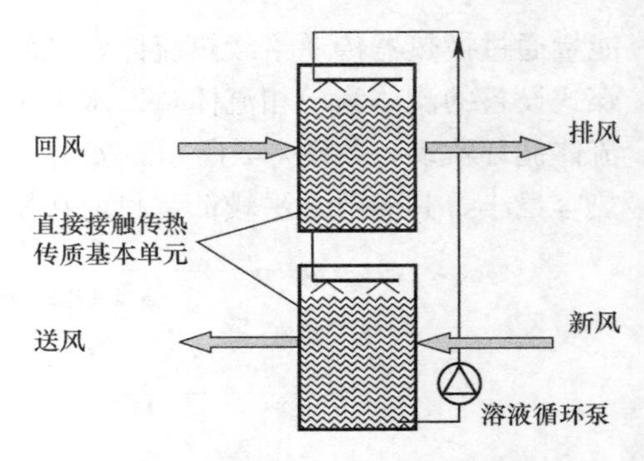

图 6-5　溶液吸收式热回收设备的结构

三、间壁换热式设备

间壁换热式设备的核心部件实质上就是空气-空气换热器，新风和排风各走换热器的不同通道，二者由于温差的存在通过换热器时产生热交换，排风将能量传递给新风。它主要有有机膜式、金属板式和整体热管式。

有机膜式设备的换热器间壁为高分材料等制成的有机膜，该膜不仅能够导热，通常还具有强烈的吸潮作用，新风和排风通过换热器时，在换热的同时也可以把排风的水蒸气传递给新风，因此，也称全热交换器。全热交换器芯体工作原理示意图如图 6-6 所示。

常见的芯体结构有两种：一种是薄膜张在塑料骨架上形成薄膜板，多个薄膜板依次叠放成一体且在薄膜两侧形成交叉流道；另一种是如图 6-7 所示的板翅式芯体，薄膜折叠成瓦楞状的换热板，隔板和换热板依次叠放形成交叉流通道。

图 6-6　全热交换芯体工作原理示意图

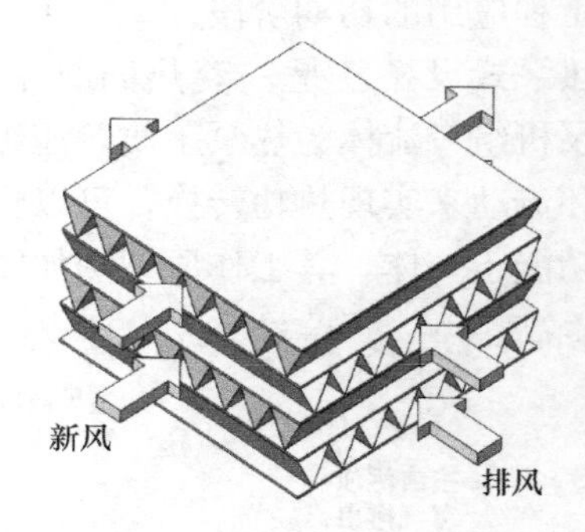

图 6-7　板翅式交换器

金属板式设备的换热器间壁为金属薄板，通常为铝箔压制而成，铝箔板依次叠放形成交叉流通道，如图 6-8 所示。金属薄板的导热能力远高于有机膜，但是无法通过水蒸气，新风和排风通过换热器时只能换热，因此，也称显热交换器。

整体热管式设备也是一种显热交换器，其结构示意图如图 6-9 所示。它是将热管的蒸发段和冷凝段分别置于新风和排风通道中，利用热管元件超导热能力特性，新风和排风通过热管实现能量的传递，过程类似于前面介绍的回路热管式，不同的是工质流动不是靠泵而是靠热压效应完成的。

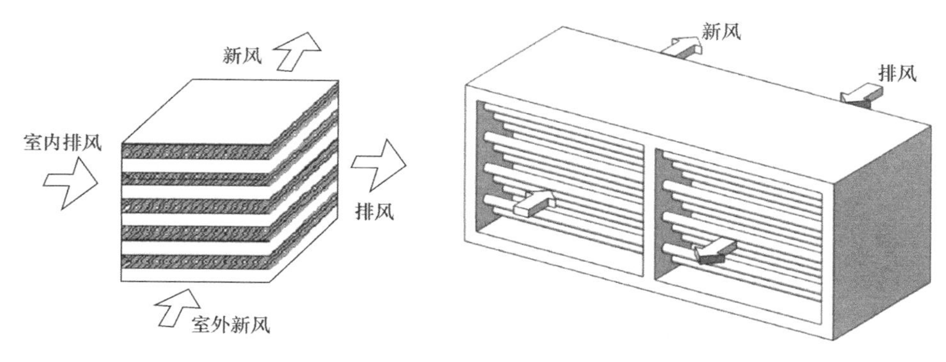

图 6-8 金属板式显热换热器原理图　　图 6-9 热管换热器结构示意图

四、蓄热换热式设备

蓄热换热式设备的核心部件是蓄热体，排风流过蓄热体时将能量留存其中，随后新风再流过蓄热体时将能量传递给新风。它主要有连续式和间歇式两种类型，前者蓄热体为蜂窝状多孔结构的转轮，转轮交替地转过排风和新风通道，热回收过程可以连续地进行，如图 6-10 所示；后者蓄热体通常为金属或陶瓷多孔芯体，新风和排风交替流过芯体时，就可以实现热回收过程。

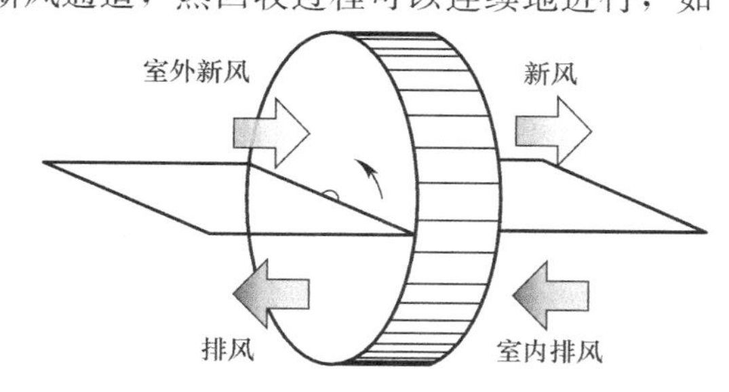

图 6-10 转轮式换热器

穿墙安装的单通道墙式热回收器如图 6-11 所示。蓄热体表面涂有吸潮层时，可以实现全热交换；否则只能实现显热交换。蓄热换热式设备的最大的缺点是新风和排风无法做到严格的隔离，会产生交叉污染。

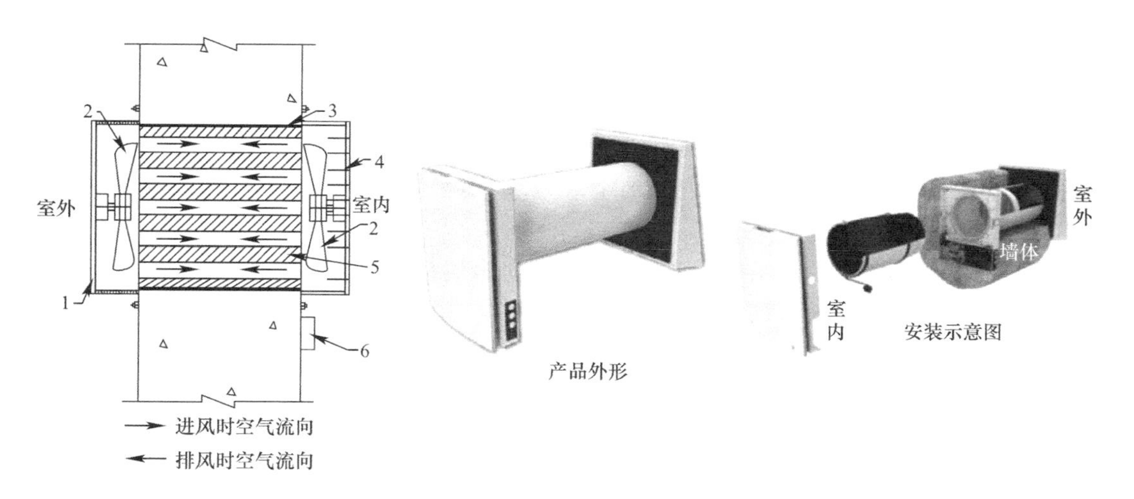

图 6-11 单通道墙式热回收器的双向通风换气示意图

1—过滤罩；2—风机；3—墙体衬套；4—百叶风口；5—热回收芯体；6—电路控制板

五、热回收器性能特点及发展

表 6-1 把不同类型热回收器的性能特点做一简明地汇总。

不同类型热回收器的性能特点　　表 6-1

热回收器形式	效率	设备费用	维护保养费用	辅助设备	占用空间	交叉污染	自身能耗	接管灵活性	抗冻能力
中间热媒式	低	低	中	有	中	无	有	好	中
回路热管式	中	中	中	有	中	无	有	好	好
热泵式	中	高	高	有	较大	无	较多	好	好
溶液吸收式	中	高	高	有	较大	有	有	中	中
金属板式	低	低	中	无	大	无	无	差	中
有机膜式	高	中	中	无	大	有	无	差	中
整体热管式	中	中	易	无	小	无	无	中	好
转轮式	高	高	中	无	大	有	少	差	差
单通道墙式	中	低	易	无	小	有	无	好	好

未来，热回收器会继续朝着热回收效率高、结构紧凑、成本低和适应性强的方向发展，围绕这一发展趋势，会在以下方面展开研究与开发：

（1）研发热回收器新材料。研发热、湿高效传递的有机膜，如高分子膜、复合膜等，将是全热交换器高效化的方向。另外，转轮表面吸湿涂层的材料将进一步发展，以保证其良好的耐久性和吸潮性。

（2）研发热回收器与热泵复合一体机组。热回收器的温度效率铭牌值通常为 60%～80%，实际运行值远低于铭牌值，因此新风进入室内后还需新风机组或空气处理机组等设备进一步处理到室内状态。如果热回收器与热泵复合一体，就可以将新风直接处理到室内状态，即温度效率可以等于或大于 100%。这样，就省去了后续的新风处理过程，因此可以做到结构紧凑、降低成本和提高效率。

（3）研制组合功能的新风机组。热回收器与不同的空气处理功能段组合在一起，就形成了新型的新风机组，如，与净化段结合就形成了热回收-净化新风机组，与加湿段结合就形成了热回收-加湿新风机组，组合到空气处理机组（AHU）中就形成了带热回收的 AHU，等等。

（4）研制热回收器的新结构和新工艺。不管是金属板片或有机膜片的结构，还是热回收器的加工工艺，都会朝着高效率、低成本方向持续改进。另一方面，还会创新出热回收器的新型结构，如振荡热管与金属板式结合出的新结构热回收器，与门、窗、墙体有机结合的新结构等。

（5）应用范围将持续扩大。目前热回收器在公共建筑中得到较广泛的应用，但应用效果还需进一步改进；在民用建筑中的应用才刚刚开始，应用面还很小。随着节能建筑的普及，房间的密闭性会持续改善，再加上物质生活的丰富进一步提高人们的健康意识和需求，因此热回收型新风设备未来的应用面会越来越广，特别是居住建筑。

第三节　国内外标准及试验条件比较

为了确定各种类型换热器热回收实验中的测试条件、评价指标、注意事项等具体信息，对我国、美国、欧盟和日本的空气-空气能量回收通风装置的标准进行了分析对比。涉及的空气-空气能量回收通风装置的标准目录如下：《空气-空气能量回收装置》GB/T 21087—2007（简称国标）、《Method of Testing Air-to-Air Heat Exchangers》ANSI/ASHRAE 84—1991（简称 ASHRAE 84 或美标）、《Test Procedures for Establishing Performance of Air to Air Flue Gases Heat Recovery Devices》EN 308—1997（简称 EN 308 或欧标）、《全热交换器》JIS B 8628—2003（简称 JISB 8628 或日标）。

我们发现不同国家和地区的能量回收装置的标准涵盖的范围、分类、试验标准、评价指标都不尽相同。

一、分类

美标对采用其标准进行试验的换热器分类为：旋转式能量回收轮、热管换热器、热虹吸管式换热器、盘管回收环形管状换热器。欧标 EN308 适用的能量回收装置主要分类为：Ⅰ类同流交换器、Ⅱ类有中间交换介质的热交换器、Ⅲ类再生型（含有蓄热物质）又分Ⅲa 无湿交换、Ⅲb 有湿交换。日本 JIS 标准则主要针对全热交换器制定，并按照风量大小将换热器分为三类：小型全热交换器（额定风量小于 250m^3/h）、中型全热交换器（额定风量 250～2000m^3/h）、大型全热交换器（额定风量大于 2000m^3/h）。

国标中按五种方法进行分类：按装置驱动设备分类可分为带风机的装置和不带风机的装置；

按装置规格分类可分为：

（一）带风机的装置

（1）小型　名义新风量不大于 250m^3/h 的装置；

（2）中型　名义新风量在 250m^3/h 和 5000m^3/h 之间的装置；

（3）大型　名义新风量高于 5000m^3/h 的装置。

（二）不带风机的装置

1. 按装置的规格尺寸分

（1）直径×厚度；

（2）长×宽×厚度。

2. 按装置的换热类型分

（1）全热型；

（2）显热型。

3. 安装置安装方式分

（1）落地式；

（2）吊装式；

（3）壁挂式；

（4）窗式。

4. 按装置工作状态分

（1）旋转式（含转轮式、通道轮式等）；

（2）静止式（含板翅式、热管式、液体循环式等）。

二、范围

各国标准适用的地区及范围也有很大差异，美标规定了按照 ARI 1060 标准生产的产品性能数据的测试方法。适用于各种空气-空气换热器。各国标准的适用范围见表 6-2。

各国标准范围 表 6-2

标准	各国标准适用的地区及范围
美标	适用于各种空气-空气换热器
欧标	大部分地区纬度较高，能量回收中冬季制热因素多，因而标准只对热工况提出了要求，包含了适用于一侧有烟气的能量回收换热器的要求
日标	规定了以居住空间舒适性空调节能为目的使用的空气-空气全热交换器产品的要求及实验方法
国标	适用于在供暖、通风、空调、净化系统中用于回收排风能量的空气-空气能量回收装置

三、检验项目

从上述各标准的介绍可以看出，各国标准由于所处地区气候的差异，性能评价的指标也不尽相同，各评价指标比较如表 6-3 所示。

各国标准评价指标 表 6-3

检测项目	ASHRAE 84	EN308	JIS B8628	GB/T 21087—2007
温度效率	○	○	○	○
湿效率	○	○	○	○
全热效率	○	×	○	○
压力损失	○	○	○	○
排风转移量	○	×	×	×
微生物转移量	○	×	×	×
有效换气量	○	×	○	○
外部漏气度	×	○	×	○
内部漏气率	×	○	×	○
旁通量	×	○	×	×
结露试验	×	×	○	○
噪声试验	×	×	○	○

续表

检测项目	ASHRAE 84	EN308	JIS B8628	GB/T 21087—2007
电气强度试验	×	×	×	○
绝缘电阻试验	×	×	×	○
淋水绝缘电阻试验	×	×	×	○
电机绕组温升试验	×	×	×	○
泄漏电流试验	×	×	×	○
接地电阻试验	×	×	×	○
湿热试验	×	×	×	○

注：○表示考虑了该检测项目，×表示未考虑。

通过对美国、欧洲和日本采用的空气-空气能量回收通风装置标准与我国标准的对比可以看出，由于各国地理位置、气候条件、热舒适要求、能源政策的不同，标准差异比较大。我国的空气-空气能量回收通风装置的检验项目较其他几个国家更为全面，考虑的范围更广，尤其是在电路方面的要求。在试验参数的精度方面，也是我国的标准要求更高。而且，从热能角度进行评价的指标只有温度效率、湿效率、全热效率这三项，对于热回收换热器的性能评价不够全面。在文献调研的过程中也发现用于评价热回收换热机组的性能指标不多，而且大都是简单地从热力学第一定律的角度对回收温度、回收热量进行比较，没有考虑到能量的品位，即没有考虑回收的热量可以被有效利用的量的多少。

四、试验工况

由于各国气候和能源条件不同，其性能试验工况及要求也不相同，为适应欧洲气候，欧标对制热工况温度要求较为严格，对制冷工况没有提出要求。日本和美国标准对制冷制热工况温度都提出了要求，但工况要求也不相同，对试验工况参数的规定见表 6-4。

各国标准试验工况参数比较　　**表 6-4**

参数		ASHRAE 84	EN 308	JIS B8628	GB/T 21087—2007
制热工况	送风入口干球温度（℃）	1.7	5，5	5±1	5±0.3
	送风入口湿球温度（℃）	0.6	/，3	2±2	2±0.2
	排风入口干球温度（℃）	21	25，25	20±1	21±0.3
	排风入口湿球温度（℃）	14	<14，18	14±2	13±0.2
制冷工况	送风入口干球温度（℃）	35		35±1	35±0.3
	送风入口湿球温度（℃）	26		29±2	28±0.2
	排风入口干球温度（℃）	24		27±1	27±0.3
	排风入口湿球温度（℃）	17		20±2	19.5±0.2
送风侧空气流量（m^3/h）		额定风量 100%和 75%	送风量和排风量之比 1/1，0.67/1，1.5/1，0.67/0/67，1/0.67，1/1.5，1.5/1.5	额定风量	≥名义值的 95%
排风侧空气流量（m^3/h）		额定风量 100%和 75%	送风量和排风量之比 1/1，0.67/1，1.5/1，0.67/0/67，1/0.67，1/1.5，1.5/1.5	额定风量	≥名义值的 95%

第四节　评价指标

根据文献调研的结果，发现对于空气-空气能量回收通风装置热能方面的评价目前大多是基于热力学第一定律，只考虑热能的量，没有考虑热能的质。但是，由于不同状态的热能转化为功的能力是不同的，也就是说它们的有用程度是不同的，即能量是有“质”的区别的。热能属于低品位能源，即使在极限的可逆情况下，也只有一部分可以转变为功。换句话说，只根据回收热量的数量衡量回收能量的价值不够全面，应该综合考虑回收能量的品质。同时，为顺应现在节能减排的趋势，也有必要增加空气-空气能量回收通风装置的热能品质方面的考量。所以基于标准中已经比较成熟的指标，可以增加一些基于热力学第二定律的指标，从多个角度对空气-空气能量回收通风装置的热能利用效果进行评价，为不同应用场合热回收机组的选型、性能改善、建筑节能技术探索和工程实践提供参考。

本节对现有相关各类评价指标进行了梳理。

为了对热回收设备的热能利用效果进行更为全面的评价，搜集了应用于热回收场合的一些评价参数、换热器的性能评价参数和空调系统中与能量利用有关的参数。

一、应用于热回收场合的参数

把收集整理的应用于热回收领域的相关性能评价指标列在表 6-5 中。

应用于热回收的性能指标　　表 6-5

	侧重方面	评价指标	公式
应用于热回收的性能指标	换热性能参数	交换效率	$\eta_{th}=(h_1-h_2)/(h_1-h_3)$ $\eta_t=(t_1-t_2)/(t_1-t_3)$ $\eta_d=(d_1-d_2)/(d_1-d_3)$
		回收量与新风负荷比值	—
	经济性分析	初投资回收期	—
		生命周期成本分析	$LCC=C_{cap}+(C_{op}-C_{rec})\times k$
		纯能量收益法	$EN=\frac{\eta_G\phi_l+\phi_{fan}(f_r-f_p)}{m_o/\rho}=\rho\frac{\eta_G\phi_l+\phi_{fan}(f_r-f_p)}{m_o}$
	余热利用综合评价指标体系	技术类、经济类、环境类、社会类	—

二、评价换热器的性能指标

换热器进行热量转换的目的只有一个：对可以做功的热量即有效能（㶲）进行从一个载体到另外一个载体的转移。但是换热器在进行有效能（㶲）转移的过程中，同时也转移了不能对外做功的热量，而且在进行转移时，㶲还存在着一定的损失。从热力学定律的角度来看，热量转移的效果依然可以用两个方面的内容来表达：一个是总热量的转移量；另外一个是㶲的转移量。作为一个封闭体系，㶲的值始终在减少，这样可用于对外做功的热量也越来越少。换热器作为一种能量转换设备，它需要尽可能多地转换㶲的量，因此换热器所能转换㶲的数量就代表了换热器的转换能力。

目前通常情况下，衡量一台换热器的性能，主要考虑几个具体的因素：换热量、综合传热系数、传热面积、阻力损失。它们分别体现了换热器的传热能力，换热器的体积大小，换热器的动力消耗程度。但是这些因素所体现的都是换热器自身的热力学第一定律——能量守恒定律的内容，基本依据就是热量平衡，考察的目标是热量的数量。但是换热器是一种热工设备，分析它的能量转换与损失情况需要从两个方面来考虑：转换能量总数量的效率和转换有效能的数量的效率。这样就可以用两种方法来分析换热器的效率：一种是能量分析，另外一种是有效能分析。

梳理的换热器的性能指标见表 6-6。

换热器的性能指标　　表 6-6

	侧重方面	评价指标	公式
评价换热器的性能指标	早期单一参数	总传热系数 K 和压降 ΔP	—
		换热强化比 Nu/Nu_0	—
		能量系数	换热量 Q/消耗功率 N
	相关性能系数	(Nu/Nu_0)、(ζ/ζ_0) 系列	—
		㶲效率	$\eta_e=\frac{\Delta E_c}{\Delta E_h}=\frac{E_{co}-E_{ci}}{E_{hi}-E_{ho}}$
		熵产单元数 Ns	$Ns=\ln\left[1+\varepsilon\left(\frac{1}{c}-1\right)\right]+\frac{1}{R}\ln[1-\varepsilon R(1-c)]$
		无因次熵产率 Ne	$Ne=\frac{\ln\left[1+\varepsilon\left(\frac{1}{c}-1\right)\right]+\frac{1}{R}\ln[1-\varepsilon R(1-c)]}{\varepsilon\left(\frac{1}{c}-2+c\right)}$
		可用能损率准则数 N_L	$N_L=1-\frac{RC\ln[1-E(1-C)+C\ln[1+RE(1-C)/C]}{RE(1-C)^2}$
		单位有效能转换比	—
		单位热量转换比	—
		可用能流率 e	$e=\Delta E/A$
		可用能耗比 J_e	$J_e=(n\cdot W+T_0\Delta s)/\psi_b Q$
		净可用能获比 U	$U=(\psi_b Q-T_0\Delta s)/n\cdot W$
		单位传热量的总费用 η	$\eta=\frac{C}{Q}=\frac{C_e(\Delta E_T+n\Delta E_p+I/\tau)}{Q}$

三、评价空调系统的相关指标

梳理的用于空调系统的相关评价指标见表 6-7。

空调系统的性能指标　　表 6-7

	评价指标	公式
用于评价空调系统的相关指标	空气输送系数 ATF^*	$ATF^*=\frac{Q_A}{E_f}$
	空调耗能系数（CEC）	—
	全年空调区单位面积电耗指标（AEC）	—
	EUI 用能强度	单位面积的总能耗指标
	ECI 能耗指标	实际能源消耗和设计能耗的比值
	建筑物的年能耗费用（DEC）和标准建筑物的年能耗费用（SEC）比值	$E=DEC/SEC$
相关领域的评价方法及指标	IPLV(C)	—
	季节性能系数	$CSPF=\frac{CSTL}{CSTE}$
	灰靶法	—
	热经济分析法	—
	蒙特卡罗评价方法	—
	人均空调系统能耗	—

本章参考文献

[1] 国家发展改革委负责人就《国家应对气候变化规划（2014-2020 年）》答记者问 [J]. 宁波节能，2014，(05)：14-15.

[2] 国务院办公厅. 能源发展战略行动计划（2014-2020 年）（摘录）[J]. 上海节能，2014（12)：1-2.

[3] 国际能源署. 压力下的世界能源 2040 年展望——IEA《世界能源展望 2014》摘要 [J]. 国际石油经济，2014，22（12)：79-83.

[4] 杨丹凝，吴迪，刘丛红. 中国被动房外围护系统研究——以寒冷、严寒气候区被动房项目为例 [J]. 建筑节能，2017，(01)：48-56.

[5] 温婷婷. 被动式建筑技术在北方寒冷地区应用现状及相关建议 [J]. 砖瓦 2017，(02)：61-64.

[6] Jomehzadeh F，Nejat P，Calautit J K，et al. A Review on Windcatcher for Passive Cooling and Natural Ventilation in Buildings，Part 1：Indoor Air Quality and Thermal Comfort Assessment [J]. Renewable and Sustainable Energy Reviews，2016.

[7] 江丽. 基于材料最高污染散发量指标的住宅最小换气次数探讨 [D]. 上海：同济大学，2009.

[8] Besant R W，Simonson C J. Air-to-air energy recovery [J]. ASHRAE journal，2000，42 (5)：31-43.

[9] 袁旭东，柯莹，王鑫. 空调系统排风热回收的节能性分析 [J]. 制冷与空调，2007，7（1)：76-81.

[10] 江亿. 我国建筑耗能状况及有效的节能途径 [J]. 暖通空调，2005，35（8)：64.

[11] 王丽慧，黄晨，吴喜平. 焓频法及其在全热回收节能潜力分析中的应用 [J]. 制冷学报，2010，31（1)：11-17.

[12]　Allan B Johnson, Robert W Besant, Greg J Schoenau. Design of mult-i coil run-around heat exchanger systems for ventilation air heating and cooling [J]. ASHRAE Trans-actions, 1995: 967-978.

[13]　石建中，刘堂文．暖通空调设计的LCC概念 [J]．工业安全与环保，2002，7：27-28.

[14]　C A Roulet, F D Heidt, F Foradini, et al. Real heat recovery with air handling units [J]. Energy and Buildings, 2001, (23): 495-502.

[15]　林喜云．空调系统热回收影响因素及评价方法 [J]．制冷与空调，2007，(2)：10-12.

[16]　徐爱红．余热利用节能项目的模糊综合评价 [J]．能源研究与信息，1992，(3)：25.

[17]　徐国想，邓先和，许兴友．换热器传热强化性能评价方法分析 [J]．淮海工学院学报：自然科学版，2005，14 (2)：42-44.

[18]　邓先和，张亚君，邢华伟．换热器在多种冲刷条件下的传热强化性能评价 [J]．华南理工大学学报：自然科学版，2002，30 (3)：44-45.

[19]　项新耀．单元 (㶲) (Ex) 分析方法 [J]．油气田地面工程，1985，(2)：8.

[20]　蔡运辉．换热器效能评价的新方法 [J]．贵州工业大学学报：自然科学版，2009，37 (8)：118-120.

[21]　倪振伟，焦芝林，罗棣菴．评价换热器热性能的三项指标 [J]．工程热物理学报，1984，5 (4)：387-389.

[22]　吴双应，牟志才，刘泽筠．换热器性能的㶲经济评价 [J]．热能动力工程，1999，6：6.

[23]　郭民，卢日时．小议中央空调系统的节能评价与措施 [J]．黑龙江科技信息，2007，(20)：70

[24]　陈丽萍，王路威，魏玲．空调冷热源能耗及其环境影响评价分析 [J]．南京工业大学学报：自然科学版，2004，26 (3)：85-88.

[25]　胡欣，龙惟定，马九贤．CEC——一种有效的空调系统能耗评价方法 [J]．暖通空调，1999，29 (3)：16-18.

[26]　薛志峰，江亿．商业建筑的空调系统能耗指标分析 [J]．暖通空调，2005，35 (1)：37-41.

[27]　石文星，赵伟，王宝龙．论多联式空调（热泵）系统的季节性能评价方法 [J]．制冷学报，2008，29 (3)：10-17.

[28]　郭宏伟．热交换器性能的热经济分析 [J]．化学工业与工程技术，2002，23 (1)：19-20.

[29]　廖强，辛明道．换热器中强化传热表面传热性能的评价 [J]．重庆大学学报：自然科学版，1994，17 (3)：18-24.

[30]　苑明舫．换热器运行稳健度的蒙特卡罗评价方法 [J]．化工装备技术，1999，20 (2)：33-35.

[31]　杨珊璧，宋振水．风机盘管空调器的现状及性能评价指标 [J]．石家庄铁道学院学报，1994，7 (1)：75-78.

第七章　热驱动的制冷技术

在 120K 以上普通制冷范围，吸收式制冷和吸附式制冷是最常见的热驱动制冷技术。无论是吸收式制冷还是吸附式制冷，都是以热能为驱动力，尤其适合用在有余热、废热的地方、有太阳能等可再生能源可利用的地方及天然气及石油产区。热能驱动的制冷系统，消耗的电能很少，又可利用余热、废热及可再生能源，因此在全球普遍重视节能及环保的今天，这种制冷技术持续受到关注。

第一节　吸收式制冷技术

最简单的单效吸收式制冷系统的工作原理如图 7-1 所示，系统主要由发生器、吸收器、蒸发器、冷凝器及溶液热交换器组成。系统中流动的工质为吸收剂和制冷剂组成的工质对。最常用的为溴化锂-水工质对和氨-水工质对。溴化锂-水工质对中溴化锂为吸收剂，水为制冷剂，因此适用于制冷温度 0℃以上的场合。氨-水工质对中氨为制冷剂，水为吸收剂，适用于制冷温度 0℃以下的场合。

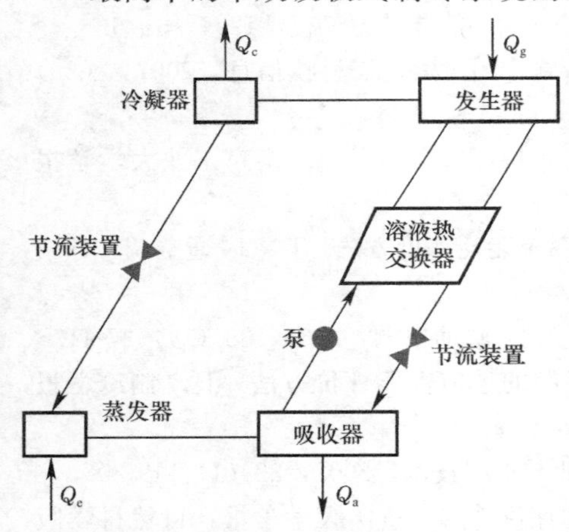

图 7-1　单效吸收式制冷系统工作原理图

吸收式系统在真空下工作，因此对系统的密封性有很高的要求。系统抽真空后，注入工质对溶液。以溴化锂-水单效吸收式冷水机组为例，这种类型的冷水机组能够为集中空调系统提供冷源，即能制备符合空调系统使用要求的冷水。

如图 7-1 所示，单效吸收式制冷系统主要有制冷剂循环和溶液循环两个循环。

对于溴化锂-水系统，制冷剂循环为制冷剂水的循环。来自吸收器的溴化锂-水稀溶液经溶液热交换器换热后，稀溶液温度升高进入发生器，在发生器内稀溶液被热源加热，释放出水蒸气。发生器释放出的水蒸气在冷凝器被冷却水冷凝为液态水。从冷凝器出来的制冷剂液态水经过 U 形管等节流降压装置，使制冷剂水的压力降低到蒸发压力进入蒸发器，水在蒸发器内低压下吸收盘管内水的热量，盘管内水的温度降低，制备出可供集中空调系统使用的冷水。从蒸发器内出来的水蒸气被吸收器内来自发生器的浓溶液吸收，完成一个制冷剂循环。

对于溶液循环，在吸收器中，浓溶液吸收来自蒸发器的水蒸气后，变为稀溶液。稀溶液被溶液泵升压输送到溶液热交换器。在溶液热交换器与来自发生器的温度较高的浓溶液换热，温度升高后的稀溶液进入发生器，在发生器吸热后，释放水蒸气，稀溶液浓缩后变为浓溶液流入溶液热交换器，与来自吸收器的温度较低的溶液发生换热，浓溶液温度降低后，再经节流降压进入吸收器，完成一个溶液循环。

循环反复进行就可实现连续制冷。

与蒸气压缩式制冷系统比较，参照图 7-2，吸收式系统也包括蒸发器、冷凝器、节流装置。不同的是吸收式系统用一个溶液循环代替了压缩机，起到吸气和升压的作用。但压缩机是电能驱动，而溶液循环是热能驱动。

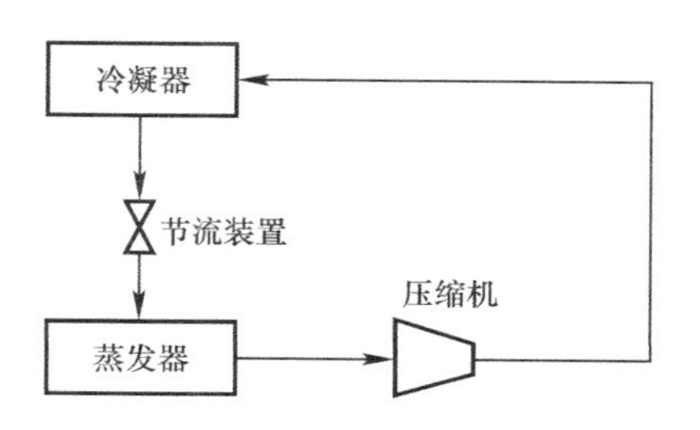

图 7-2　蒸气压缩式系统原理图

美国是最早生产溴化锂吸收式制冷机的国家。1930 年，美国阿克拉公司生产了小型单效燃气空调机在市场上销售。1945 年，美国开利公司生产出第一台 523kW 的单效制冷机——溴化锂冷水机组，开创了利用溴化锂-水溶液为工质的吸收式制冷新领域。美国不仅生产了单效溴化锂吸收式制冷机组，而且率先研制出了双效溴化锂吸收式制冷机，即 1961 年斯太哈姆公司制成的第一台双效吸收式制冷机。后来又陆续研制出直燃型、热水型和太阳能型等新型溴化锂吸收式制冷机组。日本后来居上，无论在生产数量、应用范围和新技术、新产品研制方面，日本溴冷机均超越美国，成为世界上溴冷机研究与生产领先的国家。特别是燃气两效温水机组的产量很大，约占世界上溴冷机生产总台数的 2/3；目前已致力于吸收式热泵和溴化锂热电并供机组的研制工作。目前溴化锂吸收式制冷机组的应用范围已从化纤厂扩展到纺织厂、橡胶厂、酿酒厂、化工厂、冶金厂和核电站中。我国的溴化锂吸收制冷的研制和应用起步于 20 世纪 60 年代，到目前为止发展过程可分为四个阶段：

（1）研制阶段，研究所与高等院校和设备制造厂通力合作，试制了两台样机。1966 年上海第一冷冻机厂试制出了制冷量为 1160kW 全钢结构的单效溴冷机。

（2）20 世纪 70 年代初进入单效机生产应用阶段，大中型城市的棉纺厂也各自设计与制造了单效溴冷机。单效溴冷机在这一时期有了较大的发展，但仍存在很多问题尚待解决，如严重的腐蚀、冷量衰减和机器的寿命等。

（3）到 20 世纪 80 年代初期开始研制双效溴化锂吸收式制冷机组，热力系数提升将近 1 倍，耗能减少 1/2，冷却水量减少 1/3，变成了值得提倡的节能型制冷机组。

（4）多种新型机研制应用阶段，1991 年我国在世界禁用氟利昂（CFC）生产与使用的《蒙特利尔议定书》上签了字，这对进一步发展溴化锂吸收式制冷机组创造了良好条件。

我国生产吸收式制冷机的主要厂家为江苏双良、长沙远大、烟台荏原空调设备有限公司及同方川崎空调设备有限公司。江苏双良生产的溴化锂-水吸收式制冷机不仅供应国内市场，还远销巴基斯坦、伊朗、阿联酋等，很受欢迎。

另外，国内大型能源与动力中心例如首都国际机场，都安装有溴化锂吸收式制冷机，这是因为吸收式制冷机组使用热能为动力，而蒸气压缩式制冷系统以电能为动力，在夏季电能使用高峰，电力紧张时可采用热能驱动的制冷设备，保证供冷安全。

下面分别介绍溴化锂-水吸收式制冷机、氨-水吸收式制冷机、使用离子液体型工质对的吸收系统及扩散吸收式制冷机。

一、单效溴化锂吸收式制冷机

溴化锂吸收式制冷机以水为制冷剂、溴化锂为吸收剂，制取0℃以上的空调用冷水。水为天然工质，无毒、不燃烧、不爆炸，汽化潜热大（约2500kJ/kg），这些特点使水成为较理想的制冷剂。但水在常温下饱和压力很低，例如7℃时，它的饱和压力为1.0021kPa。7℃时，它的比体积很大，为128.9m^3/kg，这导致吸收式机组体积庞大。并且，水在0℃时会结冰，因此以水为制冷剂的制冷系统，制冷温度必须大于0℃，这限制了溴化锂-水吸收式制冷系统的应用范围。

溴化锂（LiBr）属于盐类，有咸味，是无色微粒状晶体，在空气中易吸水。熔点为549℃；沸点为1265℃，易溶于水；性质稳定；分子量为86.856。

溴化锂水溶液为无色液体，有咸味，无毒，对金属有强腐蚀性。

在有氧气存在时，溴化锂水溶液对金属有强烈的腐蚀性，包括碳钢和铜。然而溴化锂-水吸收式制冷机组内是密封的环境，仅有非常少的氧气存在，腐蚀率相对较低。但随着机组寿命的延长，会发生较严重的腐蚀。为防止腐蚀，常用两种措施：加缓蚀剂；调整pH值。

调整pH值的常用方法是向溶液中添加少量的氢溴酸。缓蚀剂通常使用钼酸锂或铬酸锂。溴化锂水溶液中添加铬酸锂后溶液呈淡黄色。腐蚀过程会产生不凝气体，而不凝气体的存在对机组的制冷量有较大影响，因此实际的溴化锂吸收式制冷机组都要有抽气装置。

溴化锂在水中的溶解度随温度的降低而降低。溴化锂水溶液在机组中的浓度通常为55%～62%。浓度超过66%，溶液易结晶而堵塞管路。因此溴化锂吸收式制冷机组都设计有防晶管。

吸收式机组内是真空密封的环境，各部件主要处于高低两个压力水平。蒸发器和吸收器内的压力相差较小，均属于低压侧。发生器和冷凝器的压力相差较小，均属于高压侧。高低压侧的压差通常只有6.5～8kPa，因此节流装置通常采用U形管、节流短管或节流小孔。由于蒸发器和吸收器内压力几乎相同，并且考虑到水蒸气的比体积过大，大量水蒸气通过管道从蒸发器流至吸收器压力损失过大，通常将蒸发器和吸收器放在一个圆筒内。同样道理，将发生器和冷凝器放在另一个圆筒内。这就是典型的双筒溴化锂吸收式制冷机，如图7-3所示。

由于离开发生器的浓溶液温度较高，而离开吸收器的稀溶液温度却相当低。浓溶液进入吸收器，温度越低越利于吸收水蒸气，而稀溶液进入发生器，温度越高越利于水蒸气解吸出来，使用溶液热交换器可不耗费外界能源，使浓溶液的温度降低、稀溶液的温度提升，是非常有效的节能措施，在吸收式制冷机中必不可少。

由于吸收过程和冷凝过程都放出热量，为了维持冷凝和吸收过程的持续进行，放出的热量必须及时排到外界，一般使用冷却水排热，通常冷却水先经过吸收器，再流经冷凝器，温度升高后的冷却水可用冷却塔降温后再流入吸收器的冷却水入口。发生器内通常用热水、热蒸汽或通过燃油等直接燃烧作为热源加热发生器内的稀溶液。蒸发器内也有水盘管，蒸发器内制冷剂水蒸发带走盘管中水的热量，水温降低，制备出空调冷冻水。

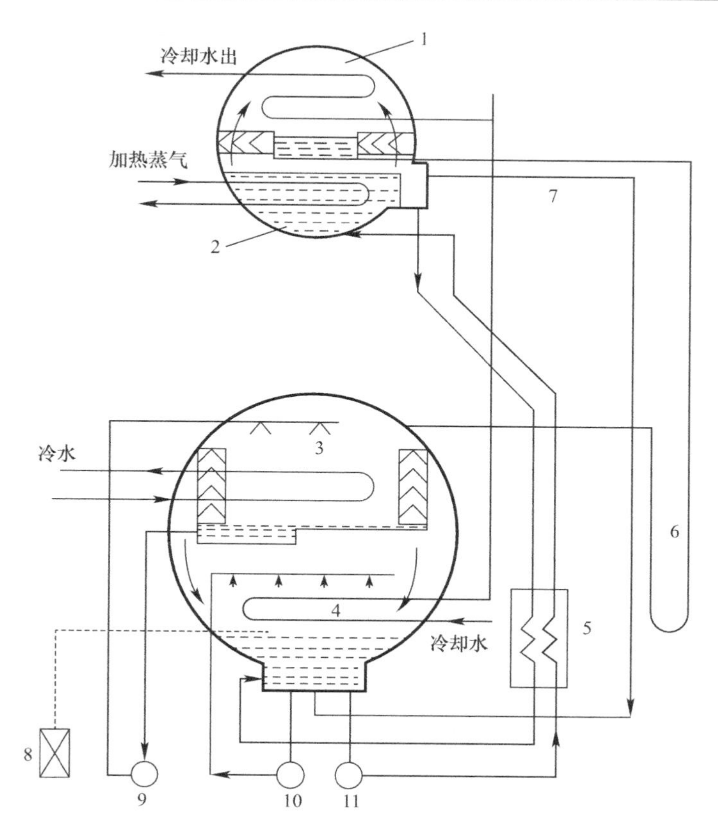

图 7-3　双筒溴化锂吸收式制冷机工作原理图

1—冷凝器；2—发生器；3—蒸发器；4—吸收器；5—溶液热交换器；6—U 形管；7—防晶管；8—抽气装置；9—蒸发器泵；10—吸收器泵；11—发生器泵

吸收式冷水机组由于腐蚀等问题会产生不凝气体，而不凝气体会降低机组性能，因此溴化锂-水机组中都装有抽气装置，机组隔一段时间需要抽去不凝气体，图 7-3 的序号 8 就是抽气装置。另外，浓溶液在温度降低后容易发生结晶，造成堵塞管路，机组不能正常运行，因此溴化锂-水机组中都装有自动溶晶管，如图 7-3 的序号 7 就是自动溶晶管，有时也叫防晶管。

另外，吸收器使用吸收器泵泵送喷淋浓溶液以增强吸收。蒸发器使用蒸发器泵喷淋制冷剂水以促进蒸发。

也可以将吸收机组的四个主要设备（发生器、冷凝器、蒸发器、吸收器）放在一个圆筒中，高压侧的发生器和冷凝器与低压侧的吸收器和蒸发器间用隔板隔开。这就是单筒溴化锂-水吸收机组。

图 7-3 所示的溴化锂吸收式制冷机，溴化锂溶液在一个循环中仅在一个发生器中受热释放出一次水蒸气，被称为单效溴化锂吸收式系统。单效溴化锂吸收式系统的 COP 大约为 0.7。如果发生器热源温度较高，除用发生器热源解吸出一次水蒸气外，还可以将浓溶液利用解析出的高温水蒸气的冷凝放热再释放一次水蒸气，如果机组中发生两次溶液解吸出水蒸气，就称为双效吸收式制冷机。如果机组中发生三次溶液解吸出水蒸气，就称为三效吸收式制冷机。双效溴化锂-水吸收式制冷机的 COP 一般在 1.0～1.2。

为提高溴化锂吸收机组的性能，除采取防腐措施，及时抽去不凝气体外，加强吸收器的传热传质是非常有效的措施。最方便有效的方法是向溴化锂水溶液或向制冷剂水蒸气中添加正辛醇、异辛醇等醇类添加剂，使溶液吸收水蒸气的过程中，吸收界面产生马拉格尼对流，从而增强传热传质，使机组的COP得到提高。另外，采用高效传热管可增强换热，也能有效提高机组的COP。

溴化锂-水吸收式机组通常采用可编程控制器PLC等对系统进行自动控制，系统能根据所需制冷量的大小自动调节溶液循环量及热源加热量等。

二、氨-水吸收式制冷机

氨-水吸收式制冷机中氨是制冷剂，水是吸收剂。氨-水吸收式制冷机可用于0℃以下的制冷。氨和水能以任意比例互溶。氨在常温下是无色气体，有刺鼻气味。氨的分子量为17，在一个大气压下，比空气轻；标准沸点为－33.3℃；临界温度为132.4℃；临界压力为11.52MPa，30℃时氨的饱和蒸气压为1.169MPa，－20℃时氨的饱和蒸气压为0.19MPa。空气中有50ppm的氨就会令人难以忍受，空气中高浓度的氨是致命的。氨可燃，有爆炸性。尽管氨有上述缺点，但由于氨价格便宜，氨的热物性使它非常适合作制冷剂。在大冷量的制冷系统中常使用氨作为制冷剂，例如用在大型冷库中。氨是铜的溶剂，因此氨-水吸收式制冷机不会采用任何铜的或含铜的材料制造，制造氨-水吸收式制冷机最常用的材料是钢或不锈钢。如果采用钢制造，大多数情况下需要使用缓蚀剂。少量盐被加入系统中，它们在金属表面形成氧化层，因此金属不会和工质直接接触。

在一个标准大气压下，氨与水的沸点分别为－33.41℃和100℃，两者仅相差133.4℃，因此在发生器中对氨水加热时，氨被解吸出来，但解吸出的氨中含有较多水蒸气，蒸气中氨的质量分数的高低直接影响装置的性能和设备的使用寿命。为了提高氨的质量分数，必须进行精馏。与溴化锂-水吸收式机组不同，氨-水吸收式机组没有结晶的问题所以没有自动溶晶管，但必须有精馏器。图7-4是单级氨-水吸收式制冷机的流程图。注意发生器和吸收器间使用了一个溶液热交换器。

为了进一步提高单级氨-水吸收式制冷机的性能，除在发生器和吸收器间采用溶液热交换器外，还经常在冷凝器和蒸发器前的膨胀装置间增加一个预冷器（见图7-5）。从蒸发

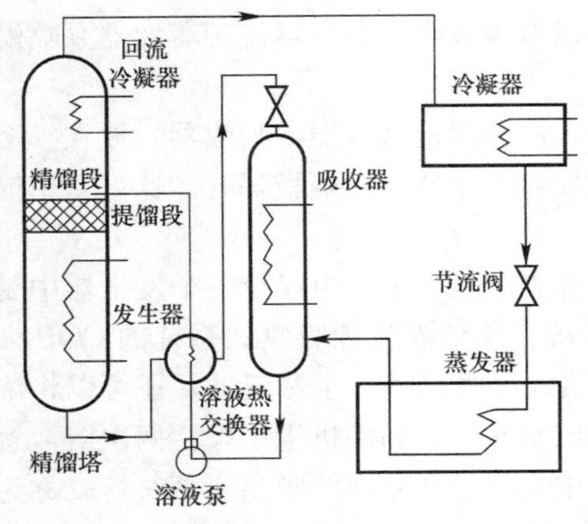

图7-4　单级氨-水吸收式制冷机流程图

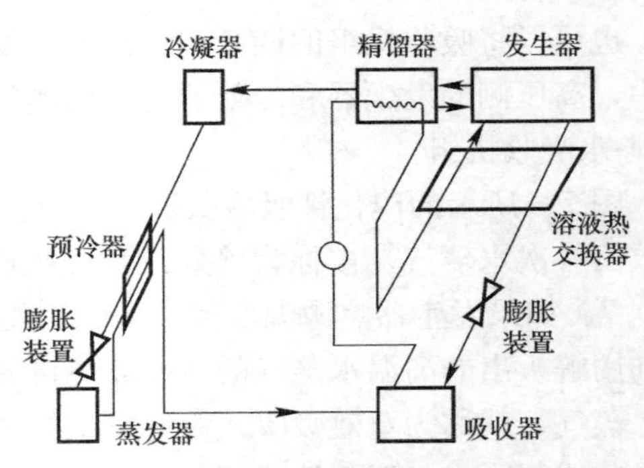

图7-5　带预冷器的单级氨-水吸收式制冷机

器排出的氨蒸气流经预冷器，使氨冷凝液预冷后进入蒸发器，这样进入蒸发器的液氨因温度下降而焓值下降，而蒸发器出口氨的状态不变，因此单位质量制冷剂的制冷量可增加。预冷器还可使从蒸发器中出来的氨蒸气中携带的水滴蒸发，水滴蒸发可以使去往蒸发器入口的液氨温度进一步降低，焓值进一步降低，使制冷剂氨的单位质量制冷量进一步增加。但预冷器的使用会降低进入吸收器的氨气的压力，不利于吸收，但对于氨-水吸收系统，总体上看，使用预冷器的好处要大于不使用预冷器。

为提高氨-水吸收式制冷机的性能，还可使用双级双效氨-水吸收式制冷机，如图 7-6 所示。双效是指制冷剂蒸气解析了两次，而双级可认为是由两个单级系统组成。注意这里发生器 2 的热源为外部热源，而发生器 1 的热源为吸收器 2 吸收过程放出的热。

氨-水吸收式系统还有一种循环称为 GAX 循环，具有较高的性能系数。GAX（Generator/Absorber Heat Exchange）是利用吸收器和发生器进行热交换的循环。如图 7-7 所示，这种循环看起来像单级循环，因为发生器、冷凝器、蒸发器、吸收器及溶液循环都只有一个。但同时它又像双效系统，因为制冷剂氨解析了两次。一次是利用外部热源使氨水中的氨解吸出来，另一次是利用吸收器吸收过程产生的吸收热使氨水第二次解吸出氨蒸气来。

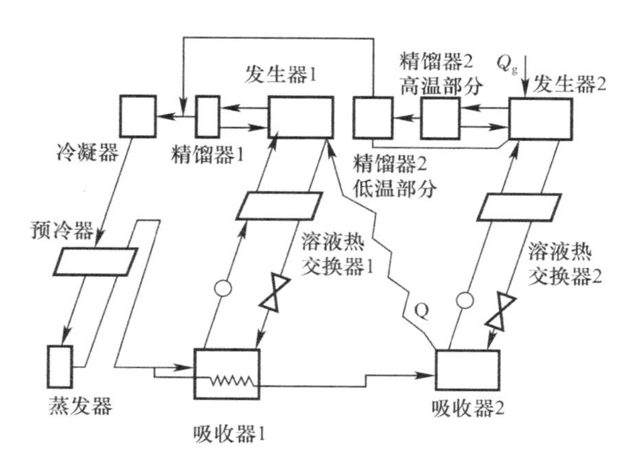

图 7-6　双级双效氨-水吸收式制冷系统

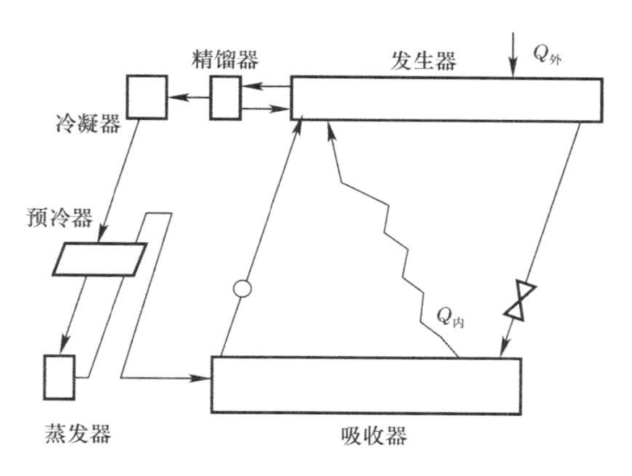

图 7-7　GAX 循环

三、使用离子液体型工质对的吸收系统

传统的吸收式制冷系统工质对为溴化锂-水或氨-水。但溴化锂水溶液对金属有腐蚀性，并且溴化锂水溶液在浓度高、温度低时会发生结晶；而氨-水系统，由于发生器中，外部热源加热氨水溶液后，由于水的蒸气压与氨的蒸气压相近，因此解吸出的氨中会含有水，这会对吸收系统的性能有很大影响，因此氨-水吸收系统必须采用精馏器。由于以上的传统工质对存在上述缺点，人们一直在寻找更好的工质对。

离子液体作为一种新型的吸收剂，可以有效避免传统工质对所带来的问题，研究和开发离子液体型工质对用于吸收式制冷系统是近几年的研究热点。离子液体具有平衡蒸气压低、非挥发性、良好的导热性、热稳定性等优点。但离子液体往往具有黏度大的特点，这方面是不利于吸收式制冷系统运行的。

离子液体也被称为室温离子液体或室温熔融盐，是由特定的有机阳离子和无机阴离子构成的在室温或近室温下呈液态的熔融盐体系。按照不同的有机阳离子母体，主要可以分为四类：咪唑盐类、吡啶盐类、季铵盐类和季磷盐类。

各种离子液体的英文全称较长，比较难以识记。以咪唑离子液体为例，咪唑离子液体通常使用两个取代烷基的第一个字母的大写（或小写）缩写后面跟"IM"或"im"。如丙基的英文为"Propyl"，甲基的英文名为"methyl"，则丙基甲基咪唑的命名就为"PMIM"或"pmim"。阴离子的命名更简单，可以通过化学式直接表示，如磷酸二乙酯盐可直接写作［$(EtO)_2PO_2$］，或者也像阳离子一样，取其英文的第一个字母的大写或小写，例如磷酸二乙酯盐的英文名为"di-ethyl-phosphate"，分别取第一个字母的大写，可写作［DEP］。按照上述命名规则离子液体 1-Ethyl-3-methylimidazolium di-ethyl-phosphate 可写作［EMIM］［DEP］。离子液体是作为吸收剂使用的，与之配对的制冷剂常用的有水、乙醇或甲醇等。

目前国内外有关离子液体用于吸收式制冷系统的研究，集中在物性研究及系统性能方面。物性方面主要研究离子液体型工质对的蒸气压、扩散系数、比热容、黏度、溶解度方面。一般含离子液体的工质对溶液蒸气压越小越好、扩散系数越大越好、比热容越小越好、黏度越小越好、溶解度越大越好。每种离子液体工质对，有的这几个物性不错，但另几个物性却不理想，因此仅从物性方面较难筛选出合适的离子液体工质对，还需要通过实验测量不同工质对用于吸收式制冷系统后系统的 COP。例如德国人 Thomas Meyer 等就用［EMIM］［DEP］作为吸收剂、乙醇作为制冷剂制造了单级吸收式冷藏箱，蒸发温度为10℃时，吸收器入口温度是 30℃时，发生器热源温度从 66℃到 110℃，COP 从 0.4 增加到 0.62。

四、扩散吸收式制冷机

以二元溶液为工质对的吸收式制冷机大多为制冷量较大、体积庞大的制冷机。对于家用或医疗用冰箱，可使用三组分为循环工质的扩散吸收式制冷机。

吸收式冰箱系统中，可采用氨作为制冷剂，氨水溶液为吸收剂，氢气为平衡气体。由于整个系统处于相同压力下，所以这种系统没有溶液泵和膨胀阀，没有任何运动部件，各设备之间全部用管道焊接，系统运转平稳，不泄漏，寿命长，成本低，适合家用，适合用在缺电地区。

系统压力的平衡是通过向吸收器和蒸发器导入氢气实现的。系统中工质的运动完全依靠密度的差异、位置的高低、管路的倾斜及分压力的不同而流动和扩散。因此各部件间的相对位置及管道的倾斜均有严格要求，否则将影响制冷效果，甚至完全失去制冷能力。

第二节　吸附式制冷技术

吸附式制冷也是热能驱动的制冷技术。50℃以上的工业废热及太阳能等低品位热源可以用来驱动吸附式制冷系统。与液体吸收式制冷相比，固体吸附式制冷不存在制冷剂的污染、结晶、腐蚀等问题，可用于空间低温、机车空调、渔船制冰、太阳能空调或热泵及一些废热可用的场合。吸附制冷所采用的制冷剂通常为天然制冷剂，如水、氨、甲醇、氢等，其 ODP 和 GWP 均为零。

一、吸附式制冷的发展

1848 年，Faraday 发现 AgCl 吸附 NH_3 产生制冷效果，这是最早记录的吸附制冷现象。20 世纪 20 年代，Hulse 提出了以硅胶-SO_2 为吸附工质对的火车食品冷藏系统。Plank 和 Kuprianoff 在 1929 年也曾介绍了活性炭-甲醇吸附制冷系统。后来又出现了以 $CaCl_2$-NH_3 为吸附工质对的吸附制冷系统用于火车上食品的冷藏。近年来吸附制冷方向的研究集中在复合及混合吸附剂、多金属氢化物热量回收循环、热波循环、传热强化、多级循环、回热回质循环、吸收-吸附复合循环、太阳能吸附、机车吸附空调等。

二、吸附式制冷的原理

吸附式制冷系统的工作原理如图 7-8 所示。吸附剂放在吸附床内，制冷剂储存在蒸发储液器内，系统内抽真空。热源加热吸附床时，吸附剂内含有的制冷剂解吸出来，阀 3 打开，在冷凝器内冷凝，阀 2 打开，制冷剂降压后流入蒸发储液器储存。热源撤掉后，吸附床温度降低，阀 1 打开，阀 3 关闭，蒸发储液器中的制冷剂被吸附床中的吸附剂吸附，随着吸附的进行，蒸发储液器中的制冷剂液体不断蒸发，实现制冷效果。

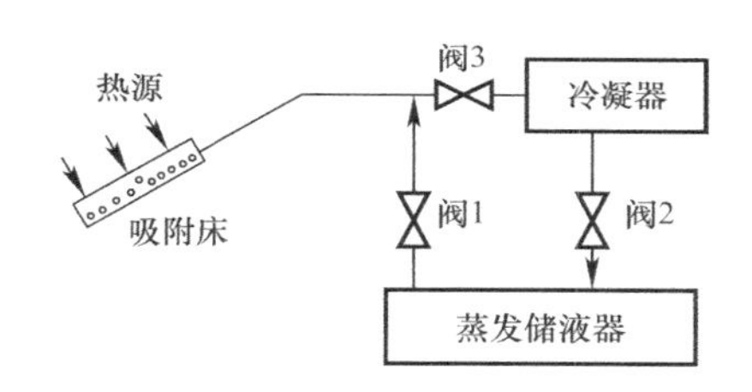

图 7-8　吸附式制冷系统的工作原理

三、吸附式制冷的研究进展

吸附式制冷系统的基本元件是吸附床、蒸发器和冷凝器。最初的基本循环只有一个吸附床。制冷的 COP 一般低于 0.6，大多情况低于 0.4。这主要是因为吸附解吸过程中吸附床温度波动太大而引起的。为了提高吸附系统的热动力效率，在吸附系统中引入了热量回收器的概念。一些研究人员采用“多盐”和“多氢化物”来强化热量回收效果。吸附床采用多个，6 个吸附床的沸石-水系统，COP 可达 1.47。

对于吸附式制冷循环，其性能指标除 COP 外还有单位质量吸附剂的制冷功率 *SCP*。提高 *SCP* 最有效的途径是增强换热效果，减少循环时间。早期吸附剂多采用粉末及颗粒状多孔材料，这种吸附剂传质性能好，但传热效果不好。为提高换热效果，主要采用两种技术：一是增加换热器的换热面积；另一个是利用固化吸附床或者表面涂层提高换热。采用换热强化技术后热泵循环时间缩短到只有 5min。上海交通大学研制的硅胶-水吸附空调机组的循环时间也缩短到了 5min。循环时间的减小可大幅提高系统的制冷量与 *SCP*，为吸附制冷技术实用化打下基础。

目前市场上出售的吸附制冷机组主要有：MYCOM 生产的硅胶-水吸附制冷机 ADREF

型，制冷量为35～350kW，用于空调。NISHIYODO KUCHOUKI CO. LTD（日本西淀）生产的硅胶-水吸附制冷机ADCM型，制冷量为70～1300kW，能被50～90℃的低品位热源驱动，COP可达0.7。西淀生产的吸附制冷机的原理如图7-9所示。上海交通大学研制的硅胶-水吸附式制冷机如图7-10所示，热水进口温度为80℃，冷却水进口温度为30℃，制冷功率为15kW，COP为0.5。吸附式制冷机应用的主要问题是体积较大、价格较高。

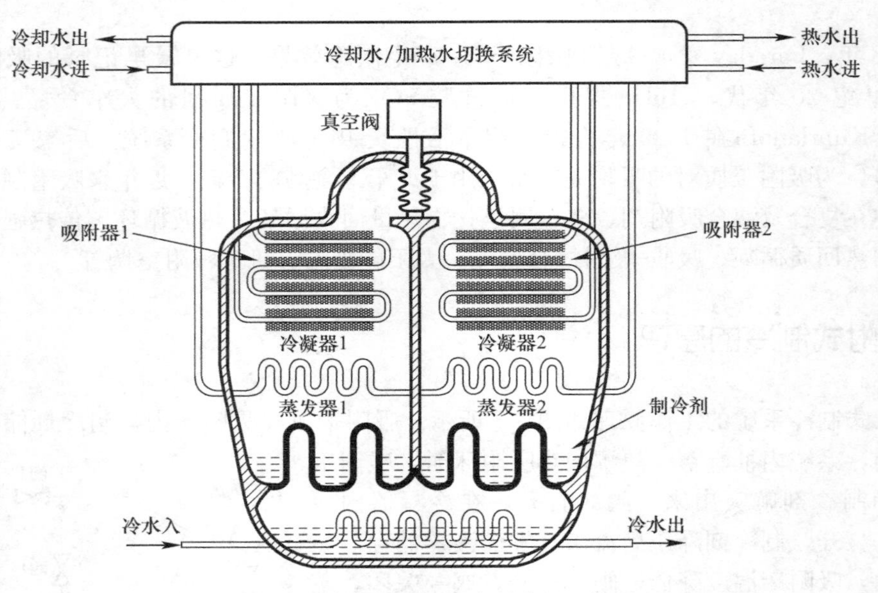

图7-9　西淀生产的吸附式制冷机工作原理

四、吸附制冷工质对

吸附制冷工质对主要包括物理吸附工质对、化学吸附工质对及混合/复合吸附工质对。

（一）物理吸附工质对

主要包括沸石-水、活性炭-甲醇、活性炭-氨、硅胶-水等。沸石-水的特点是解吸温度高，达250～300℃。活性炭对氨、甲醇都有很好的吸附能力。硅胶-水的优点是解吸温度低，可以采用低温热源驱动。沸石-水及硅胶-水以水为制冷剂，因此用于空调工况。活性炭-氨及活性炭-甲醇可以用于0℃以下的制冷工况。

图7-10　上海交通大学研制的硅胶-水吸附式制冷机

（二）化学及混合/复合吸附工质对

应用较多的化学吸附制冷工质对是金属氢化物-氢系统及金属氯化物-氨系统。金属氢化物-氢系统利用金属及合金吸附、解吸氢的过程实现制冷，其特点是吸附、解吸热大，特别是先进的多孔金属氢化物或者混合金属矩阵合金，具有很高的吸附热和吸附率。

金属氯化物-氨系统作为一种化学吸附剂，其主要优点是吸附、解吸量大，但具有传热性能差、气体渗透性差、吸附过程出现膨胀结块、吸附性能退化等缺点。

混合及复合吸附剂兼顾了多孔介质和氯化物吸附剂的优点，例如对石墨-化学吸附剂的混合吸附剂进行的研究。上海交通大学对活性炭-$CaCl_2$ 的复合吸附剂的研究表明，采用复合吸附剂可有效改善化学吸附剂在低压下的传质问题，并可抑制吸附剂的膨胀、结块及性能衰减。上海交通大学配制的 $CaCl_2$ 与石墨的固化混合吸附剂，其导热系数达到 9W/(m·K)，与 $CaCl_2$ 相比，固化混合吸附剂的导热系数提高了近 45 倍。

石墨烯是一种新型的碳纳米材料，拥有独特的物理化学性质，近几年针对石墨烯的吸附性能的研究较多。MOFs（Metal-organic frameworks）是金属有机骨架材料的英文简称，是由有机配体和金属离子或团簇通过配位键自组装形成的具有分子内孔隙的有机-无机杂化材料。MOFs 具有多孔性及比表面积大的特点，结构和功能多样，因此近年来将 MOFs 材料用于吸附制冷的研究逐渐增多。

本章参考文献

[1]　王如竹主编．制冷学科进展研究与发展报告［M］．北京：科学出版社，2007.
[2]　Keith E. Herold，Reinhard Radermacher，Sanford A. Klein. Absorption Chillers and Heat Pumps［M］. CRC Press. 1996.
[3]　吴业正主编．制冷原理及设备（第 3 版）［M］．北京：西安交通大学出版社，2010.

第八章　蒸发冷却技术

第一节　蒸发冷却技术的研究现状及进展

国外对蒸发冷却技术的研究约开始于20世纪60年代，其中苏联、美国、澳大利亚等国对此技术的研究较早。从20世纪60年代至世界能源危机发生之前这段时间，人们对压缩CFC类物质制得冷量一直十分推崇，尽管在蒸发冷却技术方面有些应用，但大都为局部空调，且应用规模较小。Watt J. R于1963年出版了《Evaporative Air Conditioning》一书，对蒸发冷却空调系统的设备与应用作了详细介绍，认为西南部干燥地区及纺织厂、面粉厂、家禽饲养厂等场合，适合采用蒸发冷却技术，它是一种便宜而实用的空调系统。但当时，这种系统并没有受到人们的欢迎，其原因是直接蒸发冷却在人们的印象中“湿度大，太简陋”，无法适用于对温、湿度有要求的场合；而间接蒸发冷却器还没有批量生产，价格很高。

世界的能源危机，CO_2污染造成的“温室效应”等改变了人们的态度，20世纪70年代中期以来，从事蒸发冷却的人越来越多。1980年，Eskra，Neil在其文章中提出了将间接—直接蒸发冷却与常规机械制冷相结合的概念。1982年，Richard G Supple介绍了新墨西哥的一家图书馆采用一套间接—直接蒸发冷却系统的运行状况，根据运行结果，他非常乐观地预计了蒸发冷却系统用于舒适性空调的前景。同年，Richard J. Person对蒸发冷却分析后得出结论，用蒸发冷却辅助常规机械制冷，既可以减少机械制冷的负荷，又可以利用其加湿。

从此以后，蒸发式冷却系统的优点逐渐被人们所认同，对蒸发冷却设备的开发及应用的研究迅速开展起来。例如，在直接蒸发冷却器方面，出现了替代喷水室的淋水室、甩水室、旋转填料、刚性填料等。而在间接蒸发冷却器方面，也相继出现了管式、板式、换热转轮式、热管式等。蒸发冷却的应用也不断地扩展到学校、计算机房、办公室等场合。这时期，也有人开始了对除湿冷却系统的研究。蒸发冷却巨大的节能效益，也引起了政府机构和电力公司的注意，为了减少夏季用电峰值，电力公司希望用户采用蒸发冷却系统，而不是常规的机械制冷空调系统。美国新墨西哥州的规定是：商业建筑采用常规空调系统而非蒸发冷却系统，需缴纳一定的“要求费”，如10美元/kW(e)。

Watt J. R. 在第二版的《Evaporative Air Conditioning Handbook》中总结道：在干燥地区采用直接蒸发冷却，比常规空调节约总费用的60％～80％；在中等湿度地区采用双级系统，可节约费用40％～50％；即使在湿度比较高的地区，双级系统仍可节约20％～30％的运行费用。

20世纪80年代后期，人们对蒸发冷却技术的研究，向着更广泛、更深入的方面发展，

1987 年，R. H. Turner 对蒸发冷却技术发展中进一步的研究内容、研究课题作了分析，倡议进行蒸发冷却在住宅建筑及小型商业建筑中的应用研究。指出了几个研究方面，包括蒸发冷却应用于住宅建筑中的合适形式，以及采用寿命周期费用（LCC）对其进行经济分析和实地的技术测试等，并提出了十几条建议。其中一条是开发高效价廉的填料。在美国，白杨木纤维填料已有 50 余年的历史了，但它寿命短，仅能使用一年，其性能随时间迅速衰退。近年来出现的高效容积填料，性能较好，寿命也长，高效可靠的填料，不单是绝热加湿段的要求，更是整个系统的要求。

同年，H. Wu 发表文章，对他们安装于 Arizona 州的一套板式间接蒸发冷却器作了介绍。经过一个夏季的测试，室内最高气温为 29.7℃。两年后，又对两级蒸发冷却器在住宅建筑中的运行作了测试，结果表明作为一级的间接蒸发冷却器的效率为 54%，作为二级的直接蒸发冷却器的效率为 88%，室温最高为 29.7℃，平均为 26.4℃。

这个时期，蒸发冷却设备的热工计算模型及蒸发冷却系统能量分析模型程序也不断提出，促进了蒸发冷却设备的进一步开发利用，也为蒸发冷却在大型系统的应用提供了可靠的依据。1991 年，W. K. Brown 对应用于 Arizona 州的一座占地面积 15793m^2 的“生命科学大楼”的蒸发冷却系统作了详细的介绍。此系统采用双风道，配合双级蒸发冷却系统来节约能量，通过与常规空调比较得出结论：采用双级蒸发冷却可节电 38%，每年节约能耗费用 22.3%，回收期 1～2 年。它为蒸发冷却推广到大型商业、科研及工业建筑中提供了一个范例。

20 世纪 90 年代以来，将蒸发冷却与除湿技术相结合的除湿冷却系统逐渐成了人们的研究热点。除湿冷却的出现约在 20 世纪 80 年代初，但真正成功的应用则是在 20 世纪 80 年代末 90 年代初，现在除湿冷却已应用到宾馆、超级市场、溜冰场、手术室等场合。在这些需大通风量的建筑中提高湿度控制、节约能量等方面发挥了巨大的作用。

但由于目前除湿冷却系统 COP 值较低（多低于 1）、除湿设备较贵等还阻碍着除湿冷却的广泛应用，各国学者正纷纷从除湿材料、系统形式以及运行特性等方面对其进行研究。

我国空调工作者对蒸发冷却技术的普遍关注开始于 20 世纪 80 年代初，1981 年，哈尔滨建工学院的陆亚俊在《暖通空调》上发表了一篇编译文章，对国外蒸发冷却技术的发展状况作了介绍，并对这一技术在我国的应用谈了自己的看法。同济大学的陈沛霖对间接蒸发冷却在我国的应用前景和适用性作了具体的分析，对蒸发冷却技术在常规空调及非干燥地区的应用作了探讨。天津大学的由世俊在国内最先对除湿冷却式空调机进行了试验研究。此外，北京工业大学的丁良士等在对间接蒸发冷却研究的基础上，试制了间接蒸发冷却通风机组，应用于具体的工程项目中，收到了较好的效果。西安工程大学黄翔教授及其研发团队对蒸发冷却降温技术开展了多年的潜心研究，取得了丰硕的成果，出版了水蒸发冷却专著及教材多部，主持或参加相关标准制定多个，发表的研究论文涉及领域涵盖水蒸发冷却在建筑、地铁、数据中心等多个场合的应用。

根据我国国情，要真正推广蒸发冷却技术的应用，不但有许多研究要做，更重要的，还要研制开发系列化的蒸发冷却设备以供选用，才能对各种蒸发冷却形式的不同应用做出准确的经济技术评价。从而促进人们对蒸发冷却的正确认识，利于蒸发冷却系统的优化设计，以充分发挥蒸发冷却系统的巨大节能效益。

第二节　蒸发冷却分类及原理

蒸发冷却有直接蒸发冷却和间接蒸发冷却之分。利用循环水直接喷淋未饱和湿空气形成的增湿、降温、等焓过程称为直接蒸发冷却（Direct Evaporative Cooling，DEC）。而利用DEC处理后的空气（二次空气）或水，通过换热器冷却另外一股空气（一次空气），其中一次空气不与水接触，其含湿量不变，这种等湿冷却过程称为间接蒸发冷却（Indirect Evaporative Cooling，IEC）。当同时使用直接蒸发冷却与间接蒸发冷却时，又可分为两级蒸发冷却和多级蒸发冷却，这两者统称为复合式蒸发冷却系统。

一、直接蒸发冷却

利用循环水直接喷淋未饱和湿空气形成的增湿、降温、等焓过程称为直接蒸发冷却（DEC），直接蒸发冷却是使空气和水直接接触，通过水的蒸发而使空气温度下降，使用加湿后的空气对房间进行空调或降温。对于比较干燥的地区，加湿也正好符合需要，因为过低的相对湿度也会引起许多疾病。由于空气经过DEC的状态变化是降温加湿过程，故它适用于低湿地区，如海拉尔、锡林浩特、呼和浩特、西宁、兰州一线以西地区。

在直接蒸发冷却中，空气与雾化的水直接接触，由于空气与水表面的饱和空气层之间存在着温差及水蒸气分压力差。在温差的推动下，空气将显热传给水，空气的干球温度下降；在水蒸气分压力差的推动下，水分将蒸发成水蒸气进入空气，则空气的湿度增加，潜热增加，即空气会发生冷却加湿过程，使用加湿后的空气对房间进行空调或降温，这是一个绝热加湿的过程。由于采用的是循环水，若假设与空气接触的水量无限大，接触的时间无限长，则全部空气都能达到具有水温的饱和状态点。也就是说，空气的终温将等于水温，所以此时发生了沿等湿球温度线变化的过程，由于等湿球温度线与等焓线相近，可以认为空气沿等焓线变化，总热交换量近似为零，即空气失去的显热值等于其得到的潜热值，两者近似相等，空气中发生的是等焓加湿过程。

直接蒸发冷却的焓湿图如图8-1所示，干球温度为t_1的室外空气（状态点1）通过DEC设备，与水发生热质交换过程，该过程沿等焓线h_1变化。理论上，如果热质交换过程完全充分，那么出口空气干球温度t_2就应该等于进口空气的湿球温度t_3，但在实际过程中，出口状态点2只能接近进口空气饱和状态点3，而不能达到状态点3，它们之间的距离取决于空气与水热质交换过程的完善程度，为此定义：

$$\eta_1 = \frac{t_1 - t_2}{t_1 - t_3} \times 100\% \tag{8-1}$$

式中　η_1——DEC空调机的冷却效率，%；

t_1——进口空气的干球温度，℃；

t_2——出口空气的干球温度，℃；

t_3——进口空气的湿球温度，℃。

总之，干湿球温度差越大其蒸发冷却效果越好。我国西北大部分地区夏天中午室外相对湿度小于 65%，干湿球温差大于 6℃，一般认为直接蒸发冷却效果比较明显。

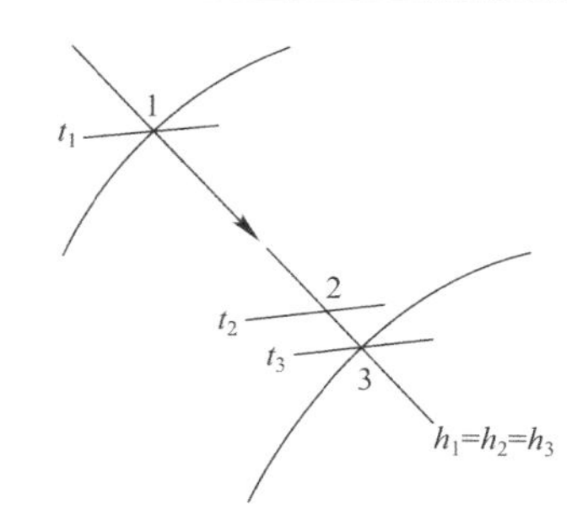

图 8-1 直接蒸发冷却焓湿图

二、间接蒸发冷却

为了克服直接蒸发冷却器空气湿度增加的问题，人们提出间接蒸发冷却（IEC）技术。IEC 是指：将直接蒸发冷却得到的湿空气或循环水的冷量通过非直接接触式换热器传递给待处理的空气，实现空气的等湿降温。

与 DEC 不同的是，IEC 中空气与水不直接接触，而是利用经直接蒸发冷却后的空气（称为二次空气，Secondary air）或水，通过一个板式或管式换热器冷却另外一股空气（称为一次空气，Primary air）。一次空气的温度下降，但是由于一次空气与水不直接接触，其含湿量不变，一次空气中发生的是等湿降温过程。将这两个冷却过程综合在一个装置中的设备称为间接蒸发冷却器。二次空气可以是室外空气，也可以是室内排风。

间接蒸发冷却器主要有管式和板式两种形式。管式间接蒸发冷却器通常由一系列管子组成，一次空气在管内流动，二次空气则以垂直于管轴的方向在管外掠过。同时对管子的外表面喷淋水，保持表面的湿润状态，这样就会产生上述的间接蒸发冷却过程。间接蒸发冷却器常用的是板式换热器器，该换热器由换热板隔成互不相通的两组通道，即一次空气通道和二次空气通道，一次空气和二次空气在薄片组成的通道内交叉流过。冷却器顶部有淋水装置，水由分布器均匀滴入二次空气通道，湿润通道的表面，进行直接蒸发冷却。二次空气的湿度增加，干球温度降低，通过隔板的传热，从而冷却隔板另一侧的一次空气。

间接蒸发冷却器中空气状态变化过程在 h-d 图上的表示如图 8-2 所示，过程 1-2 即为间接蒸发冷却过程。类似地，如果空气与水的热质交换过程充分完善，那么间接蒸发冷却设备出口的空气干球温度 t_2 在理论上也可以等于室外空气的湿球温度 t_3，但同 DEC 一样，间接蒸发冷却设备送出的空气状态在实际过程中只可能是图中的状态点 2。为此，定义 η_{IEC}（%）来描述这个完善度：

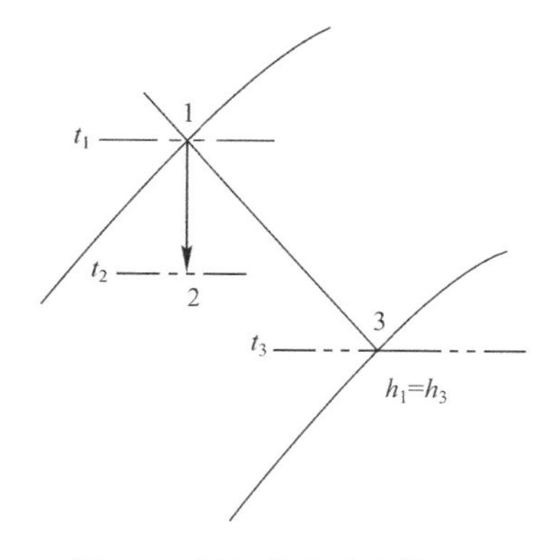

图 8-2 间接蒸发冷却焓湿图

$$\eta_{IEC}=\frac{t_1-t_2}{t_1-t_3}\times 100\% \tag{8-2}$$

式中 η_{IEC}——IEC 空调机的冷却效率，%；

t_1——进口空气的干球温度，℃；

t_2——出口空气的干球温度，℃；

t_3——进口空气的湿球温度，℃。

该值的大小与冷却器的结构、淋水量以及主辅空气量之比有关。同样，它的大小也反映了 IEC 空调器热质交换的充分程度。

三、复合式蒸发冷却

（一）间接—直接两级蒸发冷却

在这种系统中，一次空气先经过间接蒸发冷却器，被等湿冷却，然后通过直接蒸发冷却器被进一步冷却，同时受到加湿。该系统可以提供比间接蒸发冷却器更大的降温效果。间接—直接两级冷却系统的原理图如图 8-3 所示。在图 8-3 中，过程 1-2-3 就是两级冷却的空气处理过程。若系统是全新风系统，则影响系统送风温度的主要因素为：（1）进入间接蒸发冷却器的二次空气的湿球温度。该温度越低，则可得到的温降越大，送风温度越低；（2）间接和直接蒸发冷却设备的冷却效率。效率越高，则可得到的送风温度越低。

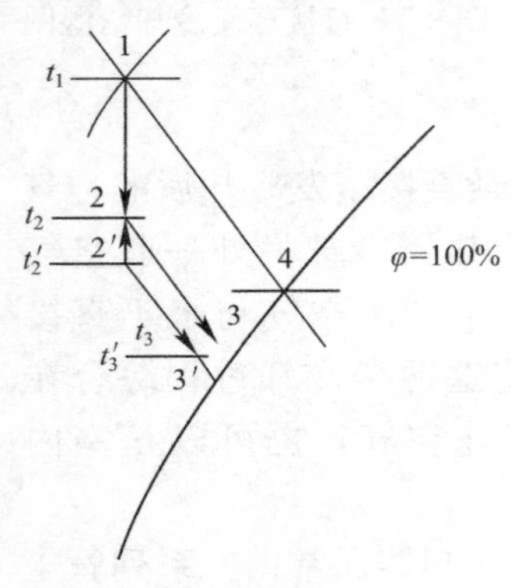

图 8-3　复合式蒸发冷却焓湿图

该系统具有明显的节能效果，统计表明：中等湿度地区采用两级系统，可节约费用 40%～50%；即使在湿度比较高的地区，两级系统仍可节约 20%～30%的运行费用。根据气象资料，我国西北大部分地区，尤其是甘肃、新疆等地采用这种系统送风温度在 15～20℃之间，应用于舒适性空调尤为理想。

（二）间接—直接多级蒸发冷却

该系统的原理图如图 8-3 所示，它的主要特点是增加了一个间接蒸发器作为二次空气的预冷段，这样可使原间接蒸发器进口二次空气的湿球温度下降，从而得到更低的送风温度。此外，该系统还设置了一个常规的冷却器（制冷剂直接蒸发的冷却器或水冷式冷却器），在室外湿球温度升高到设计温度时，可用它来提供补充的冷却除湿能力。该系统在 h-d 图上的表示如图 8-3 中的过程 1-2′-3′所示。

通常，当送风温度升高到一定值时，运行第一级的间接蒸发冷却器，即启动间接冷却器的水泵和二次空气风机，使一次空气进行等湿冷却。当送风温度再升高到某一值时，启动预冷器的水泵及其二次空气风机，即备用的间接蒸发冷却器作为第二级控制。最后，当送风温度再升高时，运行第三级冷却器，即启动直接蒸发冷却器的水泵。在那些室外设计温度较高或室内条件要求高的场合，系统中设置常规的冷却器，这时通常把它作为第四级控制。可见，该系统比两级系统的降温效果更好一些，但同时，投资也大。

对于上述三种蒸发冷却空调，两级蒸发冷却空调因投资少，运行节能，且不存在直接蒸发冷却空调的室内相对湿度大、室内潮湿的缺点，在国外得到了推广和实际应用。如 1982 年，Richard G Supple 介绍了新墨西哥州的一家图书馆采用一套间接—直接蒸发冷却系统的运行状况，根据运行结果，他非常乐观地预计了两级蒸发冷却系统用于舒适性空调的前景。

第三节 水蒸发热力过程计算及分析

一、水蒸发过程热力计算及分析

直接蒸发冷却是指空气和循环水直接接触而对空气进行冷却。根据质交换理论可知，空气与水直接接触时，在贴近水表面的地方或水滴周围，由于水分子做不规则运动，形成了一个温度等于水表面温度的饱和空气边界层。而且边界层的水蒸气分子的浓度或水蒸气分压力取决于边界层的饱和空气温度。由于未饱和空气与边界层之间，存在着温差和水蒸气浓度差或水蒸气分压力差。当水的温度低于空气的温度时空气向水传递显热。空气温度下降，水温上升；当水表面的水蒸气分压大于周围空气的水蒸气分压时，水表面的水分子向空气中蒸发，加湿了空气。使水蒸发的热量取自空气，又以潜热的形式返回到空气中。直到水温等于空气的湿球温度，空气与水达到热平衡，空气传向水的热量正好等于水蒸发所需汽化潜热，空气近似等焓加湿过程，又称绝热加湿过程。在此过程中，空气状态变化沿等湿球温度线进行，水温保持空气的湿球温度。

通常用蒸发冷却效率 η 来评价直接蒸发冷却设备处理空气的完善程度，其定义为：

$$\eta=\frac{t_1-t_2}{t_1-t_w} \tag{8-3}$$

式中 t_1——室外空气干球温度，℃；

t_2——室外空气被喷水加湿后的干球温度，℃；

t_w——室外空气的湿球温度，℃。

当蒸发冷却设备用来加湿时，则采用饱和效率 η_s，且有 $\eta_s=\eta$。

送风点的状态与室外空气点的湿球温度有很大的关系。送风点的温度不会低于室外湿球温度 t_w。当室外空气湿球温度升高到一定值后，送风温度要达到较低设计温度就较困难了。

现在市场上常用的直接水蒸发装置多用于加湿，其常用形式为湿膜加湿器、高压喷雾加湿器、超声波加湿器等。下面重点就湿膜加湿器进行介绍。

如图 8-4 所示，加湿冷却器通过供水管路或循环水系统将水送到湿膜顶部，水在重力作用下沿湿膜表面往下流，从而将湿膜表面润湿，当空气穿过潮湿的湿膜时，与湿膜发生热质交换，其湿度增加，温度下降，这一加湿冷却过程为等焓加湿过程。在这一过程中，淋水温度与空气的湿球温度保持不变并相等。

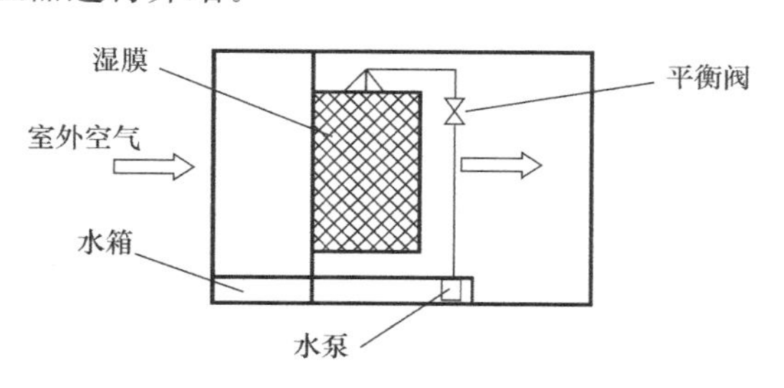

图 8-4 湿膜加湿冷却器结构示意图

湿膜中的等焓加湿过程并不是严格意义上的等焓过程，实际上焓值略有增加。蒸发冷却效率 η 与湿膜的厚度 L、迎面质量流速 ρv_a 及 α_v 等因素有关。已知 α_v 的数据后，可方便地得出需要的湿膜厚度及迎风面积，或校核湿膜是否满足空气处理的要求。湿膜有纸制和金属制湿膜，纸制湿膜在使用过程中易于生霉菌，影响湿膜的寿命，还会带来一系列的空气污染问题，而金属制湿膜不存在上述问题，但在造价和重量等方面有待改进。

高压喷雾加湿器是将水喷成雾状，水雾粒子与空气充分接触从而实现热湿交换。水雾粒子吸收空气中的热量蒸发为水蒸气而使空气中的含湿量增加，即空气中的潜热增加，而空气的温度下降即显热减少。在这个过程中空气的总焓值不变，此即为等焓加湿过程。

二、间接水蒸发热力过程计算及分析

间接蒸发冷却器热量传递原理如图 8-5 所示，图中与水接触的一侧为二次流侧，在二次流侧流动的空气称为二次流空气。不与水接触的一侧是主流，也称一次气流或被处理空气。一次气流的热量通过传热壁面传给水膜，水膜在二次流空气的作用下，不断蒸发，蒸发的水蒸气由二次流空气带走。在间接蒸发冷却器中，没有像直接蒸发冷却器那样带来空气中水蒸气的增加，所以是一个等湿冷却过程。

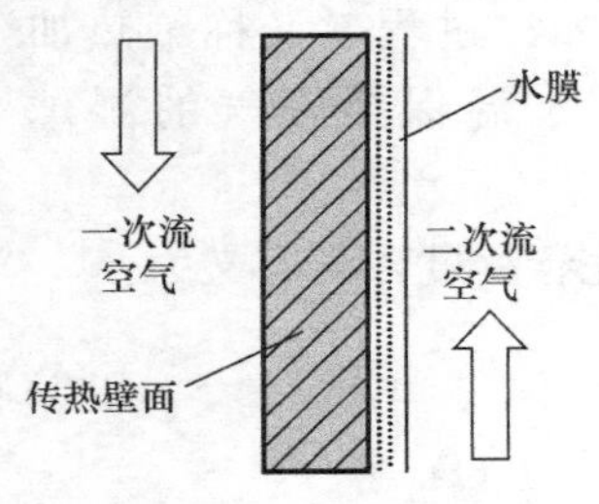

图 8-5　间接蒸发冷却热量传递原理图

间接式水蒸发冷却系统的主要部件是紧凑型换热器，其构造形式有板式、管式等。在板式换热器中又有逆流式、横流式等；依空气与喷淋水的相对方向来分，又有同向顺喷式及逆喷式。间接式水蒸发冷却效果的好坏，在很大程度上取决于间接式冷却换热器的效率。

间接式冷却换热器的效率表示为：

$$E=\frac{T_{1,i}-T_{1,0}}{T_{1,i}-T_{2,iwb}} \tag{8-4}$$

式中　E——冷却换热效率，%；

$T_{1,i}$——新风入口干球温度，℃；

$T_{1,0}$——新风出口干球温度，℃；

$T_{2,iwb}$——排风入口湿球温度，℃。

$$T_{1,0}=T_{1,i}\cdot(1-E)+E\cdot T_{2,iwb} \tag{8-5}$$

间接式水蒸发冷却系统具有一种“负温差效应”，使得新风终温低于排风干球温度，体现了间接式水蒸发冷却系统特有的优越性。

间接式水蒸发冷却的制冷量用下式得到：

$$Q=C_p\cdot V\cdot\rho(T_{1,i}-T_{1,0}) \tag{8-6}$$

式中　Q——制冷量，kW；

C_p——空气定压质量比热，kJ/(kg·℃)；

ρ——空气密度，kg/m³；

V——新风量，m³/s。

间接式冷却的能效比为：

$$ERR=\frac{Q}{(N_1+N_2+N_3)} \tag{8-7}$$

式中　N_1——一次风机功率，kW；

N_2——二次风机功率，kW；

N_3——水泵功率，kW。

对间接水蒸发冷却系统进行热力过程分析之后，可以应用湿空气的热物性参数模型及换热器的基本计算理论，建立间接水蒸发制冷系统的应用模型和数学模型，对水蒸发制冷系统进行数值模拟。下面给出间接水蒸发冷却系统数值模拟的计算实例。首先给出计算基准值：一次气流进口（大气）温、湿度：$t_1=35$℃；相对湿度：$\varphi_0=20\%\sim65\%$；此时，$d_0=0.0071\sim0.0236$kg/kg$_{干空气}$；取 $d_0=0.00963$kg/kg$_{干空气}$，$\varphi_0=27.13\%$。大气压力 $B=101325$Pa；空调房间温、湿度：空气干球温度 $t_i=30$℃；相对湿度 φ_i 不高于 70%，不低于 30%；间接式水蒸发换热器的效率 $\eta=0.60$；热负荷 $Q=2000\times4.2$kJ/h$=2333.3$W；空调空间有效体积 $V=10$m³。根据程序计算结果，研究每小时加湿量和每小时空气质量流量随热边进口空气的相对湿度和间接式水蒸发换热器的效率变化的情况，就可以给出热边进口空气相对湿度及换热器效率对空调系统影响的分析结果，如图 8-6～图 8-9 所示。加湿量、空调所需空气质量流量的大小受热边进口空气（一次气流）相对湿度和换热器换热效率的影响较大。较小的热边进口空气相对湿度和较大的换热器换热效率会带来较小的喷水量和空气质量流量，从而可以减小循环水箱的体积和风机功率。热边进口空气相对湿度大于 60%或换热器效率小于 0.6 时，加湿量和所需空气质量流量明显增加，换热器效率超过 0.9 时，加湿量及所需空气质量流量降低幅度不明显。我们的结论是：(1) 在 $\varphi<60\%$ 的较干燥地区，应用效果较好。在 $\varphi>60\%$ 的潮湿地区，需进行除湿后才能应用；(2) 喷水量及送风量受热边进口相对湿度及换热器换热效率影响较大。

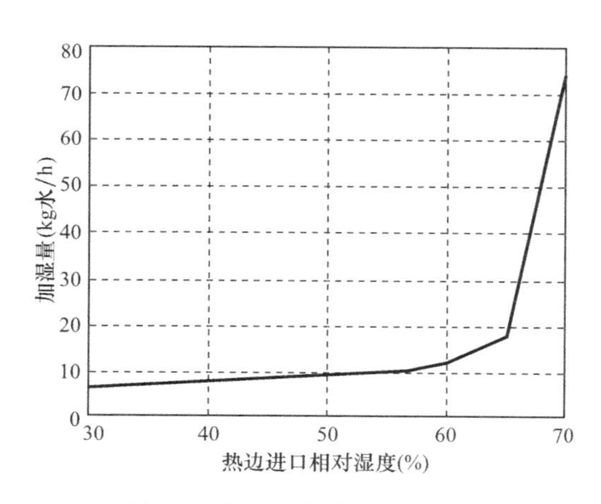

图 8-6　加湿量与热边进口空气相对湿度的关系曲线

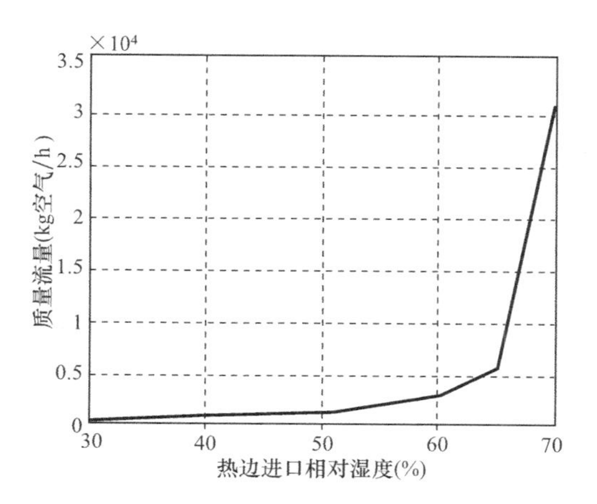

图 8-7　质量流量与热边进口空气相对湿度的关系曲线

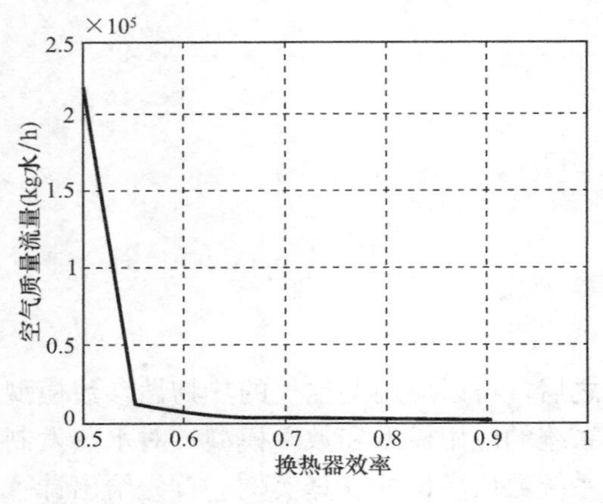

图 8-8　加湿量与换热器效率的关系

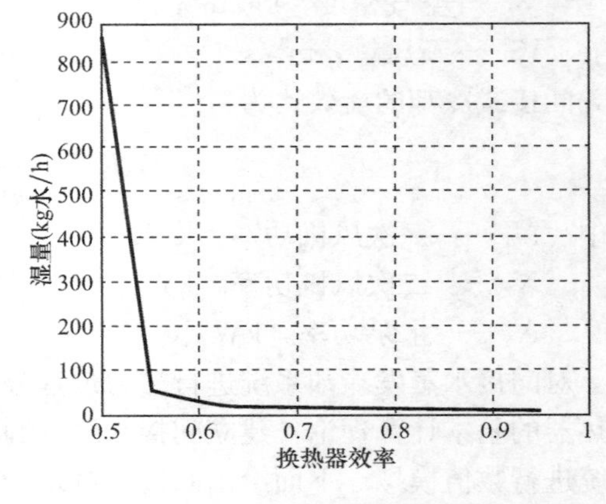

图 8-9　空气质量流量与换热器效率

第四节　蒸发冷却空调技术标准概述

蒸发冷却空调技术节能潜力的发掘和产业的快速发展对标准化工作提出了迫切需求。美国、澳大利亚、沙特阿拉伯、印度、加拿大等蒸发冷却空调技术较发达的国家都大力开展相关标准的制定和推广应用工作，促进该项技术健康快速发展，发挥节能潜力。近年来我国高校和标准化组织也开展了大量的标准化研究工作，取得了阶段性的成果。

一、国外标准概述

美国的蒸发冷却空调技术标准工作比较成熟，美国采暖、制冷与空调工程师学会（ASHRAE）成立了蒸发冷却空调技术委员会（TC5.7），TC5.7 设立了“直接蒸发空气冷却器测试方法”标准制定委员会（SPC133P）和“额定间接蒸发冷却器测试方法”标准制定委员会（SPC143P），于 1986 年 6 月 22 日发布了《直接蒸发空气冷却器测试方法》ANSI/ASHRAE Standard 133 和 1989 年 6 月 25 日发布了《额定间接蒸发冷却器测试方法》ANSI/ASHRA E Standard 143。这两个标准分别于 2002 年 2 月 4 日和 2000 年 10 月 6 日被美国国家标准学会（ANSI）审核通过成为美国国家标准，并在 1995 年和 1996 年、2007 年和 2008 年分别做了修订。

《直接蒸发空气冷却器测试方法》ANSI/ASHRAE Standard 133-2008 确定了额定单元式和组合式直接蒸发空气冷却器的实验室统一测试方法。范围包括测定额定饱和效率、空气流量和单元式及组合式直接蒸发空气冷却器总功率等方法。测试方法包括测量直接蒸发空气冷却器静压差、空气密度和风机转速的方法以及同时测定单元式和组合式直接蒸发空气冷却器的空气流量、总功率及饱和效率的方法。

《额定间接蒸发冷却器测试方法》ANSI/ASHRAE Standard 143—2007 为确定间接蒸发冷却设备的制冷能力和所需要的动力匹配提供了标准的测试方法和计算程序。该标准涵盖了在稳定工况下测试一次空气通过和水分蒸发进入到空气中形成的二次空气在换热器中交换显冷以及整体式系统中的单元式或组合式额定间接蒸发冷却器的方法。该标准不包括采用机械制冷或蓄热来冷却一次空气，二次空气或水分用于蒸发的设备以及干燥一次或二次空气的设备的测试方法。

澳大利亚的蒸发冷却空调标准是《蒸发式空调设备》AS 2913—2000，归口澳大利亚标准委员会ME/62（SAC）通风和空调委员会。该标准于1987年4月颁布，2000年做了修订。该标准规定了蒸发式空调设备基本特性的额定值和测试产品及设备各种适用形式的额定值，也规定了必要的基本结构。该标准适用于利用水分蒸发获得冷空气的蒸发式空调设备。蒸发式空调设备的性能通过空气流量、蒸发效率、内外部噪声等级以及耗电量来表示。该标准还对产品性能和测试方法以及其他相关结构的设备、标记、公布的数据都做了规定。

印度的蒸发冷却空调标准是《蒸发式空气冷却器》IS 3315—1994。这个标准是由印度标准局（BIS）于1974年颁布的，并在1991年做了修订。沙特阿拉伯沙漠干燥气候为蒸发冷却空调提供了得天独厚的应用地域。沙特阿拉伯将蒸发冷却空调称为“沙漠冷却器”，在蒸发冷却空调标准方面非常完善。沙特阿拉伯标准组织（SASO）在1997年10月10日同时颁布了《蒸发式空气冷却器》SASO 35和《蒸发式空气冷却器测试方法》SASO 36两项蒸发冷却空调标准。加拿大蒸发冷却空调标准是1983年加拿大标准协会（CSA）颁布的《加湿器和蒸发式冷却器》C22.2 No 104，并在1989年进行了修订。

二、我国标准概述

国内涉及蒸发冷却空调技术标准制定的组织主要有：住房和城乡建设部、全国冷冻空调设备标准化技术委员会SAC/TC238、全国暖通空调及净化设备标准化技术委员会供暖分技术委员会SAC/TC143/SC4、全国家用电器标准化技术委员会SAC/TC46和全国农业机械标准化技术委员会SAC/TC201。

住房和城乡建设部标准定额研究所制定的涉及蒸发冷却空调技术的标准主要有《公共建筑节能设计标准》GB 50189—2015和《工业建筑供暖通风与空气调节设计规范》GB 50019—2015。《公共建筑节能设计标准》GB 50189—2015第4.4.2条明确指出，在满足使用要求的前提下，对于夏季空气调节室外计算湿球温度较低、日温度差较大的地区，空气的冷却过程宜采用直接蒸发冷却、间接蒸发冷却或直接蒸发冷却与间接蒸发冷却相结合的二级或三级冷却方式。《工业建筑供暖通风与空气调节设计规范》GB 50019—2015中8.5.1条规定：空气的冷却应根据不同条件和要求，分别采用以下处理方式：循环水蒸发冷却；江水、湖水、地下水等天然冷源冷却；采用蒸发冷却和天然冷源等自然冷却方式达不到要求时，应采用人工冷源冷却。第8.5.2条规定：空气的蒸发冷却采用江水、湖水、地下水等天然冷源时，应符合下列要求：水质符合卫生要求；水的温度、硬度等符合使用要求；使用过后的回水予以再利用；地下水使用过后的回水全部回灌并不得造成污染。

全国冷冻空调设备标准化技术委员会SAC/TC238制定的涉及蒸发冷却空调技术的标准主要有《蒸发式冷气机》GB/T 25860—2010。该标准的制定是通过国家标准来规范蒸发式冷气机行业名称、形式和技术要求，为蒸发式冷气机提供统一的试验、检验依据，并通过对性能指标的规定评价蒸发式冷气机产品质量，规范行业竞争秩序，提高行业整体技术水平，为我国的节能减排发挥积极作用。该标准规定了蒸发式冷气机的术语和定义、形式、要求、试验、检验规则、标志、包装、运输和贮存等，适用于工业、商业或其他公共建筑的蒸发式冷气机。

全国家用电器标准化技术委员会 SAC/TC46 制定的涉及蒸发冷却空调技术的标准主要有《蒸发式冷风扇》GB/T 23333—2009。该标准规定了家用和类似用途蒸发式冷风扇的术语和定义、分类和型号命名、要求、试验方法、检验规则、标志、包装、运输与贮存，适用于单相器具额定电压不超过 250V，其他器具额定电压不超过 480V，通过水的蒸发吸热原理来冷却空气，在家庭和类似场所使用的冷风扇。

全国农业机械标准化技术委员会 SAC/TC201 制定的涉及蒸发冷却空调技术的标准主要有《湿帘降温装置》JB/T 10294—2013。该标准规定了湿帘降温装置的术语、规格型号、技术要求、试验方法、检验规则、标志、包装、运输和贮存。适用于农业建筑物（温室、畜禽舍）的夏季通风降温所用的湿帘降温（湿帘材质为纸基质）装置，其他材质的湿帘降温装置可参照执行该标准。

国外蒸发冷却空调技术产业发展较快，标准化工作起步早，比较完善。我国标准化工作起步晚，大部分标准还在制定中。国内企业 1998 年从国外引进了蒸发冷却空调设备，于 2003 年开始陆续生产我国的蒸发冷却空调设备，由于国产设备结构简单，配置低端，价格低廉，从而促进了蒸发式冷气机在国内应用的快速发展。目前国内销量从开始的几千台迅速发展到现在的数十万台。快速的产业发展推动了蒸发冷却空调技术标准化工作，制定标准成为产业的热点。由于产业化的快速发展，国内更侧重于制定产品标准，相应的测试标准缺失。目前国内已制定和在制定的标准主要有《蒸发式冷气机》、《蒸发式冷风扇》、《湿帘降温装置》、《水蒸发冷却空调机组》，主要是产品标准，这种现状与我国蒸发冷却空调产业化的快速发展相关。

随着蒸发冷却空调产业化的快速发展以及节能减排战略的实施，我国对蒸发冷却空调技术标准的制定更将趋于完善，产业化的快速发展必将推动产品标准化的发展，新产品标准和产品新标准将陆续出台，蒸发冷却空调产品质量、性能、安全等将得到进一步规范和提高。另外，蒸发冷却空调产品测试方法和试验方法以及特殊技术参数标准与内容将是我国蒸发冷却空调技术标准化工作的重要内容。

我国蒸发冷却空调产业化、规模化的迅速发展，标准制定将成为产业的热点，标准化工作也将呈现多元化趋势，并将得到快速发展，逐步缩小与国外标准化工作的差距，为产品推广应用和节能减排发挥积极作用。

第五节　蒸发冷却技术的应用

一、蒸发冷却在民用建筑中的应用

蒸发冷却技术在民用建筑中主要应用于空调工程中，以蒸发式空调为代表，其利用水分蒸发达到降温的目的，具有成本低、结构简单、耗能部件少等特点，是一种节能、经济、环保和健康的空调方式。

目前，按照设备形式，蒸发式空调可以分为两大类：蒸发式冷风扇和蒸发式空调器。其中蒸发式空调器又分为窗式蒸发空调器、柜式蒸发空调器和分体式蒸发空调器等。市场上出现的产品主要有蒸发式冷风扇、窗式蒸发空调器和柜式蒸发空调器。

（一）蒸发式冷风扇和柜式蒸发空调器

蒸发式冷风扇和柜式蒸发空调器可以结合室内装修，安装在住宅房间使用，其主要目的是降低室内空气温度，具有一定的加湿功能，如图 8-10 所示。

（二）窗式蒸发空调器

图 8-11 所示的窗式蒸发空调器可以大量采用室外新风：新风经过冷却器湿膜被降温、加湿和过滤，经风管和风口被输送至室内。等焓加湿的极限温度是入口空气的湿球温度。在干燥地区直接蒸发冷却效率可以到达 85%～95%。由《民用建筑供暖通风与空气调节设计规范》GB 50736—2012 可知，乌鲁木齐夏季空气调节室外计算干球温度为 33.5℃，湿球温度为 18.2℃，当经过直接蒸发冷却效率为 95%的蒸发式空调后空气温度可以降低至 19℃。

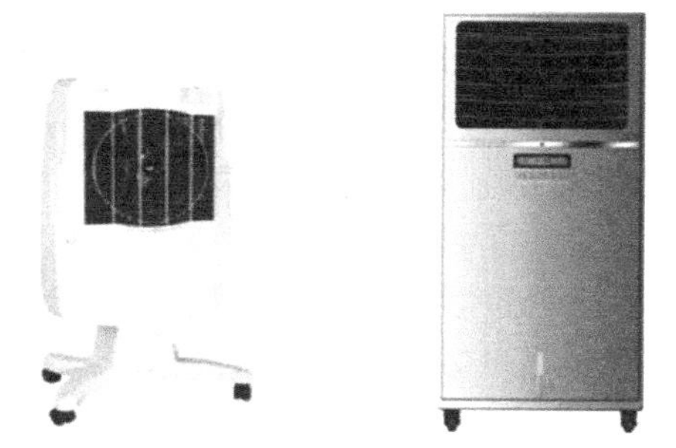

图 8-10　蒸发式冷风扇与柜式蒸发空调器实物图

图 8-11　窗式蒸发空调器

（三）分体式蒸发空调器

分体式蒸发空调器目前正在开发中，可以应用于农村住宅建筑。室外机利用蒸发冷却空调技术制取冷风和冷水，可以布置在房顶或室外空旷地区，大大减少了空调器的室内占用空间。图 8-12 所示为分体式蒸发空调器的水/空气流程。室外机制取冷风和冷水，冷风通过风管送入室内，满足室内人员新风需求，冷水送入室内末端，处理室内回风。

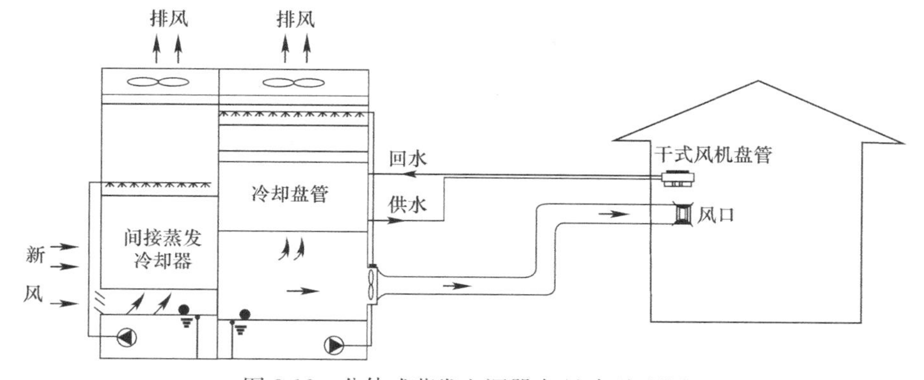

图 8-12　分体式蒸发空调器水/空气流程图

蒸发式冷风扇、柜式蒸发空调器和窗式蒸发空调器具有结构简单、使用方便等特点；分体式空调器能够同时产出冷风和冷水，可实现集中供冷。但它们都存在一些不足，如蒸发式冷风扇、柜式蒸发空调器和窗式蒸发空调器使用中需要特别注意通风效果的良好，窗式蒸发空调器还受到住宅建筑层高的影响，对其安装有严格要求；分体式蒸发空调器结构较为复杂。最主要的是蒸发式空调运行中受室外气象条件影响较大，存在不稳定性。

蒸发式空调是一种节能、环保、经济和健康的空调方式，能够满足居民基本的热舒适要求。结合新的制冷方式，可以提高其运行稳定性，也可以结合当地其他形式能源（如太阳能和沼气等），解决蒸发式空调的能耗问题。蒸发式空调应用于住宅具有广阔的前景。

二、蒸发冷却在数据中心的应用

数据中心是指所有含有数据服务器、通信设备、冷却和供电设备的建筑、厂房。随着其数量与规模的增长，数据中心的能耗越来越不容忽视。

数据中心的空调系统需要全年供冷且不间断运行，为了保障空调系统的可靠性以及持续稳定地运行，数据中心内采用间接蒸发冷却空调系统时通常需要辅助以直接膨胀式机械制冷。在室外空气温度较高，采用间接蒸发自然冷却运行模式不能将数据机房内的热回风所携带的热量排出时，需要及时开启直接膨胀式机械制冷将机房内热回风所携带的剩余热量排出，以使数据机房内的送风温度维持在一个稳定的范围内。

英国 Airedale 公司专门为数据中心开发出一种低压填料滴淋式间接蒸发自然冷却空调机组，如图 8-13 所示。直接膨胀式机械制冷系统内蒸发器位于数据机房内热回风侧板式换热器的后面，在室外环境温度较高时起到补充制冷的作用，而其冷却器布置在室外新风侧板式换热器的后面，目的是充分利用经过直接蒸发冷却填料降温加湿处理后的室外新风气流中携带的冷量。

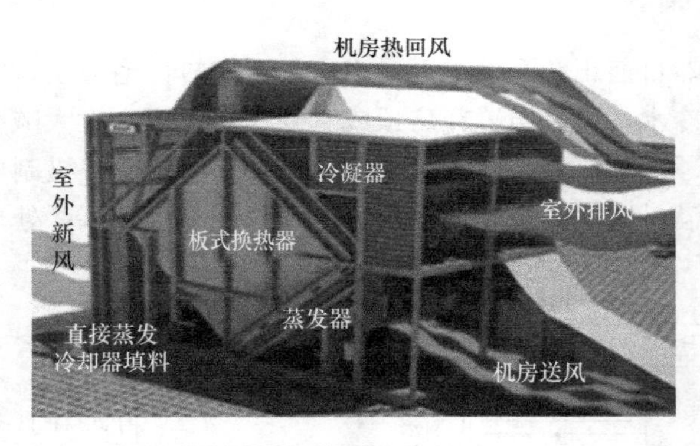

图 8-13　低压填料滴淋式间接蒸发自然冷却空调机组

该空调机组应用在数据机房的空调系统形式，如图 8-14 所示，采用高架地板下送风且热通道封闭气流组织方案，具有三种节能运行模式：在冬季、春季以及夏季室外环境温度较低时，机房热回风与室外新风只需要通过板式换热器进行间接自然冷却换热；在夏季、春季和秋季室外环境温度较高时，室外新风需要先经过直接蒸发冷却填料降温处理后，再通过板式换热器与机房内热回风进行间接自然冷却换热；在夏季的高温时间段，通过直接蒸发冷却填料和板式换热器自然冷却不足以完全排出机房内热回风气流中携带的热量，则需要开启直接膨胀式机械制冷系统进行补充制冷，以使机房内送风维持在稳定的温度范围内。

图 8-14　低压填料滴淋式间接蒸发自然冷却空调应用形式

在国内，宁夏中卫西部云基地新建设完成的誉成云创-奇虎 360 云计算数据中心内空调系统同样采用了填料滴淋式间接蒸发自然冷却，其特点在于把直接蒸发冷却填料、板翅式换热器以及直接膨胀式机械制冷系统中的蒸发器与冷凝器有机地布置在数据中心建筑的不同位置，而不是紧凑地组合在一起形成一个机组，从而更容易实现大风量送风。同样，誉成云创-奇虎 360 云计算数据中心所采用的间接蒸发自然冷却空调系统也具有与 Airedale 公司填料滴淋式间接蒸发自然冷却空调机组相同的三种运行模式。可以把间接蒸发自然冷却空调系统所具有的三种运行模式称之为“1＋1＋1 梯级冷却”：“1”指的是在室外环境温度较低时，只通过板翅式换热器，直接利用室外冷风对机房内热回风进行间接自然冷却；“1＋1”指的是在室外环境温度较高时，通过填料直接蒸发冷却以及板翅式换热器间接换热，利用直接蒸发冷却处理后的室外新风间接自然冷却机房内热回风；“1＋1＋1”指的是在室外环境温度很高时，不仅需要通过直接蒸发冷却填料和板翅式换热器进行间接自然冷却，同时还需要开启直接膨胀式机械制冷对机房热回风进行补充制冷。

德国 Denco Happel 公司开发出一种中压双换热器的板式喷淋间接蒸发自然冷却空调机组，如图 8-15 所示。该空调机组中设置了两个板式间接换热器 A 和 B，在换热器 A 中室外新风流经的通道内喷淋循环水，对机房内热回风进行间接蒸发自然冷却，而在换热器 B 中，机房内热回风与通过换热器 A 并经过喷淋水膜蒸发冷却处理后的室外新风进行间接换热，其对换热器 A 中排出的室外新风所携带的冷量进行了二次利用。通过板式间接换热器 A 和 B 的设置，使室外新风与机房热回风整体上呈现出一种“逆流换热”，从而进一步增强了两种流体的换热效率。同时，在该空调机组内直接膨胀式机械制冷系统中的冷凝器部分被独立设计在空调机组之外，而不是布置在室外排风处，如图 8-16 所示，这主要是由于间接换热器 A 中排出的室外新风所携带的冷量已经被间接换热器 B 充分利用。在数据中心的空调系统中应用时同样具有“1＋1＋1 梯级冷却”的三种节能运行模式。

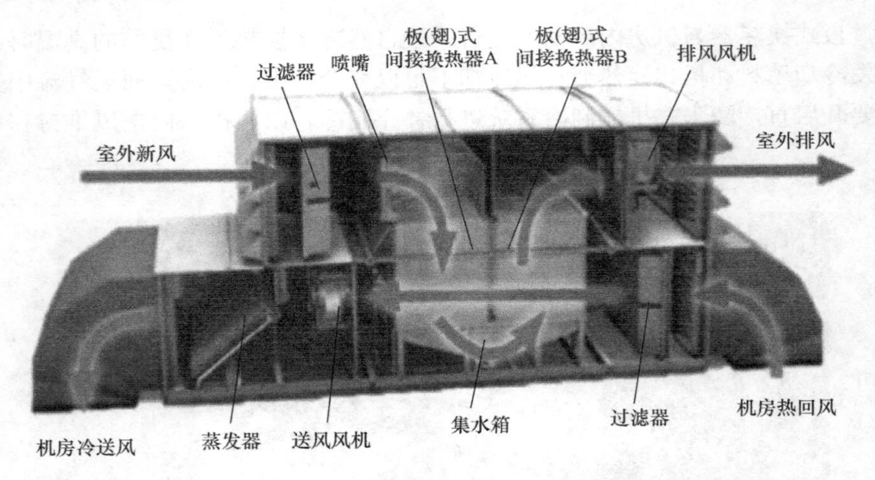

图 8-15　中压板式双换热器喷淋间接蒸发自然冷却空调机组

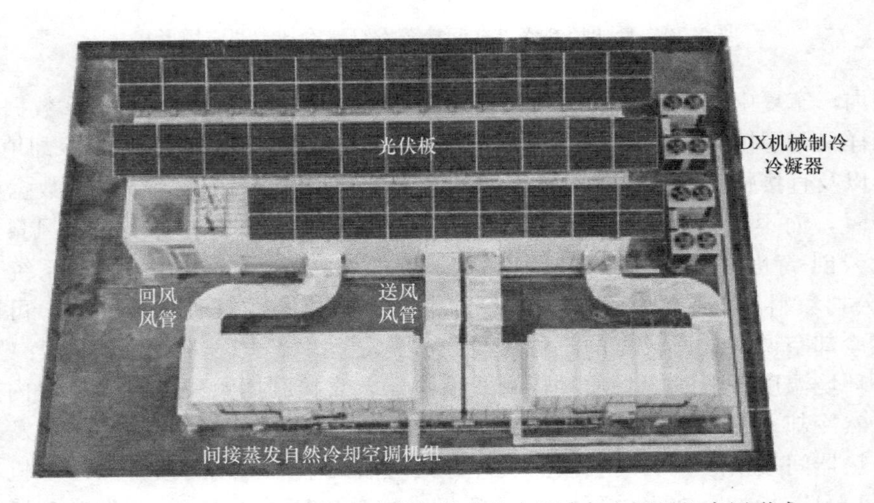

图 8-16　中压板式双换热器喷淋间接蒸发自然冷却空调机组应用形式

我国腾讯公司于 2016 年 4 月在贵州贵阳市搭建完成的 T-block 西部实验室中，就采用了由德国 Denco Happel 公司开发出的板式双换热器喷淋间接蒸发自然冷却空调机组。

英国 Excool 公司研发出一种高压喷雾板式间接蒸发自然冷却空调机组，如图 8-17 所示，经过各种物理过滤和化学净化处理后的水通过高压雾化形成大量细小的雾滴，大大增加了水与室外新风的接触面积，增强了水蒸发冷却室外新风的效果。经过高压雾化的水会在室外新风的气流中完全蒸发，以水分子的形式进入新风中被气流带走，理论上不需要设置集水箱，但是在实际运行中，受到室外新风状态的影响，高压雾化后的水存在很小的一部分不能够被新风气流吸收带走，该部分雾滴随新风气流进入板式间接换热器后，贴附在换热器的壁面，依靠自身的重力和新风气流的带动朝着换热器底部流动，因此需要在板式间接换热器的下面设置一集水箱。集水箱中收集的残留水每天定时排放掉或者对其进行物理过滤和化学净化处理后二次利用。

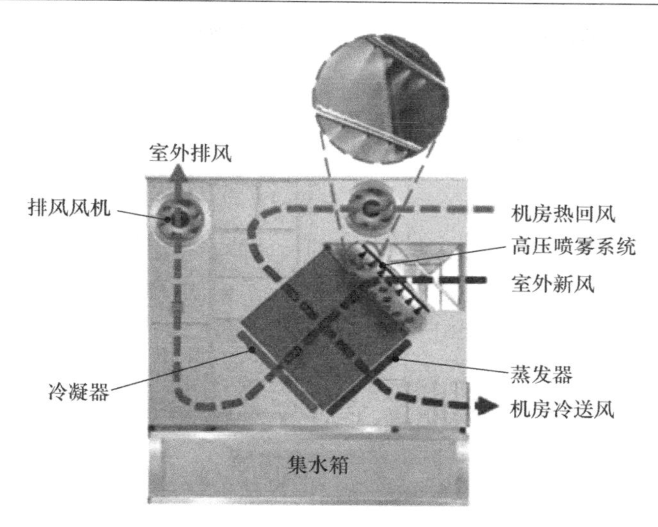

图 8-17　高压喷雾板式间接蒸发自然冷却空调机组

高压喷雾板式间接蒸发自然冷却空调机组应用在数据中心中的形式如图 8-18 所示，采用高架地板下送风上回风且冷通道封闭的气流组织方案，此时需要将空调机组布置在数据中心建筑的周围区域。在数据中心的空调系统中应用时同样具有“1＋1＋1 梯级冷却”三种节能运行模式。

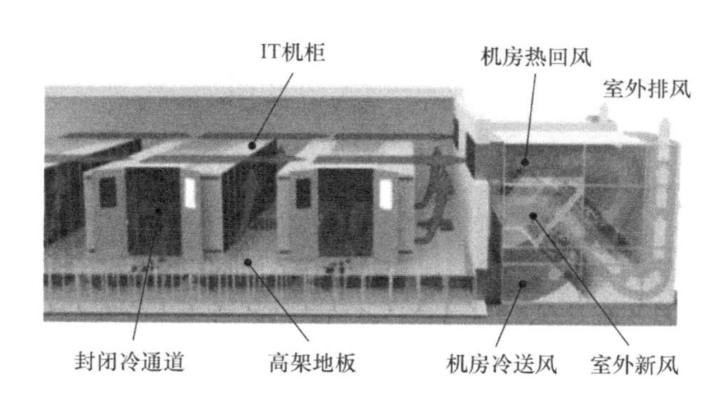

图 8-18　高压喷雾板式间接蒸发自然冷却空调机组应用形式

三、蒸发冷却在地铁中的应用

地铁成为城市公共交通网络的重要交通方式之一，由于地铁沿线通常是在城市最繁华的地区，地铁站附近更是寸土寸金，在地铁站地面上设置冷却塔，不仅成本高昂，而且影响城市景观和环境，带来极大的噪声污染和卫生隐患。目前我国地铁交通系统运行能耗巨大，通风空调系统的能耗已经达到了地铁交通总能耗的 40%左右。而蒸发冷却空调技术是一种环保、高效、经济的冷却方式，应用于地铁站具有显著的经济意义。

直接蒸发冷却就是空气与水直接接触，利用空气来降温加湿。在地铁站中，传统机械通风系统的车站送风机用于将室外空气直接送入车站内部，经通风换气后再由排风机直接排出室外，形式简单、通风量大，运行能耗高，通风温差小，地下空间空气环境温、湿度要求难以控制。可把直接蒸发冷却器段填料放在地铁的送风道中，利用其对进风冷却性能，可以在春、秋干燥季节或干燥地区的空调季节，采用直接蒸发冷却器段替代常规的机械制冷，冷却室外新风，然后再送入车站中，用来改善室内环境。采用直接蒸发冷却不仅降温加湿，还降低了送风量，比传统机械通风系统施工成本低，还有明显的节能效果。

地铁站的主要特点是人流量大，尤其在上下班期间，人流量更加密集。可在地铁大厅内局部设置蒸发式冷气机承担室内的显热负荷，而室内的全部潜热负荷、新风负荷及剩余显热负荷则由蒸发冷却新风系统承担，实现了温湿度独立控制，可以满足房间温湿度不断变化的要求。

统计数据表明，地铁车站中空调通风系统的能耗占建筑总能耗的30%～60%，其中处理新风所需能耗又占到空调通风系统能耗的20%～30%。由此可见，空调系统中排风系统带走的能量相当可观，地铁空调系统中充分挖掘排风系统能量进行回收，来达到节能降耗的要求。所谓排风热回收是指在空调系统中设置热回收装置全热回收或显热回收等，通过回收排气中的余热对引入空调系统的新风进行预冷却，来减少空调系统中处理新风带来的能耗。分别在地铁的送风道设置直接蒸发冷却段，在排风道中对排风进一步降温，然后作为间接蒸发冷却器的二次空气，对新风进行预冷。将排风热回收技术与直接蒸发冷却技术有机地结合，提高全年运行效率。

国外已有在地铁通风空调系统中应用蒸发冷却技术的工程实例。西班牙马德里地铁站采用直接蒸发冷却系统，使用喷雾器对空气进行降温，通过水的直接蒸发吸热冷却送风。每小时蒸发1升的水大约有0.68kW的制冷量。在相同条件下将直接蒸发冷却与等效的冷水机组进行了对比，通过监测数据证明了直接蒸发冷却比冷水机组更节约能源，成本更低。伊朗德黑兰地铁系统最核心的地铁1号线和地铁4号线，采用直接蒸发冷却通风降温系统来满足站厅站台人员舒适性要求。伦敦地铁为了缓解高温天气带来的不舒适感，在不同车站分别采用喷雾蒸发冷却、蒸发冷却空调机组、可移动蒸发式冷气机三种不同形式的直接蒸发冷却系统来保证乘客及工作人员的热舒适性，并对其应用效果进行了测试研究。

国内目前没有在地铁上大规模采用蒸发冷却技术的实际工程，但已有相关学者对其适用性和应用形式进行了研究。蒸发冷却通风空调相比于蒸发式冷凝器在不设置冷却塔的基础上，采用水作为制冷剂，利用干空气能，无需制冷能耗来实现空调降温，在节能的同时还具有加湿、净化空气等功能，因此在地铁站的通风空调系统中具有广阔的应用前景。

四、蒸发冷却在火力发电厂的应用

蒸发冷却在火力发电厂的应用主要有蒸发冷却技术在火力发电厂燃气轮机进气处理中的应用；蒸发冷却技术在火力发电厂配电间通风降温中的应用；蒸发冷却技术在火力发电厂空冷冷凝降温中的应用等。采用蒸发冷却技术，在节省水资源的情况下，提高空冷系统运行效率，则可以一定程度地提高电厂发电效率，节约能耗。

目前，采用冷却技术对燃气轮机入口空气进行冷却，是解决外界环境温度过高造成燃气轮机出力下降这一问题的方法。采用的主要冷却方式分为蒸发冷却法和冷冻换热法。其中冷冻换热法根据冷源获取方式的不同分为吸收式制冷、常规电制冷、冰蓄冷等。吸收式制冷利用电厂余热驱动制冷机，向燃气轮机进气提供冷源，但该方式在使用过程中循环水用量较大；常规电制冷采用燃气轮机或联合循环电厂自身所发电力，驱动压缩式制冷机产生低温冷水，通过闭式循环回路将低温冷水送到燃气轮机进气道内的换热器中，降低燃气轮机进气温度，但该方式会消耗大量的电能；冰蓄冷可以在电网高峰的时段内不开制冷机，靠储存的冰来提供冷量冷却压缩机进口空气，可利用多余电能制冰储存冷量，但存在系统复杂、初投资和占地面积大、运行管理复杂的缺点。

蒸发冷却是在没有别的热源条件下，水与空气间发生热湿交换过程：空气将显热传递给水，使空气的温度下降，同时水蒸气使空气的含湿量增加，且进入空气的水蒸气带回一些汽化潜热，当两种热量相等时，水温等于空气的湿球温度。所以只要是空气不饱和，利用循环水直接（或通过填料层）喷淋空气就可获得降温的效果。

蒸发冷却技术处理燃气轮机进口空气方式分为两种：一是在燃气轮机进空气过滤器下游侧的空气通道中安装填料（湿膜）蒸发冷却器，原理见图 8-19，将水喷淋（滴淋）在上面，通过水蒸发冷却进气，对进气阻力影响较大；二是直接将水雾化，原理见图 8-20，喷入进气道进气冷却，对进气阻力影响小。

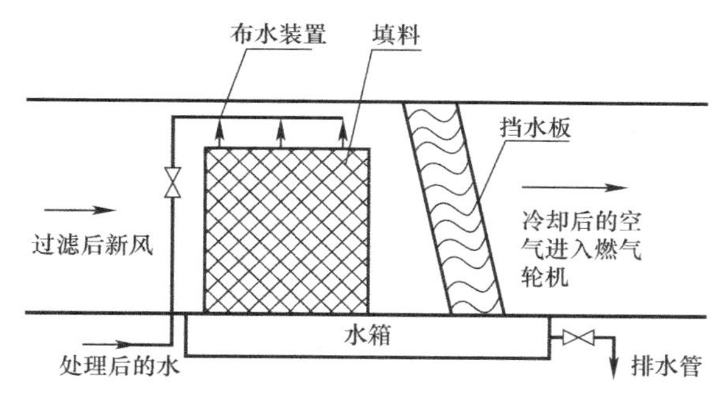

图 8-19　湿膜式蒸发冷却器系统原理图

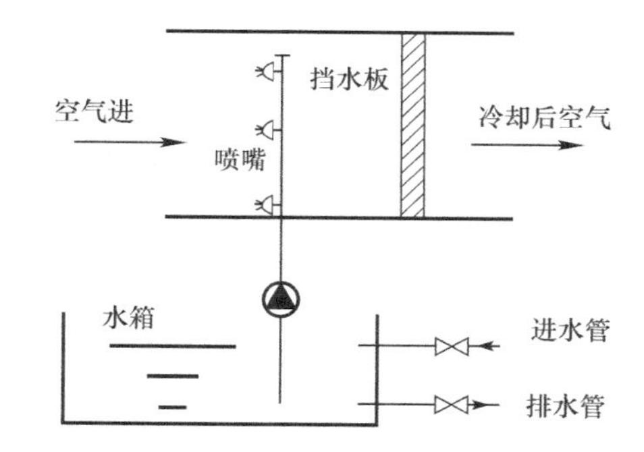

图 8-20　喷雾蒸发冷却系统原理图

在发电厂中使用直接蒸发冷却通风系统主要是为了改善夏季各通风房间室内温度过高，且为工艺设备提供安全稳定的运行环境，如图 8-21 所示。根据《发电厂供暖通风与空气调节设计规范》DL/T 5035—2016 的要求，配电间采用换气次数 $12h^{-1}$ 的事故排风装置，兼作日常通风用。火力发电厂设计技术规程同时规定满足下列条件之一时宜采取降温措施：(1) 当地夏季通风室外计算温度 $t \geqslant 35℃$；当地夏季通风室外计算温度 $30℃ \leqslant t \leqslant 33℃$；最热月月平均相对湿度 $\varphi \geqslant 70\%$。

空冷配电间与常规空调房间的在房间降温用途、室内设计温度等方面存在不同。房间的降温空冷配电间服务对象为空冷变频器、干式变压器等设备，目的是保证设备长期正常运行；而常规空调房间服务对象多为工作人员，要保证人员的舒适性。室内设计温度不同：空冷配电间一般为 35℃，而常规空调房间一般为 26～28℃。

除了直接蒸发冷却通风系统的应用，间接—直接蒸发冷却复合技术通风降温在发电厂中也有应用。图 8-22 所示为间接—直接蒸发冷却复合处理空气原理图，实现这一原理的设备之一如图 8-23 所示。

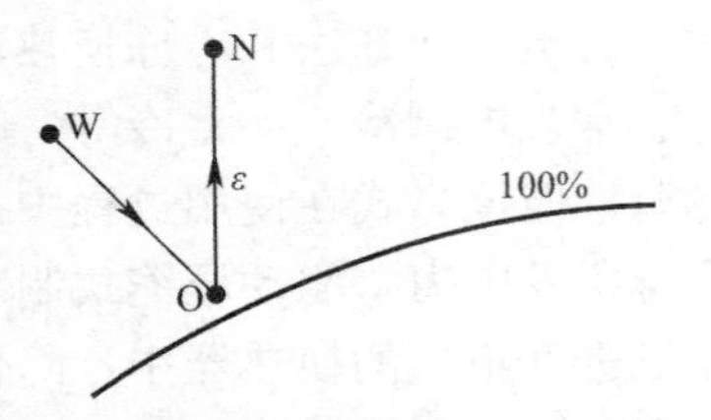

图 8-21　直接蒸发冷却空气处理过程焓湿图

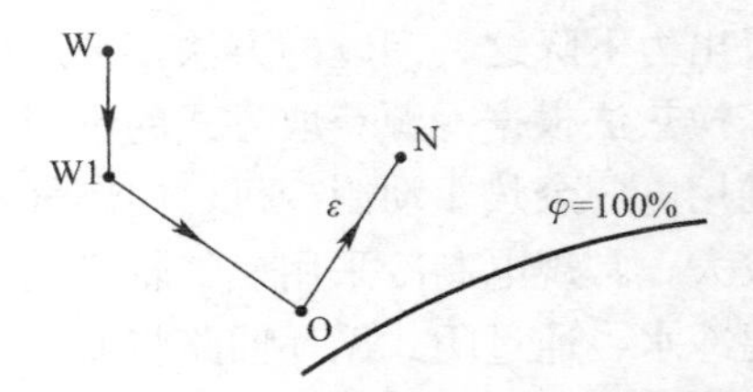

图 8-22　间接—直接蒸发冷却复合处理空气原理图

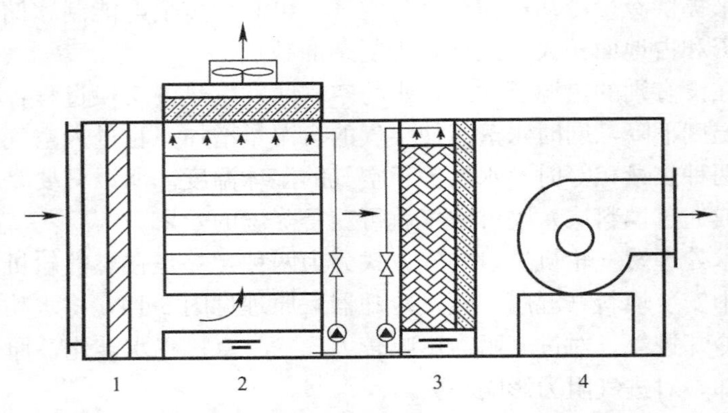

图 8-23　间接—直接蒸发冷却复合处理空气设备

1—过滤段；2—管式间接蒸发冷却段；3—直接蒸发冷却段；4—送风段

目前，蒸发冷却技术在火力发电厂空冷系统中的应用大致分为两种应用方式：蒸发冷却喷雾降温以及蒸发式冷凝在空冷系统中的应用。蒸发冷却空调技术，其驱动势就是室外空气干湿球温差。蒸发冷却喷雾降温系统，由高压水泵将水通过加压后通过喷嘴将水滴雾化成细小的雾滴。室外空气被等焓降温加湿处理，是一种节水、低能耗的空气处理方式。采用蒸发冷却喷雾降温系统方式与直接空冷散热器集合的方式如图 8-24 所示。

蒸发式冷凝器是一种将风冷与水冷相结合的冷却设备。冷凝管路设置在设备内部，通过在冷凝换热管束外淋水，利用蒸发冷却原理，水蒸发吸收潜热来冷却管内介质，其原理如图 8-25 所示。

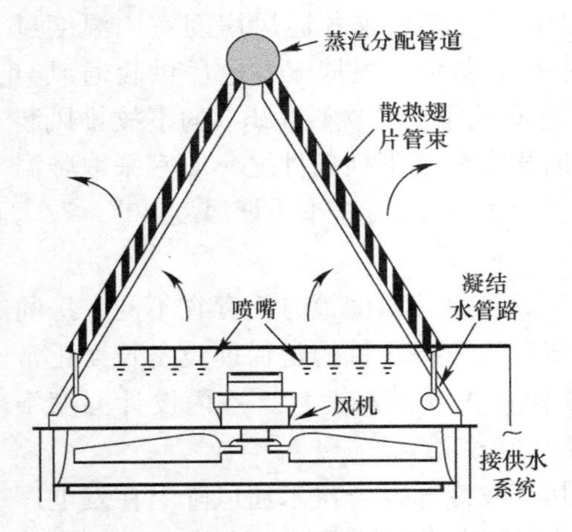

图 8-24　蒸发冷却喷雾降温系统在直接空冷系统中的应用方式之一

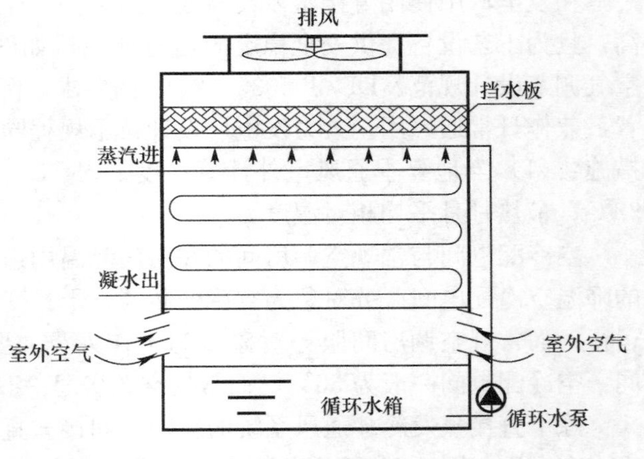

图 8-25　蒸发式冷凝器原理图

蒸发冷却技术应用于发电厂提高空冷系统运行效率，则可以一定程度地提高电厂发电效率，节约能耗。

五、蒸发冷却在开式空间的应用

夏季持续高温天气频频出现且持续时间长，户外工作者及消费者的降温问题需要进一步解决。蒸发冷却技术是具有对环境保护有利并且有很高的效率以及经济效益好的一种冷却方式，与传统空调相比蒸发冷却技术更有可能实现户外降温。

高压喷雾是蒸发冷却技术在开式空间的应用之一。高压喷雾直接蒸发冷却降温技术最早源于国外，主要用来冷却美国亚利桑那州的莴苣菜地、加利福尼亚州的杏树果园、法国的葡萄园、希腊的柑橘树林以及捷克的樱花树木。迄今为止，在欧洲大约有 800 个这样的供冷系统在使用。此项技术在应用于美国、西班牙、日本世博会后，逐渐成为国际上较为成熟的室外降温方法。我国高压喷雾直接蒸发冷却在降温领域的应用相对较晚，迄今为止喷雾直接蒸发冷却系统积累了近 10 年的应用经验，曾应用于北京奥运会、北京残奥会、上海特奥会、香港迪士尼乐园、杭州国家西溪湿地公园等。并在 2010 上海世博会和 2012 年的西安世界园艺博览会上大规模应用，且降温效果显著，图 8-26 所示。

高压喷雾直接蒸发冷却系统主要是利用水蒸发吸热对周围的空气进行降温，这就决定了它是一种环保的冷却方式，并且其具有冷却设备成本低、耗电量低，能满足用电高峰期对电能的要求，同时又可以减少温室气体和氟利昂的排放量的特点。目前在交通岗亭中逐渐使用起来，为执勤的交通警察等降温除尘，如图 8-27 所示。

图 8-26　上海世博会采用高压喷雾降温系统

图 8-27　正在使用的高压喷雾交通岗亭

由于高压喷雾直接蒸发冷却降温装置是经过验证的比较成熟的户外降温装置，所以其应用场所也多且灵活，但是该降温系统也具有一定的局限性，例如在使用过程中其降温幅度有限，并且人体的热舒适性也不是特别好；长时间使用会有飘水和滴水现象，造成淋雨感；水雾过轻，喷雾无法到达作用区域，影响降温效果；在一些地面材质特殊的户外场所，喷雾装置长期运行产生水滴，造成地面湿滑，影响行人安全；在一些有安保监控的地方降低了能见度，影响监控效果。

蒸发式冷气机是蒸发冷却技术在开式空间的另一应用。蒸发式冷气机利用自然界中可再生的干空气能，采用水作为制冷剂，通过水与空气进行热湿交换实现降温，具有经济、节能、环保的特点，其主要原理也是直接蒸发冷却。现有比较成熟的蒸发式冷气机根据应用领域可以分为工业冷气机及家用冷气机。工业冷气机一般用于冷库、冷链物流制冷环境中，家用冷气机又叫水冷空调，是一种集降温、换气、防尘、除味于一身的蒸发式降温换气机组。蒸发式冷气机的主要核心部分是填料，与机械制冷不同，它无压缩机、冷媒和铜管等部件，是传统中央空调耗电量的1/8。家用冷气机的耗电量更小，仅相当于一个灯泡的耗电量。

蒸发式冷气机广泛应用于我国工业、农业生产的降温车间以及商业和住宅建筑中，以及西北干燥地区的超市、餐厅、花卉市场等场所。目前在国内，蒸发式冷气机在工厂、数据中心等领域应用较多，用于户外降温的较少，只有少数生态餐厅使用直接蒸发冷却的湿帘进行降温。在马来西亚、泰国等地已经有将直接蒸发式冷气机应用于户外集会广场、半开放的高大空间以及餐厅等场所，如图8-28所示。

图8-28　国外某高级会所前使用蒸发式冷气机进行降温

第六节　露点蒸发冷却

蒸发冷却技术是一种被认为有着广阔应用前景的空调技术。露点间接蒸发冷却技术很大程度上克服了常有的蒸发冷却技术中出现的处理后空气湿度大、温降有限等问题。露点间接蒸发冷却技术是利用空气的干球温度和不断降低的湿球温度之差来换热，最终能提供干球温度比室外湿球温度低且接近露点温度的空气，温降较大。

目前所用的露点间接蒸发冷却器多为板翅式的，其结构由纵向干空气通道和横向湿空气通道组成，纵向干空气通道中的空气湿度不变，但纵向通道的中间有小气孔，流经此处的空气可以穿过气孔流入横向湿空气通道中，并与湿空气通道中原有空气一起被绝热加湿，自身温度降低，进而对纵向通道中的空气进行等湿冷却，直至其接近露点温度。其原理如图8-29所示。

当气流被风机吹入冷却器纵向干通道板时，首先被其湿侧初步冷却，状态从 1 变化到 2。由于干通道板的中间有小气孔，所以一部分一次空气穿过这些气孔流入横向湿通道板中，与湿通道中的原有空气一起作为二次空气，则流入湿侧的一次气流与水进行热湿交换，达到状态 2 的湿球温度 2′。同时，由于湿通道中水分蒸发，吸收干通道中热量，状态从 2′到 2″，一次空气等湿冷却，故从状态 2 到 3。随着流入湿侧的气量不断增大，一次空气进一步得到显性冷却，状态从 3 变化至 4，而二次空气继续经加湿、饱和、升温，状态从 3′变化到 3″。如此下去，直到一次空气被等湿冷却到初始状态 1 的湿球温度以下且接近其露点温度状态 n，并保持湿度不变。二次空气从横向湿通道板的两侧排出。

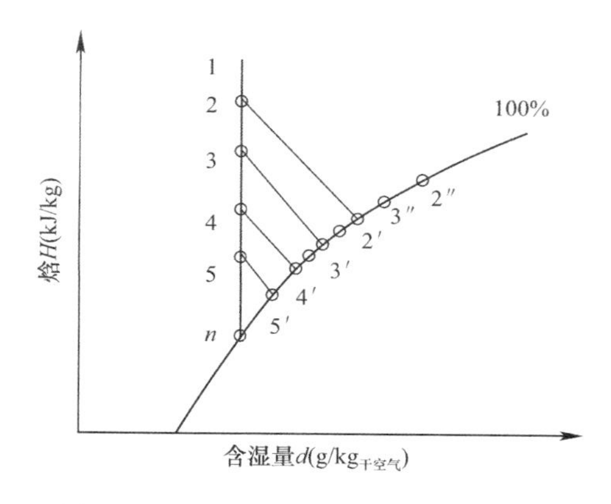

图 8-29　露点间接蒸发冷却工作原理图

根据露点间接蒸发冷却器结构的不同，可以分为三种基本样式：直流式、叉流式和逆流式。

直流式露点间接蒸发冷却器基本上就是若干普通间接蒸发冷却器的串联，其作用也是使从第一个冷却器到最后一个冷却器的入口气流温度逐渐降低，达到整个冷却器出风状态接近初始空气露点的目的。一般结构如图 8-30 所示。

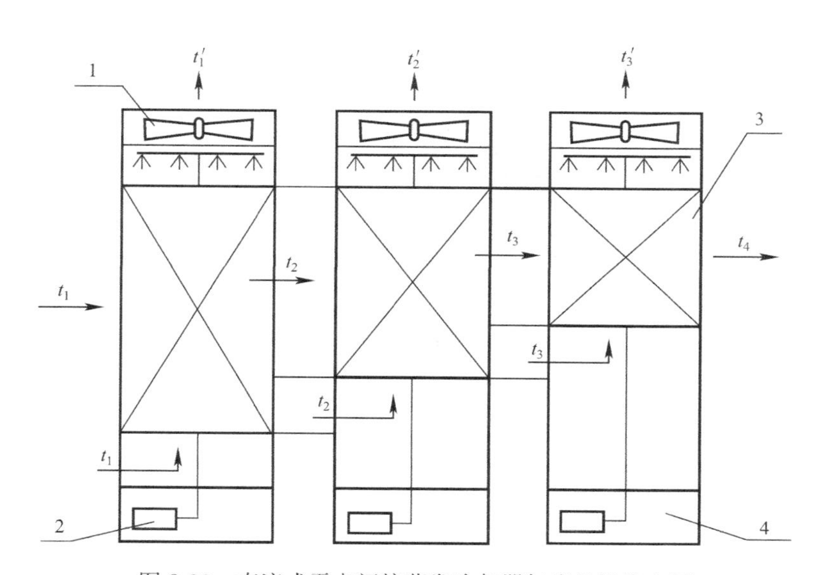

图 8-30　直流式露点间接蒸发冷却器气流组织流向图

t_1—初始空气；t_2—经第一单级间接冷却器的空气；t_3—经第二单级间接冷却器的空气；
t_4—经第三单级间接冷却器的空气；t_1'—经第一单级间接冷却器的排气；
t_2'—经第二单级间接冷却器的排气；t_3'—经第三单级间接冷却器的排气；
1—轴流风机；2—水泵；3—板式换热器；4—水槽

新疆绿色使者空气环境技术有限公司申请了这种式样的实用新型专利，名字叫多级蒸发冷却器。它将至少三个单级间接蒸发冷却器串联在一起，上一单级间接蒸发冷却器的一次空气分离为两部分：一部分作为二次空气从下往上，最后排出；另一部分继续作为一次空气到第二单级冷却器，到出风处继续同前面一样分为两部分。它们这样将预冷过的部分一次空气作为二次空气，使二次空气与水交换后的湿球温度逐渐降低，从而使一次空气温度更低。理想情况下，由于对一次风实现多级等湿降温，降温后的空气温度可低于当地空气的湿球温度，接近露点温度。

直流式露点间接蒸发冷却器由于流道是直线形的且不同流道之间没有穿孔，因此结构相对简单，气流阻力相对较小，露点效率也比较高。但是对于同样的处理空气量和同样的出风状态，其体积较大，所用风机数也较多，能耗较大，造价相对较高。

叉流式露点间接蒸发冷却器由干通道和湿通道组成，互相垂直成交叉流。干通道分为有穿孔和无穿孔两种。从无穿孔的干通道通过的一次空气作为送风，从有穿孔的干通道中进入的空气可以通过穿孔进入到湿通道中，作为二次空气，最后从一侧面排出。一次空气与二次空气交叉流，二次空气侧淋水。有穿孔的干通道末端用挡板挡住，使其中的一次空气只能从穿孔进入，而不与送风混合。一、二次空气都是室外新鲜空气。

图 8-31 所示是叉流式露点间接蒸发冷却器的典型结构。在这一结构中，带穿孔的干通道侧的空气在通过穿孔之前被预冷，由于这里面的气流在干通道内走过的路程不同，被预冷的程度也不同，通过穿孔时的温度也不同。经过预冷后进入湿通道的二次空气与水进行热湿交换，气流被降温冷却，吸收干通道空气的热量，使一次空气温度降到其露点温度。

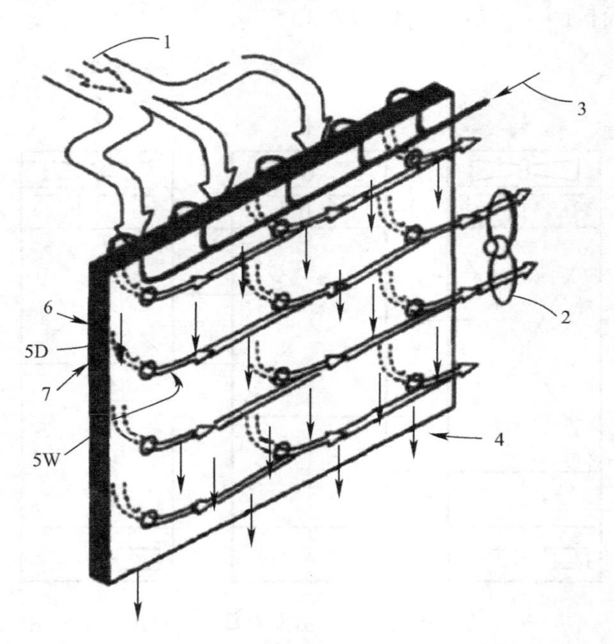

图 8-31　叉流式露点间接蒸发冷却器气流组织流向图

1—空气入口；2—湿空气排出；3—冷水输入；4—冷水经冷却器流出；5D—冷却器干通道侧；5W—冷却器湿通道侧；6—冷却器干通道侧；7—冷却器的吸湿层

叉流式露点间接蒸发冷却器结构紧凑，体积较小，耗能也低，露点效率可达 55%～85%。然而由于叉流式露点间接蒸发冷却器通道多、流道窄，多股空气在通道内流动，其内部结构较复杂。一次空气流过穿孔，虽然在湿通道内形成了统一的气流分布，但大量气流通过穿孔，增加了流动阻力，降低了冷却效果，使一次空气不能完全冷却。此外，一次空气与二次空气在换热器中也不是完全的热交换状态。所以针对叉流式露点间接蒸发冷却器，应在不断提高换热效率的情况下使结构简单化，以便能更好地加工制造。

逆流式露点间接蒸发冷却器内的干气流与湿气流是逆向流动的。干气流分成两部分：一部分通过冷却器输出，作为成品流；另一部分通过穿孔进入湿通道，作为工作气流逆向流出，如图 8-32 所示。

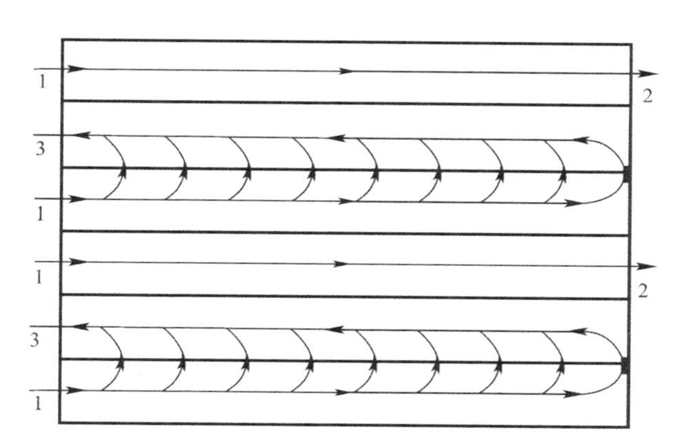

图 8-32　逆流式露点间接蒸发冷却器气流组织流向图

1—干空气；2—输出空气；3—湿空气

在这一结构中，工作气流和成品气流初始状态相同。在图 8-32 中可以看到进入冷却器的工作气流在状态 1 下流过干通道，部分经穿孔进入湿通道被加湿冷却。当工作气流还在干通道内流动时，它就被隔壁的湿通道预冷，随着这部分气流的前进，预冷效果越来越明显，也就是说通过不同的穿孔的温差越来越大。在干通道的末端有很小比率的空气留存，这部分被预冷到最低水平。经过不断预冷后进入湿通道的工作气流和水进行热湿交换，温度降低至接近其湿球温度。这时从相邻干通道工作空气侧和干通道产品空气侧吸收热量，一边来冷却成品气流，一边来进行预冷却，最后使输出的成品气流 2 达到 1 点的露点温度，湿通道内的气流吸收了显热后以状态 3 排放到大气中。

逆流式露点间接蒸发冷却器是逆流换热，使换热气流有比较大的温差，因此换热效率相对较高。这种露点间接蒸发冷却器能产生更多的冷量，具有很高的湿球效率和露点效率，最大限度地提高露点冷却系统的能源利用效率。据模拟测量，其湿球效率可高达 130%，露点效率也达到 90%。

露点间接蒸发冷却技术是蒸发冷却空调技术最重要的研究方向之一，通过对产出空气的不断冷却，从而获得逼近空气露点温度的出风和出水产品。露点间接蒸发冷却器中空气与水的流程更为多变和复杂，随着研究的深入，相关数学模型的建立也是越来越完善，其数值计算结果也已经与试验结果较好地吻合。多孔陶瓷、聚合物材料、纺织布料等已经应用在蒸发冷却器的研究当中。寻找一种亲水性好、导热系数高、强度高的湿通道材料也是露点间接蒸发冷却技术的研究重点。蒸发冷却空调商业化产品主要为产出介质为冷风的机组，其结构简单、效率较高，在测试条件下湿球效率和露点效率可以达到预期要求，有较好的节能效果。

本章参考文献

[1] 薛殿华. 空气调节 [M]. 北京：清华大学出版社，1996.

[2] 宣永梅. 无机填料直接蒸发冷却空调机的理论与实验研究 [D]. 西安：西北纺织工学院，2001.

[3] 黄翔，刘鸣. 我国新疆地区蒸发冷却技术应用现状分析 [J]. 制冷与空调. 2001，(lf6)：33-38.

[4] 陈沛霖. 论间接蒸发冷却在我国的应用前景 [J]. 暖通空调，1989，18 (2)：25-31.

[5] 陈沛霖. 蒸发冷却在非干燥地区的应用 [J]. 暖通空调，1995，25 (5)：24-29.

[6] 程焕新，张登春. 蒸发冷却技术在我国中南地区应用的可行性研究 [J]. 制冷，2001，20 (4)：40-43.

[7] 黄翔，武俊梅等. 中国西北地区蒸发冷却技术应用状况的研究 [J]. 西安工程科技学院学报，2002，16 (1)：28-34.

[8] 张登春. 陈焕新. 蒸发冷却技术在我国干燥地区的应用研究 [J]. 建筑热能通风空调，2001，14 (3)：13-15.

[9] 陈沛霖. 间接蒸发冷却在我国适用性的分析 [J]. 暖通空调，1994，24 (5)：3-5.

[10] 胡益雄. 间接蒸发冷却在住宅空调中的应用 [J]. 制冷，1992，25 (2)：62-65.

[11] 强天伟. 蒸发冷却空调自动控制系统的研究 [D]. 西安：西安工程科技学院. 2002.

[12] 由世俊，张欢. 蒸发式空气加湿冷却器的性能及其在风冷冷水机组中的应用 [J]. 暖通空调. 1999，29 (5)：41-43.

[13] Scofield，Mike. Indirect/direct Evaporative Cooling [J]. I-IPAC Heating，Piping，Air Conditioning Engineering，1998，77 (7)：38-45.

[14] 黄翔，强天伟. 蒸发冷却式空调自动控制的研究 [J]. 建筑热能通风空调. 2002，(6)：12-14.

[15] 陈沛霖. 蒸发冷却技术在非干燥地区的应用 [J]. 暖通空调. 1995，(4)：3-8.

[16] El-Dessouky，H.，Ettouney，H.，A1—Zeefari，A. Performance Analysis of Two-stage Evaporative Coolers [J]. CHEM ENG J，2004，102 (3)：255-266.

[17] A1Juwayhel FI，AI-Haddad AA，Shaban HI，EI-Dessouky HTA. Experimental Investigation of the Performance of Two-stage Evaporative Coolers [J]. Heat Transfer Engineering. 1997，18 (2)：21-33.

[18] Watt J. R. Evaporative Air Conditioning Handbook [M]. Berlin：Springer，1980.

[19] Camargo JR，Ebinuma CD，Silveira JL. Thermoeconomic Analysis of an Evaporative Desiccant Air Conditioning System [J]. Applied Thermal Engineering，2003，23 (121)：1537-1549.

[20] AI-Juwayhel，F′El-Dessouky，H，Ettouney，H，et a1. Experimental Evaluation of One，Two，and Three Stage Evaporative Cooling Systems [J]. Heat Transfer Engineering，2004，25 (6)：72-86.

[21] 于维新，陆亚俊. 淋水填料式空气直接蒸发冷却实验的理论基础 [J]. 沈阳建筑工程学院学报. 1989，5 (3)：8-1559.

[22] 黄翔，汪超．蒸发冷却空调技术标准综述 [J]．制冷与空调，2011，11 (3)：98-102.
[23] 刘佳莉，黄翔，孙哲．蒸发式空调应用于我国农村住宅的前景初探 [J]．制冷与空调，2013，13 (9)：30-34.
[24] 耿志超，黄翔，折建利．间接蒸发冷却空调系统在国内外数据中心的应用 [J]．制冷与空调（四川），2017 (5).
[25] 苏晓青，黄翔，李鑫．蒸发冷却技术在地铁环控系统中研究现状及应用形式探讨 [J]．制冷与空调：四川，2015 (6)：616-620.
[26] 黄翔．蒸发冷却技术在火力发电厂的应用 [R]．空冷机组专业技术系统学习班培训，2013.
[27] 陈瑶，张小松，薛海君．喷雾降温技术在大型发电厂直接空冷系统中的应用 [R]．中国制冷空调专业产学研论坛．2013.
[28] 鞠昊宏，黄翔，王兴兴．蒸发式冷气机在交通岗亭的应用 [J]．制冷与空调，2016，16 (11)：63-65.
[29] 鞠昊宏．蒸发冷却在岗亭应用的研究 [D]．西安：西安工程大学，2017.
[30] 张强，刘忠宝，马清波．露点间接蒸发冷却开式空调系统的介绍和应用 [J]．发电与空调，2009，30 (6)：15-19.
[31] 褚俊杰，黄翔，孙铁柱．国内外露点间接蒸发冷却技术研究最新进展 [J]．流体机械，2017，45 (9)：1005-0329.

第九章　可再生能源在制冷空调中的应用

近年来，由于城市化带来的建筑封闭性以及人们对生活舒适度要求的提高，大量蒸气压缩式空调的使用带来了严重的能源危机和环境污染，比如，地球臭氧层不断被破坏，全球气候变暖的进程加速，异常天气的出现周期缩短，人类生存的环境开始濒临失衡。解决目前面临的能源危机和环境问题的途径主要有两种：一是提高煤、石油等不可再生能源的利用效率，并寻找传统氟利昂类制冷工质的替代品；二是因地制宜地使用清洁无污染的可再生能源。要从根本上改变目前的局面，就必须开发出一种合理有效利用可再生能源的途径，比如地热（冷）能和太阳能等。把这些可再生能源应用于空调制冷，不仅可以缓解不可再生能源所面临的危机，而且清洁无污染，不会导致臭氧层的破坏，没有温室气体的排放，有效保护和改善人类的生存环境，实现可持续发展。

太阳能是可再生清洁能源，在制冷空调中是最主要的可再生能源。太阳能制冷系统与常规的蒸气压缩式制冷系统有很大的不同。利用太阳能的制冷空调领域技术很多，从原理上主要有三种：一是直接采用太阳能的供暖系统；二是以热能为驱动能源，通过收集太阳的辐射热驱动制冷，如太阳能吸收式制冷，太阳能吸附式制冷等；三是先将太阳能转化为电能，然后再利用电能作为驱动能源实现制冷，如太阳能光电制冷等。第三种较前两种系统简单，但造价较贵，约为前者的 3～4 倍。因此国内外把太阳能用于制冷空调仍然较多地采用前两种方式。

第一节　太阳能直接供暖技术

太阳能热水器是目前太阳能热利用中最受人们认可的一种供热装置。它像电热水器、燃气热水器一样，可供给用户热水或供暖。电热水器是通过电加热元件实现将电能转变成热能；燃气热水器是利用燃烧器将燃气点燃供给热量；而太阳能热水器则是利用一种叫作太阳能集热器的部件接收太阳辐射能，再转换成热能的，并向水传递热量，从而获得热水。

太阳能热水器主要是由太阳能集热器、传热介质（常见的是水）、贮热水箱、循环水泵、管道、支架、控制系统和相关附件组成。太阳能集热器的性能是决定太阳能热水器性能优劣的核心；传热介质将热能传送给贮热水箱，贮热水箱则是保证用户热水供应的必备设备。

根据集热器的结构和集热温度范围不同，一般太阳能热水器可分为四种工作状况：低温集热，室外温度 t+(10～20℃)；中温集热，室外温度 t+(20～40℃)；中高温集热，室外温度 t+(40～70℃)；高温集热，室外温度 t+(70～120℃)。太阳能热水器的用途和它的集热温度有着密切的关系。例如，低温和中温热水器主要用于预热锅炉给水、民用生活热水、地下加热除湿工程、供暖和工农业中低温热水的应用。中高温热水器主要用于供暖、制冷或发电。

用液体作为传热工质的平板型集热器和真空管集热器是目前太阳能热水器中最常用的两种太阳能集热器。图 9-1 表示了目前常用的两种集热器的基本热流图，其中图 9-1（*a*）为平板太阳能集热器，图 9-1（*b*）为全玻璃真空管太阳能集热器。

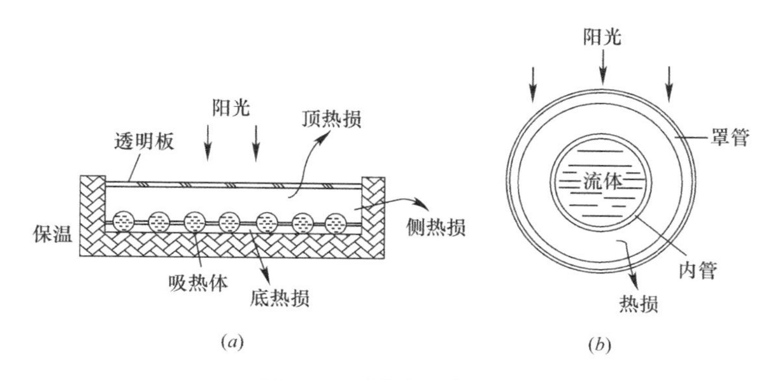

图 9-1　两种太阳集热器

（*a*）平板太阳能集热器；（*b*）全玻璃真空管太阳能集热管

一、平板太阳能集热器

平板太阳能集热器是一种广泛应用于热水、供暖、空调、干燥等领域的太阳能集热部件。目前平板太阳能集热器已在我国北京、天津、河北、云南、广东、四川、新疆等地广泛应用与生产。普通平板太阳能集热器的结构如图 9-1（*a*）所示，它主要由透明盖板、吸热体、保温层、壳体四部分构成。白天在太阳光照射下，波长 0.3～3.0μm 的太阳光，穿过透明盖板后，照射到涂有黑色涂层吸热体表面上，涂层吸收太阳能后，将热量传给吸热体管内流体（包括水、防冻液、相变工质、空气等），再通过流体对流作用将贮水箱中的水加热。由此看出，平板太阳能集热器实际上是一个热交换器，将太阳能转换成热能。但是它又不同于一般的热交换器，一般的热交换器无热损失，而太阳能集热器有热损失。为了确保平板太阳能集热器获得较高的热效率，要求透明盖板材料要有尽可能高的透光率，并且要密封良好，以减小吸热体表面对大气的对流热损失，吸热体不仅要求表面黑色涂层吸收率高、发射率低，也要求吸热体表面到管内流体之间热阻尽可能的小；在吸热体背部的隔热保温材料有良好的保温性能，以减小底部的导热损失。此外，还要从实用方面考虑材料的耐久性等因素，以便太阳能集热器有良好的技术经济性能。

二、真空管太阳能集热器

真空管太阳能集热器是由多支真空集热管、联集管和铝制或不锈钢制的反射板组成。真空集热管内的透明盖板（玻璃外管）与吸热体之间抽成真空，空气压力小于 10Pa，基本上消除了对流热损失，再加上吸热体表面的光谱选择性涂层的作用，使得真空集热管有优良的集热性能。

全玻璃真空集热管的结构类似家用暖水瓶，是由两个长度相当、外径大小不同的玻璃管组成。两管之间抽成真空，内管外表面涂有选择性涂层，一般情况下内管直接充水，如图 9-2 所示。真空集热管尾部用不锈钢托架支承内管自由端。托架上部带有消气剂，以维持两管之间的真空度。目前全玻璃真空集热管主要有外径 Φ47mm、内径 Φ37mm 和外径 Φ58mm、内径 Φ47mm，长度 1.2～1.8m 两种规格。全玻璃真空集热管玻璃材料易得、工艺可靠、结构简单、成本较低，应用前景广阔。用这种产品制成的热水器已占我国太阳能热水器生产总量的 70%。它的工作原理基本与平板太阳能集热器相同，白天在太阳照射下，太阳光透过集热管罩管后，被内管表面吸收涂层吸收转化成热能，并通过内管中的流体循环，最终将贮水箱中的水加热。由于真空集热管采用了真空技术，降低了对流损失，选择性涂层技术降低了热辐射和全玻璃材料技术降低了传导损失。从而大大降低了集热管的热损失，使其具有良好的热性能。为了确保产品质量，国家标准对全玻璃真空集热管规定了如下技术要求。

（1）将集热管在太阳辐照下空晒，在环境温度为 8～30℃，太阳辐射强度 H 不低于 800W/m^2 的条件下，以空气为工质，空晒温度为 t_s，环境温度为 t_a，空晒性能参数 $y=(t_s-t_a)/H$ 不低于 175（m^2·℃）/kW。

（2）将管内装入水，在环境温度为 8～30℃，水温从不低于环境温度的初始温度上升至 35℃时，所测得的闷晒太阳辐射量不大于 3800kJ/m^2。

（3）测得管子在无太阳辐射之下的热损系数应小于 0.9W/（m^2·℃）。

（4）两管之间的气体压强不大于 5×10^{-2}Pa。

（5）能够承受三次以上的 25℃水和 90℃冷热水交替冲击，不破损。

（6）内管耐压 0.6MPa。

（7）集热管能承受直径 25mm 的冰雹袭击，不破损。

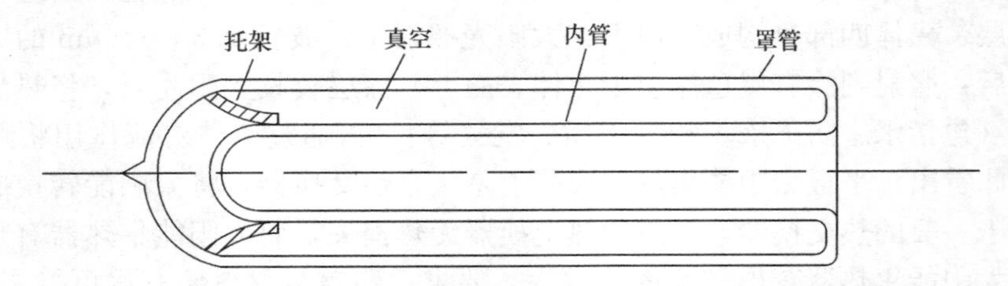

图 9-2 全玻璃真空集热管

三、太阳能热水系统及其类型

太阳能热水系统是指从冷水进口到热水出口这一整套利用太阳能加热水的装置。该系统由如下零部件组成：集热器、冷热水循环管道、贮水箱（有些系统中还有补水箱）、冷水输入管、热水输出管、支架等。复杂的系统还包括循环泵、换热器、辅助能源装置以及自动控制设备。太阳能热水系统效率的高低、收集太阳能的多少与太阳能集热器的效率有直接关系，因为集热器是直接收集并将太阳能转换为热能的装置，它的效率提高了，整个系统的收益也会增加。但是，集热器并不是影响整个系统性能好坏的唯一因素。太阳能热水系统的结构形式、管道的管径和走向、水箱的位置和保温措施等，都会影响太阳能热水系统的工作性能。因此，设计和选定好某一组集热器之后，必须正确地、因地制宜地进行整个太阳能热水系统的设计或选择。

（一）自然循环太阳能热水系统

自然循环热水系统又叫温差循环或者叫热虹吸太阳热水系统（见图 9-3）。其工作原理是：工质水在集热器中吸收太阳热能后，水温上升，随着水温升高而密度降低，比重减小，在浮力的作用下，沿循环管道上升进入水箱。同时，处于贮水箱底部和下降管道中的冷水，由于比重较大而流入最低位置的集热器下方。系统在无需任何外力的作用下，如此周而复始地循环，直至因水的温差造成的重力压头不足以推动这种循环为止。自然循环热水系统结构简单，运行可靠，易于维修，不消耗其他能源，因而被广泛采用。平板式太阳能集热器和真空管式集热器均可以用在自然循环式热水系统中。

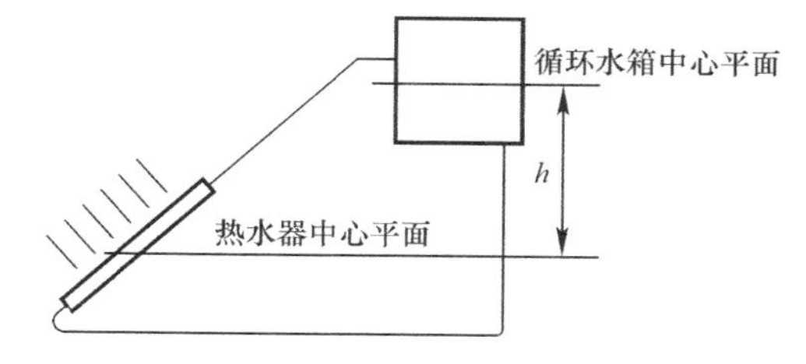

图 9-3　自然循环太阳能热水系统

（二）强制循环太阳能热水系统

被太阳能加热的水，除靠自然循环外，还可借助外力迫使集热器和贮水箱中的水不断进行循环。这种方式为强制循环，该方式须借助水泵将集热器中已加热的水与贮水箱中的水进行循环，使贮水箱内的水温逐渐升高。与自然循环相比，贮水箱的位置不受集热器位置制约，可任意放置。自然循环系统中贮水箱与集热器的高差越大，热虹吸压头越大，但因为水的温差和集热器与贮水箱的高差不可能很大，依靠水的比重差作为动力终究是有限的。因此，自然循环系统的单体装置一般不超过 100m^2，而强制循环是以水泵为动力，系统面积可很大。强制循环式热水器可分为直接强制循环式（也称一次循环或单回路系统）和间接强制循环式（也称二次循环或双回路系统）两大类。强制循环太阳能热水系统，根据采用控制器的不同和是否需要抗冻和防冻要求，可以采用不同的强制循环系统方案。下面介绍几种典型的系统。比如温差控制直接强制循环系统，该系统如图 9-4 所示。它靠集热器出口端水温和水箱下部水温的预定温差来控制循环泵（一般是离心泵）进行循环。当两处温差低于预定位时，循环泵停止运行，这时集热器中的水会靠重力作用流回水箱，集热器被排空。在集热器的另一侧管路中的冷水，则靠防冻阀予以排空，这样，整个系统管路中就不会被冻坏。

（三）定温放水系统

自然循环结构简单可靠，不消耗其他能源，但所产热水的水温不能控制，这将影响使用，定温放水系统可实现控制水温的目的。实现定温放水的关键是：在系统中加装一套水温检测和控制阀门装置，同时，保温水箱一分为二，储水保温水箱放在集热器安装平面以下，便于安装取水的地方。集热器之上只安装一个用来进行自然循环的水箱，如图 9-5 所示。电接点温度计的接头置放于自然循环的小水箱内，随时检测来自集热器的循环水，当水温达到规定温度时，电接点温度计首先将电信号送入继电器 JZ，接通 220V 电路，启动电磁阀 M。电磁阀 M 打开后，循环水箱内的上层温水通过热水放水管流入主水箱内储存。

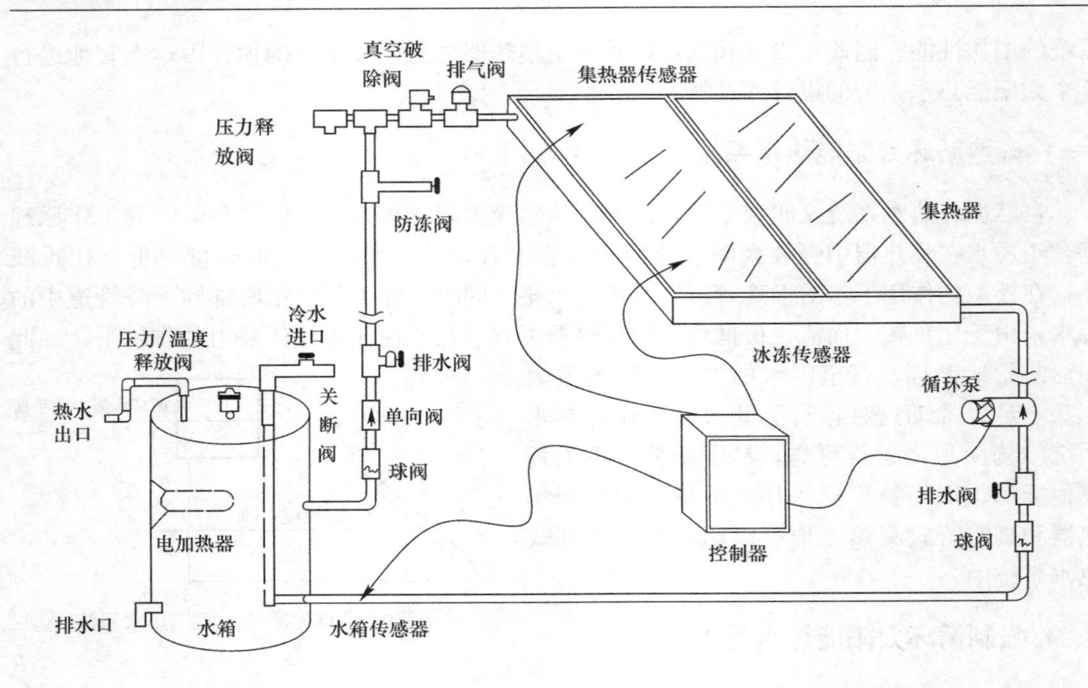

图 9-4　温差控制直接强制系统

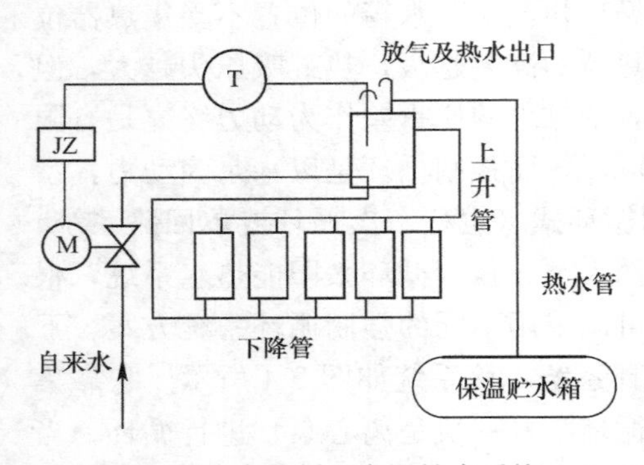

图 9-5　自然循环定温补水系统

同时，因循环水箱水位下降，浮球阀打开，冷水自动补入到循环水箱中。直到循环水箱内温水大部分放完，水温下降到预定温度以下，电接点温度计断开，电磁阀 M 关闭，系统进入下一个自然循环增温过程。自然循环定温放水系统与一般自然循环相比，系统布局灵活，可以用若干组分散的自然循环系统共同向一个主贮水箱内供水，且它比单纯的自然循环系统热效率高。若上述由定温设备控制的电磁阀不装在循环水箱到贮水箱的连通管道上，而装在自来水补给管道上，代替补给水箱和浮球阀，则可发展成自然循环定温补水系统。

(四) 双回路太阳能热水系统

该系统有两个回路，内集热器和换热器两个系统组成，集热器和换热器的循环管内充以防冻液。在大系统中，集热器与换热器组成的循环回路可以采用强迫循环方式，对于小系统可以采用自然循环方式，分别如图 9-6（*a*）和图 9-6（*b*）所示。选用防冻液时，除了考虑冻结温度外，还应考虑防冻介质与集热器、换热器材料不发生腐蚀，无毒、成本低及防冻液的热物性，一般采用丙二醇、乙醇、硅油等。这种系统由于增加了换热装置，热效率有所下降，夏季效率低于普通太阳热水系统，但冬季可以使用，特别是在换热器处增加了辅助电源，可以保证该系统一年四季使用。

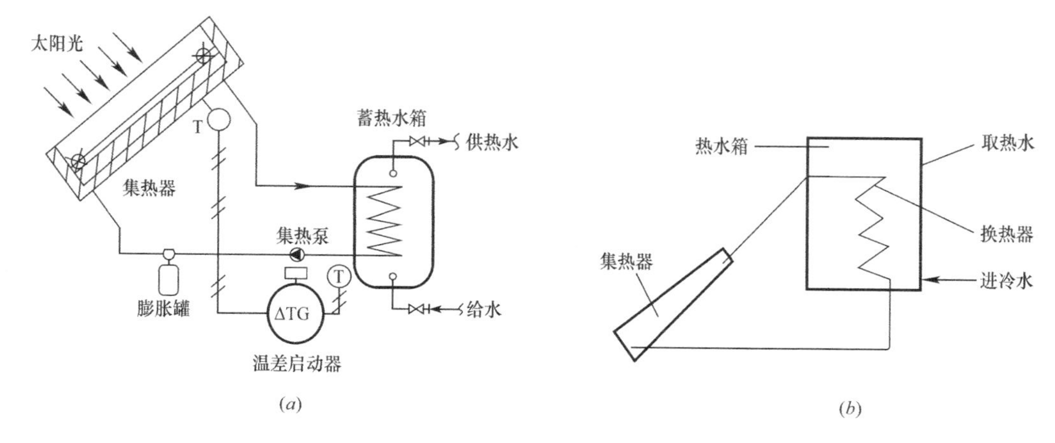

图 9-6 双回路太阳能热水系统

（a）双回路强制循环太阳能热水系统；（b）双回路自然循环太阳能热水系统

第二节 太阳能制冷技术

太阳能制冷主要包括太阳能压缩式制冷、太阳能吸收式制冷和太阳能吸附式制冷。太阳能压缩式制冷研究的重点是如何将太阳能有效地转换成电能，再用电能去驱动压缩式制冷系统。从目前的情况来看，由于光电转换技术的成本太高，离市场化的距离还比较远。以太阳能作为热源的吸收式制冷是利用太阳辐射热能驱动溴化锂-水溶液或氨-水溶液的吸收式制冷系统。吸收式制冷要求集热器温度比喷射式和压缩式低，可在 80～100℃下运行，一般使用平板太阳能集热器即可满足要求。设备简单、加工工艺要求较低是该方式的一大优点。

太阳能吸收式制冷技术，最早起源于 20 世纪上半叶，由于当时的成本高、效率低、商业价值低而没有得到进一步的发展。20 世纪 70 年代，世界性能源危机爆发，促使可再生能源利用技术以及低电耗、不破坏臭氧层的吸收式制冷技术得到较大的发展。太阳能吸收式制冷作为二者的结合，受到了更多的关注。太阳能吸收式制冷如图 9-7 所示，主要包括两大部分：太阳能热利用系统以及吸收式制冷机。太阳能热利用系统包括太阳能收集、转化以及贮存等构件，其中最核心的部件是太阳能集热器。适用于太阳能吸收式制冷领域的太阳能集热器有平板集热器、真空管集热器、复合抛物面聚光集热器以及抛物面槽式等线聚焦集热器。

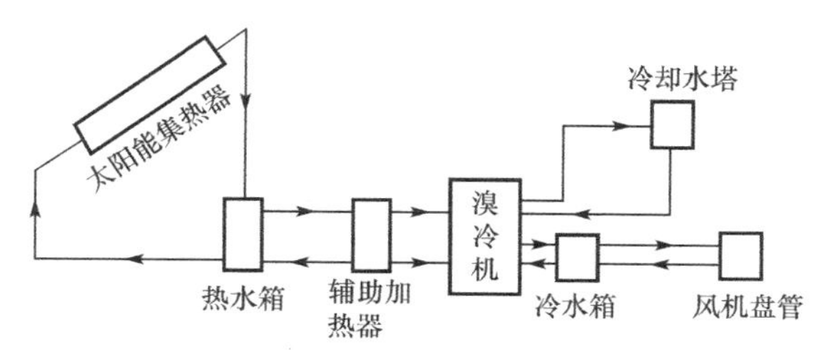

图 9-7 太阳能驱动的溴化锂-水吸收式制冷机原理

吸收式制冷技术方面，从所使用的工质对角度看，应用广泛的有溴化锂-水和氨-水。其中溴化锂-水、对热源温度要求低、没有毒性和对环境友好，因而占据了当今研究与应用的主流地位。从吸收式制冷循环角度看，目前有单效、双效、两级、三效，以及单效/两级等复合式循环。单效、两级制冷机，热力系数较低，三效乃至四效等更复杂的制冷循环机型，仍处于试验研究阶段，目前在市场上应用最广泛的是双效型机组。但是由于双效制冷机的能源利用率仍然不及传统的蒸气压缩式制冷机，而三效制冷机由于制冷 COP 较高，能源利用率已经可以超过传统的蒸气压缩式制冷机，因此三效以及多效机组将是今后吸收式制冷技术发展的一个重要方向。各种循环类型溴化锂-水吸收式制冷机的 COP 见表 9-1。

各种循环类型吸收式制冷机 COP **表 9-1**

项目	单效（约 90℃热源）	双效（约 150℃热源）	两级（约 70℃热源）	三效（约 200℃热源）
COP	0.6～0.7	1.1～1.2	0.3～0.4	1.65～1.75

太阳能驱动的溴化锂-水吸收式制冷系统，核心部分是溴化锂-水吸收式制冷机。根据实际系统的需要，选择合适的制冷机，然后根据制冷机的驱动热源选择与之相匹配的太阳能集热器。但是另一方面，太阳能集热器的技术对于太阳能吸收式制冷的发展也有限制。目前平板集热器在超过 90℃的高温下效率过低，真空管集热器与 CPC 等聚焦集热器，在国际上普遍成本较高，因此，太阳能驱动的溴化理吸收式制冷系统，目前比较成熟、应用广泛的仍然是单效溴化锂吸收式制冷系统。

一、太阳能驱动的单效溴化锂吸收式制冷空调系统

单效溴化锂吸收式制冷机的性能系数（COP）约为 0.6～0.7，其驱动热源如果采用 0.03～0.15MPa 的蒸气，即为蒸气型单效溴化锂吸收式制冷机组；如果采用 85～150℃的热水作为驱动热源，即为热水型单效溴化锂吸收式机组。单效溴化锂吸收式制冷机的 COP 不高，产生相同数量的冷量，所消耗的一次能源大大高于传统压缩式制冷机。但是其优势在于可以充分利用低品位能源，比如废热、余热、排热等作为驱动能源，从而可以充分有效利用能量，这是压缩式制冷机无法比拟的。从低品位能源充分利用的角度看，单效机组是节电而且节能的。而采用低温太阳能集热器，所产生的太阳能热水正可以用来驱动单效吸收式制冷机，从而组成太阳能驱动的单效溴化锂吸收式制冷系统。适用于这一系统的太阳能集热器类型有平板集热器、CPC 集热器以及在国内占据较大市场的真空管集热器。在国际上，由于真空管集热器造价昂贵，为降低系统成本，应用的主要还是各种形式的平板集热器（单层盖板、双层盖板，或盖板与吸热板之间加透明隔热填充材料等）。而在国内，由于真空管集热器价格已经较为低廉，平板集热器的高温集热效率太低，真空管集热器已经占据越来越多的市场。图 9-8 所示是太阳能驱动的单效溴化锂吸收式制冷系统的示意图。

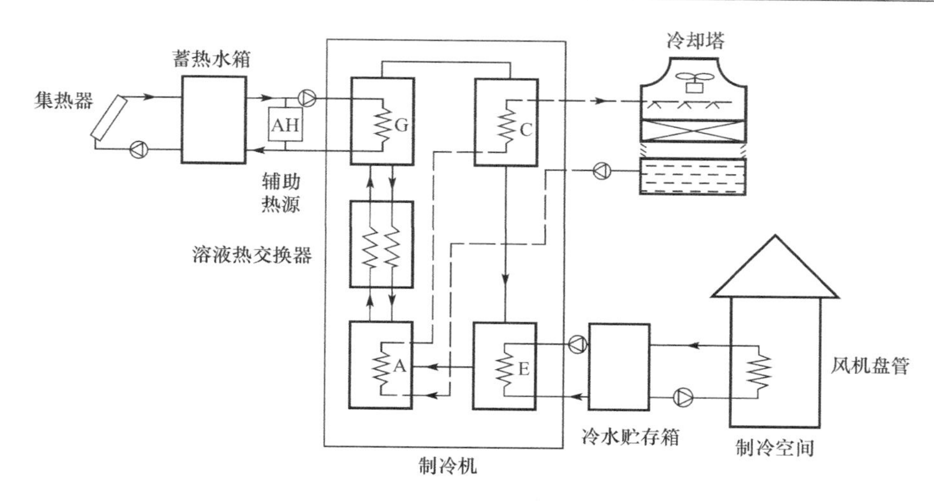

图 9-8　太阳能驱动的单效溴化锂吸收式制冷系统示意图

二、太阳能吸附式制冷

（一）吸附现象

根据气体—固体相互作用有无化学反应，吸附可分为物理吸附和化学吸附。由于物理吸附是气体分子在范德瓦尔斯力作用下向吸附剂运动，在吸附势场作用下压缩而在吸附剂内凝聚成液体的过程，因而也被称为范德瓦尔斯吸附。而在化学吸附中吸附剂和吸附质气体或液体在相互接触时发生了化学反应，吸附剂与吸附质之间形成了化学键，要打破化学键就需要较大的能量，因而化学吸附工质对的解吸往往需要比物理吸附更高的解吸温度。物理吸附的吸附和解吸主要取决于吸附剂的传热，其次取决于吸附剂中的气体扩散传质。如果需要快速解吸的话，则必须克服传热问题以快速给吸附床提供解吸所需的热量；如果采取特殊措施强化了传热，则吸附床反应速度增快的主要矛盾为吸附剂中的气体扩散，吸附剂颗粒越小，则气体扩散速率就越高。从理论上来讲还应有反应动力学速率问题，这也会影响解吸或吸附速率。化学吸附也受吸附剂传热传质的影响，然而由于化学反应，也会带来迟延问题。理论上讲，化学吸附的解吸机理应与物理吸附的解吸机理相同，然而化学吸附中存在明显的迟延问题，因为化学吸附往往在某个温度下解吸，而物理吸附则发生在某个温度范围内。由于大多数制冷剂气体是极性分子气体，在吸附剂范德瓦尔斯力作用下可以发生物理吸附，吸附范德瓦尔斯力原则上对惰性气体不发生作用。氨、甲醇、碳氢化合物及有机制冷剂都可以被活性炭、分子筛有效地吸附。对于活性炭或硅胶，最大吸附量可达 50%左右，活性炭纤维对甲醇的吸附量甚至可达 70%。典型的吸附制冷循环中吸附、解吸循环浓度变化量一般在 10%～20%，在化学吸附中吸附、解吸循环浓度变化量则更大。例如对于氮化钙解吸出 2mol 氨，其对应浓度变化量达 31%。化学吸附制冷循环一般可产生较大的浓度变化，对应可提高制冷量或 COP，然而化学吸附的缺点是化学反应会改变吸附剂物理形态。以氯化钙吸附氨为例，经吸附反应后，氯化钙会膨化，体积显著增大，经多次循环后，氯化钙会形成硬化颗粒，使得氨不易穿透它们的中心。因此氯化钙必须与惰性物质均匀分散混合，以前曾经采用水泥作为惰性物质混合，最近的进展则是采用石墨，它不仅是一种惰性物质混合物，也是传热增强剂。

（二）太阳能吸附式制冷

以沸石-水工质对为例。太阳能集热器同时作为吸附床，白天，床内的沸石吸附剂被集热器采集的太阳能加热，沸石中的吸附水脱附，水蒸气在冷凝器中冷凝，进入储水箱（蒸发器）；夜间，沸石温度降低，开始吸附水蒸气，蒸发器中水蒸发，吸收周围环境的热量实现制冷。太阳能不足时，可补充其他热源，如低谷期的电能等。制定有效的低谷期电力耦合策略，可以实现太阳能吸附制冷在空调蓄冷和电力储能中的应用。吸附制冷技术的商品化应用开发始于20世纪30年代，但由于吸附式循环制冷机制冷效率低、一次性投资大，且当时正值蒸气压缩式制冷机蓬勃发展，吸附式制冷机发展缓慢。20世纪70年代以来，由于全球性能源危机日益加剧，人们又重新审视这种以低品位热能为动力的吸附式制冷技术。为提高制冷效率，降低操作费用，国内外学者做了大量深入系统的研究，从吸附工质对性能、吸附床传质和传热、系统循环及结构等方面推动太阳能吸附制冷技术的发展和应用。

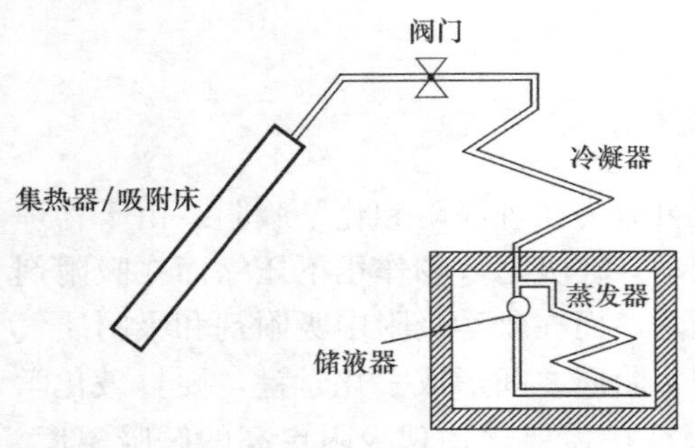

图9-9 太阳能吸附制冷系统示意图

太阳辐射具有间歇性，因而太阳能吸附制冷系统都是以基本循环工作方式运行制冷的，太阳能固体吸附式制冷循环可以描述成四个阶段，即定容加热过程、定压加热脱附过程、定容冷却过程、定压吸附过程。图9-9所示是一个太阳能冰箱为原型的固体吸附式制冷装置，它的组成部分包括用太阳能供热的吸附/发生器、冷凝器、蒸发器、阀门、贮液器。其工作过程简述如下：

（1）循环从早上开始，关闭阀门，处于环境温度的吸附床被太阳能集热器加热，此时只有少量的工质脱附出来，吸附床内的压力不断升高，从蒸发压力升高到冷凝压力，此时吸附床温度达到最大。

（2）打开阀门，在恒压条件下吸附器中的吸附制冷剂继续受热直至温度达到最大解吸温度。与此同时，被吸附的制冷剂不断地脱附出来，并在冷凝器中冷凝，冷凝下来的液体进入蒸发器中。关闭阀门，此时已是傍晚，吸附床随太阳日照的消失逐渐冷却，相应的内部压力下降到相当于蒸发温度下工质的饱和压力，该过程中吸附率也近似不变。

（3）打开阀门，蒸发器中的制冷剂液体因压力骤减而迅速汽化，实现蒸发制冷。蒸发出来的气体进入吸附床被吸附，该过程一直进行到第二天早晨。吸附过程放出大量的热，由冷却水或外界空气带走。由以上分析可见，太阳能吸附式制冷系统的工作循环过程是间歇式的。系统运行时，白天为解吸过程，晚上为吸附制冷过程。

集热器是光热转化装置，它接受太阳辐射的能量加热吸附床。为尽量提高太阳能的利用率，集热器与吸附床通常做成一体，这样的好处是在太阳日照时间内能提高吸附床的解吸温度。法国学者PM在20世纪80年代建造的平板型集热器的吸附器，由多块集热板组成，集热板收集太阳辐射能，通过集热板表面和传热肋片加热吸附剂。在玻璃盖板与吸附床之间增设栅窗，以便在夜晚让外界冷空气直接冷却集热器带走吸附床的热量，这种结构是平板型集热器与吸附器做成一体的典型。也有将吸附集热器与冷凝器合为一体的太阳能吸附制冷系统。华南理工大学及中国科学院广州能源研究所建造的太阳能固体吸附式制冷装置就是这种结构。这种类型的吸附器关键是要解决好吸附床在真空下运行的泄漏问题及制冷剂与所选吸附床壳体是否会发生化学反应而影响吸附性能。另一种吸附器的吸附剂填充至金属管中，在金属管中央布置一同心圆管作为制冷剂的传质通道，然后将金属管粘接到集热器的表面。其优点是传热效率高，吸附床内吸附剂能达到4℃，从而可以使制冷剂得到很好地解吸，同时由于吸附床是圆形管状，具有较好的承压能力；缺点是吸附筒内所能堆积的吸附剂质量较少，故制冷量相对较小。北京航空航天大学的林贵平等也是采用这种结构制作了太阳能固体吸附式制冰机。还有用抛物面聚光器的集热器加热吸附床的太阳能制冷装置。这种装置的最大特点是加热吸附床的温度高，即便太阳日照的辐射强度较低或辐射时间较短，也能使吸附筒内的吸附剂充分解吸制冷剂产生蒸发制冷，缺点是制造成本太高。

太阳能吸附式制冷的主要性能指标如下：

1. 集热性能

太阳能吸附集热器性能通过集热效率和集热温度两个指标来反映。集热效率是指太阳入射能量中转变为热能的部分与实际太阳辐射能之比，计算公式为：

$$\eta = \frac{Q_{eff}}{Q_s} \tag{9-1}$$

有效加热量；

$$Q_{eff} = \int_{T_1}^{T_2} [m_a(c_{pa} + xc_{pr}) + m_e c_{pe}]dT + h_{fg}\Delta x m_a \tag{9-2}$$

太阳辐射能量：

$$Q_s = \int_0^t I(t)A_e dT \tag{9-3}$$

式中 I——太阳辐射强度；

A_e——有效集热面积；

T——为日照时间；

m_a——是吸附剂的质量；

c_{pa}——吸附剂的比热容；

c_{pr}——制冷剂的比热容；

x——吸附剂对制冷剂的吸附率；

h_{fg}——制冷剂的汽化潜热；

$m_e c_{pe}$——整个吸附集热器中除吸附剂和制冷剂外其他材料的热容。

反映集热性能的另一个重要参数是吸附集热器的集热温度，它与吸附剂的脱附程度密切相关。集热效率越高，集热温度也不一定越高，这与吸附集热器的具体结构有关。

2. 制冷性能

太阳能吸附制冷系统的制冷性能用制冷性能系数来表示。通常有两个系数：一是吸附制冷系统制冷系数，用系统制冷量与吸附集热器有效加热量之比来表示：

$$\mathrm{COP_s} = \frac{Q_c}{Q_{eff}} \tag{9-4}$$

其中，制冷量 $Q_c = Q_{ref} - Q_{cc}$，Q_{ref} 为蒸发器中制冷剂的蒸发制冷量，可按下式计算：

$$Q_{ref} = \Delta x M_a h_{fg} \tag{9-5}$$

式中 $\Delta x M_a$——吸附床在整个加热过程中吸附剂对制冷剂的解吸量，也即为制冷剂的循环量；

Q_{cc}——制冷剂从冷凝温度 T_c 冷却到蒸发温度 T_e 时放出的显热。

$$Q_{cc} = \int_{T_e}^{T_c} M_a \Delta x c_{pr} \mathrm{d}T \tag{9-6}$$

另一个是太阳能制冷性能系数，用系统制冷量与吸附集热器所接收的总的太阳辐射能之比表示。

（三）太阳能热水器—制冰复合机工作原理与结构

太阳能制冰机通常将集热器和吸附器合二为一，吸附集热器吸收太阳能直接加热吸附床，降温时利用空气冷却，因此降温比较慢，同时吸附过程放出热量，增加了降温难度。太阳能热水器—冰箱复合机将集热器和吸附器分开设置，通过集热器制备的热水加热吸附床，完成吸附制冷循环，吸附时通过水冷方式将吸附热带走，同时得到具有一定温度的热水。如图 9-10 所示，工作原理是：日间太阳辐射通过集热器 1 将水加热，热水通过上循环管路 2 存贮在上水箱 3 中，真空阀 6、15 处于关闭状态。当受热吸附筒内的制冷剂蒸气压达到了与冷凝温度对应的冷凝压力时，打开阀门 6，制冷剂蒸气在冷凝器 8 中凝结成液体，通过重力作用进入贮液器 14 中后再通过毛细管 13 降压后进入蒸发器 16 中。傍晚，太阳辐射消失，此时，打开阀门 11，让上水箱 3 内的热水流入下热水箱 19 内，下热水箱 19 内的热水可供用户使用。上水箱 3 内的热水放完后，关闭阀门 11，打开阀门 9，让补水箱内的冷水流入上水箱 3 内冷却吸附筒。由于冷却吸附筒能使水温升高，故可通过阀门 12

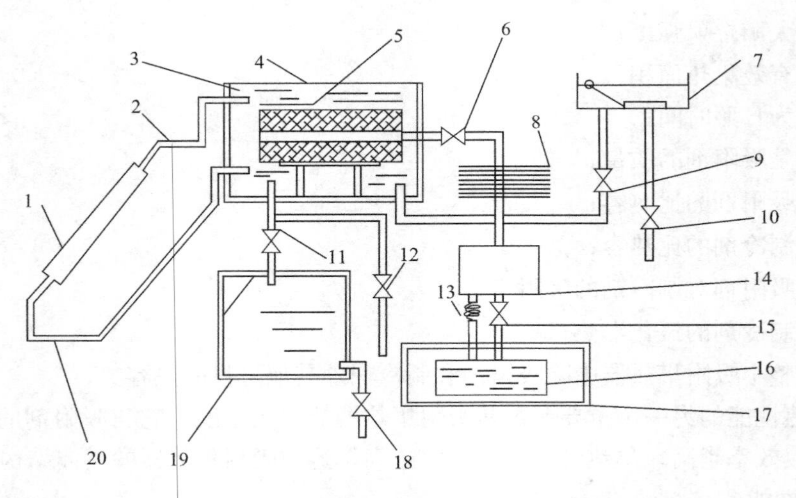

图 9-10 太阳能热水器—冰箱复合机系统结构图

1—集热器；2、20—循环管路；3—上水箱；4—透明纤维盖板；5—吸附筒；6、9、10、11、12、15、18—真空阀；7—补水箱；8—冷凝器；13—毛细管；14—贮液器；16—蒸发器；17—冰箱（带冷冻液蓄冷块）；19—下热水箱

增加一旁通管路供用户使用冷水，补水箱内的水通过上水箱 3 后与该旁通管路连通，以增强冷却吸附筒的能力。当受冷却吸附筒内的制冷剂蒸气压从冷凝压力降到蒸发器所对应的蒸发压力时，打开真空阀门 15，吸附筒内的吸附剂开始吸附蒸发器内的制冷剂，从而开始了蒸发制冷的过程，该过程一直进行到第二天早晨。由于冰箱 17 内带冷冻液蓄冷块，可使冰箱在白天长时间内保持制冷效果。关闭真空阀 15，关闭水阀 9 与 12，从而完成一个供热水与制冷的循环过程。

该装置在输入 50MJ、55MJ 能量的情况下，制冷温度最低可达－2℃，可以成功地制取 4kg 冰，用这些冰来冷藏可将冰箱内平均温度控制在 4℃达 55h 之久。在输入 40MJ 能量的实验中，只能使 4kg 水成为冰水混合物，即使连续两次运行也无法全部制冰，但是每组实验在一天之内将冰箱平均温度控制在 4℃以下是绰绰有余的。

制冰实验表明，装置 COP 随最高解吸温度的提高而提高（在 60～90℃之间），随加热量的增大而增大，采用这种装置，可紧密地结合太阳能热水器发展的新技术来改善复合机装置的性能及运行特性，达到综合、高效地利用太阳能的目的。

（四）太阳能蓄能转换家用空调

太阳能蓄能转换空调系统（见图 9-11），利用固体吸附制冷原理，将太阳辐射能转化为驱动吸附制冷系统运转的动力，通过吸附势能和物理显热贮存相结合克服太阳能空调系统运转存在间歇性、制冷量输出不易调节等缺点，并可利用吸附过程产生的吸附热为用户生产一定温度的热水。

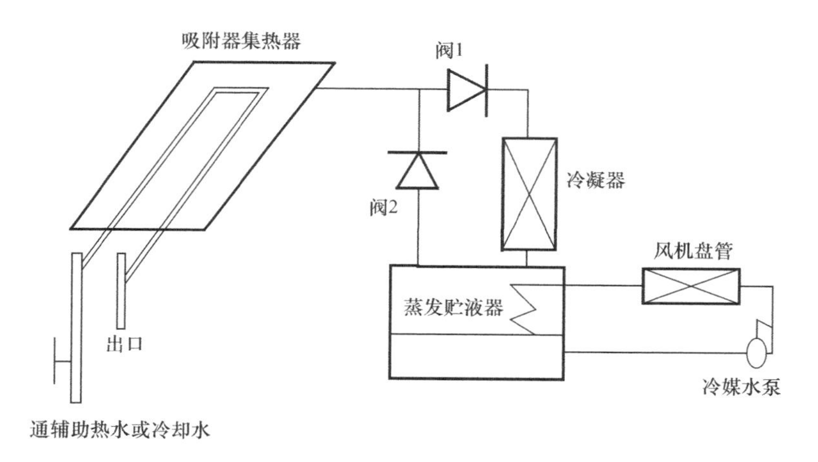

图 9-11　太阳能蓄能转换家用空调系统示意图

吸附工质对为沸石-水或者活性炭-甲醇。系统制冷原理与前面所述的制冷装置相同。这里蒸发贮液器采取增加制冷剂容积的方法实现冷量存储，存储冷量的目的是与风机盘管结构相结合对冷量输出进行调配。蒸发贮液器储存的冷量形式为物理显热。吸附势能的存储通过解吸吸附床来实现，解吸后的吸附床具备了继续吸附进行制冷的能力，将吸附床储备起来。在需要的时候与蒸发器连接即可吸附制冷。该蓄能方式与显热蓄能相比，不存在与周围环境的温差，且易于调节。亦即可以通过太阳能对吸附床加热解吸，实现太阳辐射向吸附剂吸附势能的转变。吸附势能存储的另一大特点是可以长期贮存，而且在吸附势能释放时既能制冷，又能对外界提供吸附热供热。系统运行可靠、维护方便。

以开发 $20m^2$ 居室太阳能空调为例，若空调每天制冷 8h，每平方米房间空调制冷负荷为 100W，则每天需要 57600kJ 制冷量。若系统 COP 在 0.2～0.3 之间，日辐照度为 1000W，则采用 5～$8m^2$ 的吸附集热器面积可满足制冷负荷需求，需要吸附剂 300～500kg，制冷剂 75～120kg，还需蒸发贮液器（约 100～150L）一台，以及风机盘管、真空阀门、冷凝器、温度流量控制器等。

本章参考文献

[1] 王如竹，代彦军编著．太阳能制冷［M］．北京：化学工业出版社，2007.

[2] 王如竹等著．吸附式制冷［M］．北京：机械工业出版社，2002.

[3] 北京市建设委员会编著．新能源与可再生能源利用技术［M］．北京：冶金工业出版社出版，2006.

第十章　数据中心自然冷源利用技术及应用

第一节　数据中心及其发展

一、数据中心

数据中心是什么，这个可能很抽象，但是你肯定用过4G网络、宽带、手机银行，你也用过淘宝、京东、亚马逊等各大购物电商，更是离不开微信、支付宝、12306、共享单车、美团等手机APP，在上述这些的背后，是海量信息的传输、交换、处理和反馈，即大数据（Big Data），而利用大数据实现复杂处理的硬件即为IT设备。当诸多IT设备集中在同一建筑物内，并辅以相应的配电、不间断电源（UPS）、制冷设备、照明等时，就形成了被称为“数据中心（Data Center）”的特殊建筑。

从定义来看，数据中心是单位的业务系统与数据资源进行集中、集成、共享、分析的场地、工具、流程等的有机组合。从应用层面看，包括业务系统、基于数据仓库的分析系统；从数据层面看，包括操作型数据和分析型数据以及数据与数据的集成/整合流程；从基础设施层面看，包括服务器、网络、存储和整体IT运行维护服务。在系统结构方面，数据中心采用子母两级进行部署，两级数据中心通过数据交换平台进行数据的级联。数据中心逻辑架构包含：应用架构、数据架构、执行架构、基础架构（物理架构）、安全架构、运维架构。

其中，应用架构是指数据中心所支撑的所有应用系统部署和它们之间的关系。

数据架构是指每个应用系统模块的数据构成、相互关系和存储方式，还包括数据标准和数据的管控手段等。

执行架构是指数据仓库在运行状态的关键功能及服务流程，主要包括ETL（数据的获取与整合）架构和数据访问架构。

基础架构（物理架构）为上层的应用系统提供硬件支撑的平台（主要包括服务器、网络、存储等硬件设施）。

安全架构覆盖数据中心各个部分，包括运维、应用、数据、基础设施等。它是指提供系统软硬件方面整体安全性的所有服务和技术工具的总和。

运维架构面向单位的信息系统管理人员，为整个信息系统搭建一个统一的管理平台，并提供相关的管理维护工具，如系统管理平台、数据备份工具和相关的管理流程。

在工作原理方面，数据的获取与整合也叫ETL（Extract，Transact，Load），指在确定好数据集市模型并对数据源进行分析后，按照分析结果，从应用系统中抽取出与主题相关的原始业务数据，按照数据中心各存储部件的要求，进行数据交换和装载。数据的获取与整合主要分为数据抽取、数据转换、数据装载三个步骤。ETL 的好坏，直接影响到数据集市中的数据质量。

数据仓库区是专门针对单位数据整合和数据历史存储需求而组织的集中化、一体化的数据存储区域。数据仓库由覆盖多个主题域的单位信息组成，这些信息主要是低级别、细粒度数据，同时可以根据数据分析需求建立一定粒度的汇总数据。它们按照一定频率定期更新，主要用于为数据集市提供整合后的、高质量的数据。数据仓库侧重于数据的存储和整合。

数据集市是一组特定的、针对某个主题域、部门或用户分类的数据集合。这些数据需要针对用户的快速访问和数据输出进行优化，优化的方式可以通过对数据结构进行汇总和索引实现。

二、数据机房

在 IT 业，机房普遍指的是电信、网通、移动、双线、电力以及政府或者企业等存放服务器，且为用户以及员工提供 IT 服务的地方，小的几十平方米，一般放置二三十个机柜，大的上万平方米，放置上千个机柜，甚至更多。机房里面通常放置各种服务器和小型机，例如 IBM 小型机，HP 小型机，SUN 小型机，等等。机房的物理环境受到严格控制，主要包括以下几个方面：温度、湿度、电源、地板、防火系统。

其中，温度和湿度主要由空调来调节，ASHARE 2004“数据处理环境热指南”建议温度范围为 20～25℃，湿度范围为 40％～55％。

电源由一个或多个不间断电源（UPS）和/或柴油发电机组成备用电源，为了避免出现单点故障，所有电力系统，包括备用电源都是全冗余的。

地板相对地面要提升 60cm，以提供更好的气流分布，这样空调系统可以把冷空气灌到地板下，同时也为地下电力线布线提供更充足的空间。

机房的防火系统包括无源设计、有源设计和防火行动执行计划，通常会安装烟雾探测器，以便在燃烧产生明火之前发现火警，在火势增大前截断电源，从而为使用灭火器手动灭火争取时间。在数据中心是不能使用自动喷水灭火装置的，因为电子元器件遇水后通常会发生故障，特别是电源未截断的情况下使用水灭火会使情况更加恶化。

三、数据中心的发展

随着信息化的高速发展，特别是云计算、物联网、移动互联网、大数据战略和“互联网＋”行动的提出，国民经济各行业对信息交换和处理的需求越来越大，数据中心的数量和规模也在不断增长。我国 IDC（Internet Data Center）市场从 2012 年、2013 年开始缓慢增长；在 2014 年，由于政府加强政策引导、开放 IDC 牌照，同时移动互联网、视频、游戏等新兴行业发展迅速，推动 IDC 行业发展重返快车道，市场规模提升到 372.2 亿元，增长 41.8％；2015 年，地产、金融等行业企业凭借着资本和基础资源整合能力不断渗透进入 IDC 市场；互联网巨头为推进云服务战略投资建设大规模数据中心，行业整体供应规模保持增长，同时国家宽带提速，互联网行业获得持续快速增长。此外，“互联网+”向产业加速渗透，带来互联网流量快速增长，拉动对数据中心等互联网基础设施需求的增长。受供需两端快速增长的影响，2017 年我国 IDC 市场延续了高速增长态势，市场总规模为 650.4 亿元，2012～2017 年年复合增长率为 32%（见图 10-1）。

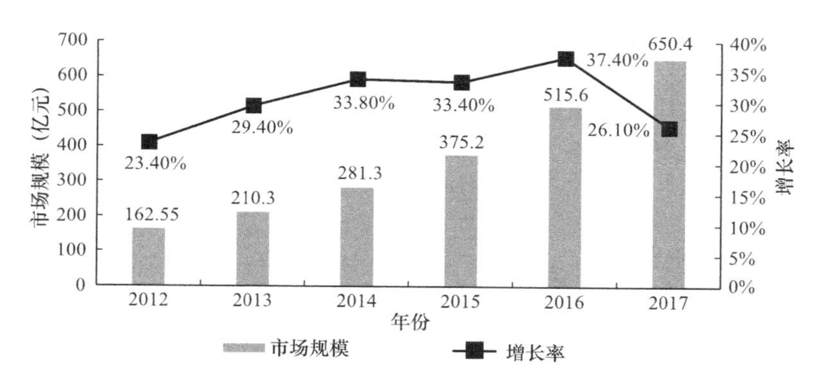

图 10-1　2012～2017 年我国 IDC 市场规模

第二节　数据中心能耗

由于数据中心要求全年 8760h 不间断运行，因此数据中心数量和规模的快速增长，带来的是能耗的急剧增加。目前我国数据中心总量已超过 40 万个，年耗电量超过全社会用电量的 1.5%，2015 年达到近 1000 亿 kWh。作为一种特殊的建筑物，数据中心的发热密度高达 300～2000W/m^2，是普通公共建筑的数十倍。一个 20 万台服务器规模的数据中心的功率大约为 9 万 kW，年耗电高达 8 亿 kWh，如此巨大的能源需求，对于我国紧张的能源形势提出了巨大的挑战。数据中心的能耗问题已经不仅仅是企业节能、降低成本的个体需要，更是国家开展节能减排战略的全方面要求。《“十三五”国家战略性新兴产业发展规划》、《“十三五”国家信息化规划》等文件提出“要加快推动现有数据中心的节能设计和改造，有序推进绿色数据中心建设”。

一、数据中心能耗结构

数据中心一般由所在地电网或专用的发电设施提供电力供应，经过变、配电等环节处理后，为数据中心的用电设备提供电源。

数据中心的能耗由以下部分组成：

（一）IT 设备

IT 设备包括数据中心中的计算、存储、网络等不同类型的设备，用于承载在数据中心中运行的应用系统，并为用户提供信息处理和存储、通信等服务，同时支撑数据中心的监控管理和运行维护。

IT 设备的具体类型包括：服务器类，例如机架式、刀片式（含机框）或塔式等不同形式服务器；存储类，包括磁盘阵列、SAN 交换机等存储设备，以及磁带库、虚拟带库等备份设备；网络类，包括交换机、路由器，以及防火墙、VPN、负载均衡等各类专用网络设备；IT 支撑类，主要包括用于运行维护的 KVM、监控管理等附属设备。

（二）制冷设备

数据中心制冷设备是为保证 IT 设备运行所需温、湿度环境而建立的配套设施，主要包括：机房内所使用的空调设备，包括机房专用空调、行间制冷空调、湿度调节设备等。提供冷源的设备包括风冷室外机、冷水机组、冷却塔、水泵、水处理等。如果使用新风系统，还包括送风、回风风扇、风阀等。

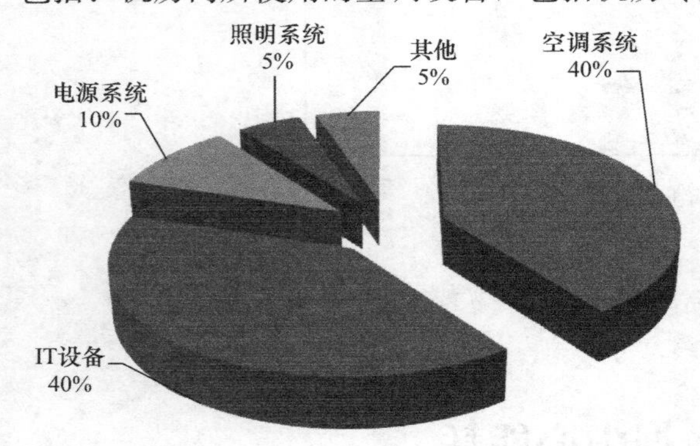

图 10-2　数据中心能耗构成

目前，空调系统已成为数据中心最大的能耗来源之一，如图 10-2 所示，我国数据中心空调系统能耗占数据中心总能耗 40%左右，几乎与 IT 设备相当，因此空调系统常被认为是当前数据中心提高能源效率的重点环节。

（三）供配电系统自身的消耗

数据中心供配电系统用于提供满足设备使用的电压和电流，并保证供电的安全性和可靠性。供配电系统通常由变压器、配电柜、发电机、UPS、HVDC、电池、机柜配电单元等设备组成。

（四）其他消耗电能的数据中心设施

数据中心中其他消耗电能的基础设施包括照明设备、安防设备、灭火、防水、传感器以及相关数据中心建筑的管理系统等。

二、数据中心能耗指标

前文介绍了数据中心的能耗结构，但要想实现数据中心的节能减排，除了知道数据中心的能耗结构外，还需要认识数据中心的能效指标。然而在很长的一段时间内，我国都未建立统一的数据中心能效指标体系，也缺乏相应的评估标准，使得数据中心公布的能效数据往往不能准确反映真实能耗水平，不同数据中心的能耗结果也缺乏可比性，不仅给业界带来了诸多不便，更不利于数据中心节能减排目标的实现。

直到 2012 年 3 月 16 日，一份由“云计算发展与政策论坛”组织成员单位和相关专家共同编写的《数据中心能效测评指南》发布，这一状况才有所改善。这份指南明确定义了数据中心的四大能效指标，其中包括电能利用效率（PUE）、局部 PUE（pPUE）、制冷/供电负载系数（CLF/PLF）和可再生能源利用率（RER），为数据中心的节能减排提供了重要依据。

（一）PUE

PUE（Power Usage Effectiveness，电能利用效率）是国内外数据中心普遍接受和采用的一种衡量数据中心基础设施能效的综合指标，由 Christian Belady 于 2006 年提出，其计算公式为：

$$PUE = P_{Total}/P_{IT} \tag{10-1}$$

式中　P_{Total}——数据中心总耗电；

P_{IT}——数据中心中 IT 设备耗电。

PUE 的实际含义，指的是计算在提供给数据中心的总电能中，有多少电能真正应用到 IT 设备上。数据中心机房的 PUE 值越大，则表示制冷和供电等数据中心配套基础设施所消耗的电能越大。PUE 定义简单、易于操作，是目前业界接受程度最高、使用最广的数据中心整体能效评估指标，也是最符合“能源效率”通用定义的指标。

在国外，先进的数据中心机房 PUE 值通常小于 1.6。例如，维奇通信集团建在拉斯维加斯的 SuperNap-8，PUE 值已经控制在了 1.18；施耐德电气参建的位于瑞典的世界首个气候友好型数据中心 Eco Data Center 将 PUE 值控制在 1.15 以内；位于北卡罗来纳州的勒努瓦的谷歌数据中心，PUE 值更是降到了 1.12。而我国大多数数据中心的 PUE 值大于 2.0，平均值则在 2.5 以上，这意味着 IT 设备每消耗 1kWh 电，就有多达 1.5kWh 以上的电能被非 IT 设备消耗掉了。

（二）pPUE

pPUE（Partial PUE，局部 PUE）是数据中心 PUE 概念的延伸，用于对数据中心的局部区域或设备的能效进行评估和分析。在采用 pPUE 指标进行数据中心能效评测时，首先根据需要从数据中心中划分出不同的分区（也称为 Zone）。其计算公式为：

$$pPUE_i = (P_{Ni} + P_{ITi})/P_{ITi} \tag{10-2}$$

式中　P_{ITi}——第 i 个分区的 IT 设备能耗；

P_{Ni}——第 i 个分区的非 IT 设备能耗。

局部 PUE 用于反映数据中心的部分设备或区域的能效情况，其数值可能大于或小于整体 PUE，要提高整个数据中心的能源效率，一般要首先提升 pPUE 值较大的部分设备或区域的能效。

（三）CLF/PLF

制冷/供电负载系数分别是 CLF（Cooling Load Factor，制冷负载系数）和 PLF（Power Load Factor，供电负载系数）。CLF 定义为数据中心中制冷设备耗电与 IT 设备耗电的比值；PLF 定义为数据中心中供配电系统耗电与 IT 设备耗电的比值。

CLF 和 PLF 可以看作是 PUE 的补充和深化，通过分别计算这两个指标，可以进一步分析制冷系统和供配电系统的能源效率。

（四）RER

RER（Renewable Energy Ratio，可再生能源利用率）用于衡量数据中心利用可再生能源的情况，以促进太阳能、风能、水能等可再生、无碳排放或极少碳排放的能源利用。

一般情况下可再生能源是指在自然界中可以循环再生的能源，主要包括太阳能、风能、水能、生物质能、地热能和海洋能等。

结合数据中心的规模增长速度、能耗结构分布和能耗指标评价可以看出，我国数据中心能耗近年来的总体特点是能耗总量较大，增速迅猛但利用效率较低。数据中心制冷设备节能仍是提高能量利用率的热点和关键。与欧美国家先进数据中心相比我国还存在一定的差距，包括技术水平以及能耗水平。目前，美国平均电能使用效率为 1.9，谷歌、雅虎、微软等大型用户最先进数据中心的 PUE 据称可低于 1.3。我国 2017 年在建超大型、大型数据中心平均设计 PUE 为 1.41、1.48，中小规模数据中心 PUE 值普遍在 2.2～3。这意味着我国的数据中心具有较大节能潜力。

三、数据中心环境要求

要保证数据中心内的 IT 设备能够全年 8760h 正常工作，必须确保其室内温度在合理范围内。而由于 IT 设备、电源设备在工作时要散发出大量的热，因此要维持相应的温度范围，必须持续不断地对设备进行冷却，并且在这个过程中不能减少信息处理量、不能降低信息处理效率，更不能宕机。避免数据中心温度过高带来的 IT 设备故障或宕机工作至关重要，这在每年“双 11”、“双 12”期间各大电商全力以赴保障网络畅通中也得到印证，国家标准《电子信息系统机房设计规范》GB 50174—2017 中给出了信息机房内的温度和湿度要求，如表 10-1 所示。

机房环境温湿度要求 **表 10-1**

<table>
<tr><td>冷通道或机柜进风区域的温度</td><td>18～27℃</td><td rowspan="7">不得结露</td></tr>
<tr><td>冷通道或机柜进风区域的相对湿度和露点温度</td><td>露点温度 5.5～15℃，同时相对湿度不大于 60％</td></tr>
<tr><td>主机房环境温度和相对湿度（停机时）</td><td>5～45℃，8％～80％，同时露点温度不大于 27℃</td></tr>
<tr><td>主机房和辅助区温度变化率</td><td>使用磁带驱动时<5℃/h，使用磁盘驱动时<20℃/h</td></tr>
<tr><td>辅助区温度、相对湿度（开机时）</td><td>18～28℃、35％～75％</td></tr>
<tr><td>辅助区温度、相对湿度（停机时）</td><td>5～35℃、20％～80％</td></tr>
<tr><td>不间断电源系统电池室温度</td><td>20～30℃</td></tr>
</table>

为了及时排除通信设备运行时散发的热量，保证设备安全稳定运行，数据中心需要依靠制冷设备来调节环境参数，保证 IT 设备运行所需温、湿度环境。数据中心制冷设备主要包括：机房内所使用的空调设备，包括机房专用空调、行间制冷空调、湿度调节设备等；提供冷源的设备包括风冷室外机、冷水机组、冷却塔、水泵、水处理等；如果使用新风系统，还包括送风、回风风扇、风阀等。研究表明，应用节能技术即可使数据中心 IT 设备系统、空调系统、配电系统平均实现节能 25％、36％和 18％，使数据中心整体平均节能 35％。因此，空调系统已经被认为是当前数据中心提高能源效率的关键环节。

第三节　冷却节能技术

一、数据中心空调系统的特点

空调作为维持数据中心温湿度的重要设备，其服务对象是IT设备，由于IT设备单机发热量大，温湿度要求高，数据中心空调系统具有以下特点：

IT设备单机散热量大，散热量集中。数据中心内没有特定的湿源，湿负荷主要来自于渗入的外部空气以及偶尔进入的工作人员，散湿量小。

空调的送风焓差小，风量大。数据中心内的散热主要是显热，热湿比近似为无穷大，空调器的空气处理过程可近似看作是等湿降温过程，此工况下，必然需要较大送风量。

内部的通信设备全年不间断运行，即使在冬季，也可能存在需要供冷的情况，空调运行周期长、能耗大。

设备对空气洁净度要求严格，对新风和送风要进行净化处理。

二、自然冷却节能技术

降低数据中心空调系统能耗是破解我国数据中心高能耗困境的一种有效方法。传统数据中心通常采用常规机房空调实现冷却，但其存在传热效率低、局部热点难以消除以及制冷系统能耗大等问题。针对常规机房空调能耗较高和使用局限性，研究人员采用变频风机、背板冷却器、顶棚冷却器、优化穿孔地板结构和机架布置方式、改变送回风方式等措施不断尝试降低数据中心的空调系统能耗。近年来，又进一步提出了利用自然冷源冷却数据中心的新型冷却方式。在具备条件的地区利用室外自然冷源进行冷却的技术，可降低数据中心空调系统能耗40%～65%。目前采用的自然冷却方式主要分为三大类：风侧自然冷却方式、水侧自然冷却方式和热管自然冷却方式。

风侧自然冷却方式是指将室外温湿度适宜的冷空气引入室内或通过换热器使室外冷风与室内热风进行换热，从而带走数据中心热量的方式。风侧自然冷却方式在不同条件下的应用衍生出了带超声波加湿器的直接空气侧经济器、带热管或转轮换热器的间接空气侧经济器、带蒸发冷却器或湿盘管的间接空气侧经济器等不同配置的风侧自然冷却系统。直接风侧自然冷却方式，对空气质量要求很高。对于间接风侧自然冷却方式，其设备一般体积比较庞大，应用场地受到了极大的限制。图10-3为直接风侧自然冷却系统。

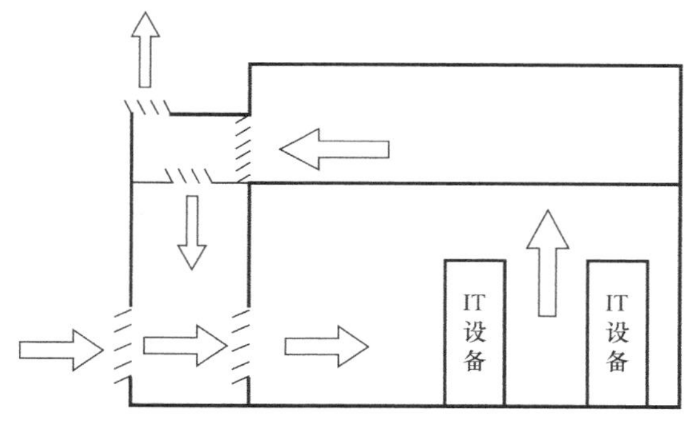

图10-3　直接风侧自然冷却系统原理图

水侧自然冷却方式既包括直接利用自

然环境中低温水的直接水侧自然冷却方式，还包括通过冷却塔或者干冷器利用冷空气获得低温水的冷却方式。采用水侧自然冷却方式的系统能够大大降低制冷系统的能耗，提升系统的整体能效。但对于直接水侧自然冷却方式需要较恒定的冷源温度，因此推广范围将受到一定的限制。图 10-4 为利用水侧经济器的数据中心冷却技术。

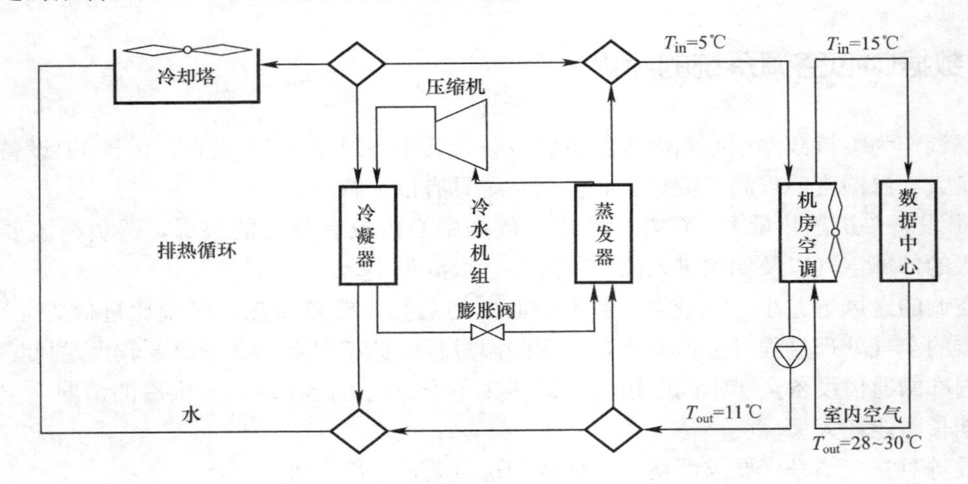

图 10-4　利用水侧经济器的数据中心冷却技术

热管自然冷却方式可分为独立和复合等不同的自然冷却方式。采用独立热管冷却方式的系统无需机械制冷便可实现机房冷却，然而当环境温度相对较高时需要蒸气压缩系统辅助制冷。在此基础上，集热管和蒸气压缩式制冷系统为一体的复合热管自然冷却系统应运而生，该系统避免了使用两套设备，从而可以减少设备初投资。而为热管自然冷却方式提供循环动力的，既有毛细力、重力等小驱动力，也有机械泵之类的较大驱动力部件，因此也将该回路称之为两相循环自然冷却回路。

第四节　热管自然冷却技术

在冬季和春、秋过渡季节，当室外气温较低时，利用室外的自然冷源对数据中心进行冷却，从而减少或免除机房空调的开启时间，在保证环境条件要求的同时可大幅降低数据中心冷却能耗，达到充分利用室外自然冷源实现数据中心节能降耗的目的。但是由于自然冷却仅适用于冬季以及室外温度较低的过渡季，当气温升高时，自然冷却对数据中心的冷却效果将难以满足数据中心热负荷的需求。而在数据中心中添加额外的空调用于较高气温工况下的冷却不但增加了初投资，还对室内安装空间和空调系统联动切换提出了额外的要求。基于上述原因，人们也开始越来越多地关注如何集成上述两种制冷技术的优势，共用某些关键部件，以降低制冷系统空间占用率，并减少能源消耗和运营成本。在这种情况下，一套设备两种模式的自然冷却与蒸气压缩复合型系统应运而生。由于自然冷却回路驱动力不同，因此也就顺势形成了不同的复合型系统，同一类型驱动力下，实现的技术路线也不尽相同，研究人员开展了相应的理论、实验和应用研究。本节以不同驱动力为线索，对不同技术路线展开介绍。在同一驱动力中，对单一自然冷却及其与蒸气压缩复合型的研究均有涉及。

一、重力驱动型及其与蒸气压缩复合型

(一) 工作原理

重力驱动型自然冷却循环回路，又称分离式热管、回路热管或环路热管。1972 年，苏联的 Gerasimov 和 Maydanik 研制了世界上第一套回路热管（Loop Heat Pipe，LHP）系统，该系统以水为工质，系统总长为 1.2m，传热能力达到了 1kW。此后，大量文献对回路热管及其改进形式进行了多方面的理论分析和实验研究。在数据中心高显热散热密度环境中，该技术也被用于内部排热，见图 1-10。通过工质在室内外换热器之间的相变压力差传递热量，在重力作用下实现自然循环和回流。整个系统通过制冷工质的自然流动将热量从室内排到室外，无需外部动力（如压缩机），运行能耗相比机械制冷系统大幅度降低。其传热性能较好，可以在室内外小温差的情况下运输高热流密度，适用于数据中心这类对环境和安全性要求高的场合。

(二) 系统性能

重力热管结构简单，内部没有吸液芯，液态工质依靠重力流回蒸发器，所以对蒸发器与冷凝器的位置有限制。但是重力回路热管结构简单的优点使得其有一定的应用价值，国内外大量学者对重力回路热管进行了理论和试验研究，主要集中在稳态运行特性、启动特性、充液率及混合工质方面的研究。研究发现，热管型机组的平均能效比（*EER*）可达 9.05，与传统空调相比，其节能率高达 62.4%。热管换热量在温差为 20℃时比温差为 10℃时增加了 106%；而系统的最佳充液率介于 113%～140%，在此区间内的单位面积换热量最大；当高度差从 0.75m 增加到 1.2m 时，热管的单位面积换热量增加了 267%。另外，换热器进出口数量过少会导致工质分布不均和完全气化，降低换热量。李震等分析了机房传热过程热损失及其成因，提出以分布式冷却系统代替集中式冷却系统来改善机房热环境，提高冷机效率，降低制冷能耗。Tong 等研究了以 CO_2 为工质的热虹吸回路热管在数据中心的使用情况，并将实验结果与 R22 系统进行比较，发现 CO_2 循环的热阻和启动温差都明显低于 R22，节能效果更好。Maydanik 等和 Li 等将回路热管应用于数据中心芯片冷却，并分析了回路热管的热阻与热负荷的关系，认为回路热管应用于 1U 服务器具有优良的传热特性。Jouhara 等提出了一套热管自然冷却系统的理论模型，并结合英国一典型地区的气候条件，对其进行了使用效果的案例分析，结论显示使用该系统的最大节能率可达 75%。

在复合系统方面，石文星等将重力型热管技术与蒸气压缩式制冷技术结合，开发出小型一体重力复合空调系统，并开发了适合于两种模式性能特点的三通阀、蒸发器入口分液器和连接管等部件，使得热管模式的流动阻力有所降低，制冷量大幅改善，并在全国南北多个数据中心进行试点应用。实测结果表明，在同等条件下，比常规数据中心空调节能 30%～45%。邵双全、张海南等提出了机械制冷/回路热管机房空调，利用三介质换热器将机械制冷与热管耦合，包括热管模式、制冷模式以及双启模式。机械制冷/回路热管一

体式空调，避免了电磁阀使用的同时也实现了三种模式的自由切换，三个工作模式均具备良好的制冷能力，热管模式 *EER* 值在 20℃温差下达 20.8。实际测试数据显示，其节电率达到 63.9%。

（三）存在的问题

一直以来，以重力驱动的热管系统虽然节能效果显著，但存在着启动困难、启动时间长、启动条件苛刻等问题，特别是冷凝段必须高于蒸发段特定高度这一硬性要求限制了重力驱动型系统的推广应用。为了扩展重力驱动型热管的应用范围及提升其性能，研究者们做出了诸多改进，但面对目前紧凑式、分散式、长距离和高热流密度的发展趋势，系统所能提供的循环驱动力仍是有限的，特别是在处理大阻力回路或多个发热点并行散热的复杂支路结构、室内外高差无法保证等方面的冷却任务时仍显得力不从心。

二、液泵驱动型及其与蒸气压缩复合型

（一）工作原理

液泵驱动两相回路传热系统主要由冷凝器（室外侧）、蒸发器（室内侧）、工质泵、储液罐和风机组成，通过管路连接起来，将管内部抽成真空后充入冷媒工质。如图 1-11 所示，系统运行时，由工质泵将贮液罐中的低温液体冷媒工质输送到蒸发器中并在蒸发器中吸热相变汽化，之后进入冷凝器中放热，被冷凝成液体，回流到贮液罐中。如此循环，从而将室内的热量源源不断转移到室外，达到为数据中心冷却散热的目的。

（二）系统特点

常规重力式热管能效优势较为突出，但为了保证冷凝工质的顺利回流，要求冷凝器必须高于蒸发器一定高度，否则无法正常工作。而项目现场由于场地条件受限，尤其是既有数据中心改造的情况，多数无法满足要求，同时循环驱动力不足、单元模块传热极限偏小等亦使其应用范围受限。而防冻液冷却回路技术，由于将水引入数据中心，冬季需要防冻，若管路泄漏或堵塞等会带来安全隐患，同时其属于非相变换热，流量较大，循环泵和系统的功耗较高。液泵驱动两相回路传热系统将热管的高效相变换热和机械泵的强劲驱动力有机地结合在一体，布置方便，不受安装高差限制，驱动力能够满足复杂管路需求，尤其适合高热流密度、大空间、多末端、复杂管路的场合。系统主要特点如下：

（1）实现相变冷却，提升了换热效果，且液泵功率远低于压缩机功率，节能效益明显。

（2）液泵驱动力大于重力，能适应较复杂的管路，且两器布置灵活，结构形式多样化。

（3）无需用水冷却，消除了漏水隐患，且冬季不需防冻。

（4）室内外空气隔绝，保证了室内空气成分和品质的稳定。

（5）智能控制，实现与环境温度的最佳匹配，确保全工况高效运行。

（6）系统构成比较简单，可靠性高，易操作维护，成本较低。

（三）系统形式及主要性能参数

液泵驱动两相回路传热系统在数据中心中的应用主要以列间和房间级冷却形式为主，

根据制冷量、安装空间和现场的实际情况，其室内机和室外机可以选择一台或者多台。系统的主要配置形式包括：（1）1台室外机+1台室内机；（2）1台室外机组+2台室内机组；（3）1台室外机组+N台室内机组；（4）多台室外机组并联。产品系列化后，可根据情况选用不同模块的组合，其中单模块额定制冷量范围：单体室内机额定制冷量为5～60kW；单体室外机额定制冷量为5～80kW。

近年来，国内外学者针对液泵驱动两相回路传热系统也开展了一系列的理论和实验研究，包括系统形式与结构匹配、工质种类、液泵类型以及能效、制冷量、流量和温差等方面，也有部分工程应用的案例，运行和节能效果得到了初步验证。Crepinsek和Jiang对液泵驱动和毛细力结合的双蒸发器两相回路冷却装置进行了试验研究。在相同工况下，两个蒸发器并联时换热量明显大于串联时换热量。在变热负荷条件下，回路热管内工质的温度和压力均发生变化。当两台蒸发器串联时，前蒸发器可影响后蒸发器的沸腾条件。液泵驱动对变热负荷反应速度较快，没有明显的温度波动。蒸发器内工质的气液分布量对系统启动特性影响较大。

在复合系统方面，Yan等在传统的蒸气压缩式空调上串联一台工质泵，形成了一种复合系统，该系统含有泵循环和蒸气压缩两种循环模式，两种模式间通过电磁阀进行切换。实验发现，蒸发器和冷凝器之间连接管路的压力降对系统压降有重要影响。当室外温度低于−5℃时，复合系统制冷量接近于蒸气压缩系统，因此该系统适宜的模式切换温度为5℃。但该系统模式切换温度过低，主要是由于系统管路及蒸发器都是基于蒸气压缩循环而设计的，因此无法发挥泵循环的最佳效果。Udagawa等对泵驱动回路热管/蒸气压缩式复合空调进行了系统仿真，建立了压缩机、泵、电子膨胀阀、蒸发器与冷凝器、分支管与连接管以及贮液罐的数学模型，并通过实验对仿真模型进行了校核。研究表明，在札幌，复合空调的全年节能率达54%；在北京，全年节能率为51%；在上海，全年节能率为42%，随室外年均温度降低，节能效果愈发显著。王铁军等设计并测试了以屏蔽泵为驱动力的回路系统，在泵出口处配置旁通回路，使部分工质返回贮液器。在外界环境温度为10℃的工况条件下，制冷量为31.4kW，*EER*达到15.3。进一步提出了蒸气压缩制冷、蒸气压缩/热管复合制冷和热管制冷的三种分区工作模式，可根据室内外温差和热负荷状况自动切换，引入复合制冷模式有效拓宽了热管运行温区，大幅提高了制冷系统的*EER*。

马国远、周峰等提出了一种自然冷却用的液泵驱动热管冷却装置和一种复叠机械制冷的液泵驱动热管装置，对由制冷剂泵、室内侧并联安放的两组蒸发器、室外侧并联安放的两组冷凝器、贮液罐以及连接管道等组成的液泵驱动型自然冷却循环回路进行了研究。针对不同制冷剂泵类型，设计出屏蔽泵、滑片泵和旋涡泵驱动的循环回路系统，探究系统形式与结构匹配、工质种类以及流量、温差、迎面风速等对系统性能的影响。在室内温度为25℃、室外温度为15℃的工况下，机组*EER*超过6，最高可达13；当室内外温差25℃时，*EER*超过15；全国70%的地域年节能率超过30%。在液泵驱动与蒸气压缩复合方面，分析了如图10-5所示的两种运行模式，比较研究了两种复合技术路径：一是间接复合，利用板式换热器作为冷凝蒸发器，开发全年用泵驱动回路热管及机械制冷复合冷却系统，结果表明复合系统全年能效比（*AEER*）高达8.3。但由于该系统增加了中间换热器（冷凝蒸发器），使得系统成本增加，换热器阻力的存在，导致系统性能有所衰减；二是直接复合，研制出屏蔽泵和旋涡泵驱动与蒸气压缩制冷复合系统样机，共用蒸发器、冷凝器等部件，研究表明：35Hz是最适宜泵循环模式工作的频率，并将复合模式转换温度从室外温度5℃提高到10℃。工程应用实测结果表明，年节电率在20%～52%范围内，节能效果较为明显。

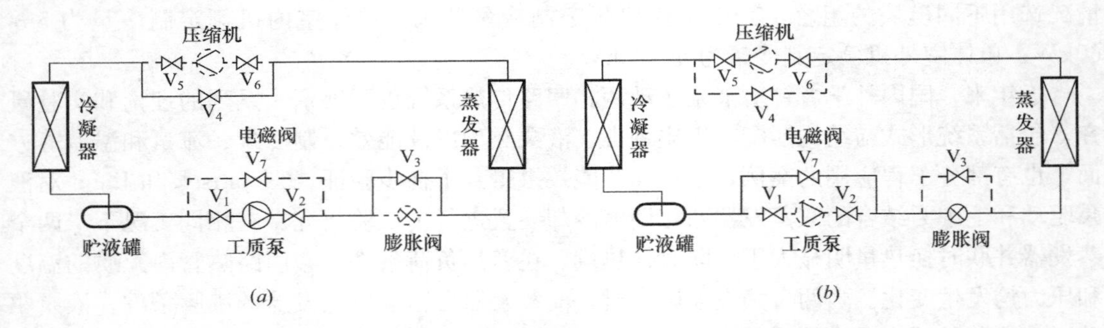

图10-5　液泵驱动两相回路与蒸汽压缩制冷复合系统工作模式

(a) 液泵驱动自然冷却模式；(b) 蒸汽压缩制冷模式

(四) 面临的问题

液泵驱动型系统虽然解决了重力驱动型系统的问题，但目前仍面临以下问题：

(1) 初投资虽低于常规机房空调，但仍高于常规重力型热管。

(2) *EER*虽明显高于常规机房空调，但由于液泵能耗的存在，仍低于常规重力型热管。

(3) 液泵长期运行面临流体机械不可避免的空化和气蚀问题。

(4) 液泵的小型化与高效化，以进一步提高系统能效。

第五节　数据中心规范及发展趋势

一、数据中心相关标准规范

数据中心是一个复杂的信息系统工程，涉及建筑、消防、监控、电子信息、照明等多个方面，即数据中心环境要求、建筑与结构、空气调节、电气、电磁屏蔽、网络系统与布线、智能化、给水排水、消防等技术，而每个方面都有相关的标准，需要根据这些标准对数据中心的各个分系统进行设计。为了规范行业发展，不少机构都发布了数据中心建设的相关标准（见表10-2），指导数据中心行业的健康发展。

数据中心建设部分标准及规范　　表10-2

序号	标准号	标准名称
1	GB 50174—2017	《数据中心设计规范》
2	GB 50462—2008	《电子信息系统机房施工及验收规范》
3	GB/T 2887—2000	《电子计算机场地通用规范》
4	SJ/T 10796—2001	《防静电活动地板通用规范》

续表

序号	标准号	标准名称
5	GB 50243—2002	《通风与空调工程质量验收规范》
6	GB 50116—2008	《火灾自动报警系统设计规范》
7	GB 50166—2007	《火灾自动报警系统施工及验收规范》
8	GB 50052—2009	《供配电系统设计规范》
9	GB 50303—2002	《建筑电气工程施工质量验收规范》
10	GB 50343—2004	《建筑物电子信息系统防雷技术规范》
11	GB 50057—2010	《建筑物防雷设计规范》
12	GB/T 50311—2007	《综合布线系统工程设计规范》
13	GB/T 50312—2007	《综合布线系统工程验收规范》
14	DXJS 1029—2011	《中国电信 IDC 机房设计规范》
15	DXJS 1006—2005	《中国电信数据中心机房电源、空调环境设计规范》
16	GB 50019—2015	《工业建筑供暖通风及空气调节设计规范》
17	GB 50189—2005	《公共建筑节能设计标准》
18	GB 50052—2009	《供配电系统设计规范》
19	GB 50034—2004	《建筑照明设计标准》
20	Q/CT 2171—2009	《数据设备用网络机柜技术规范》
21	JGJ 16—2008	《民用建筑电器设计规范》
22	GB 50045—95	《高层民用建筑设计防火规范》
23	GB 50348—2004	《安全防范工程技术规范》
24	GB 50394—2007	《入侵报警系统工程技术规范》
25	GB 50395—2007	《视频安防监控系统工程设计规范》
26	GB 50396—2007	《出入口控制系统工程设计规范》
27	DGJ 08-83—2000	《防静电工程技术规程》
28	09DX009	《电子信息系统机房工程设计与安装》

另外工业和信息化部还发布了包括《互联网数据中心技术及分级分类标准》在内的数据中心相关的行业标准，如《电信互联网数据中心（IDC）总体技术要求》YD/T 2542—2013；《互联网数据中心技术及分级分类标准》YD/T 2441—2013；《互联网数据中心资源占用、能效及排放技术要求和评测方法》YD/T 2442—2013；《电信互联网数据中心（IDC）的能耗测评方法》YD/T 2543—2013 等。涵盖了互联网数据中心的能效评价指标、测量方法、绿色分级等内容。

除了这些标准，还有一些行业标准，这些标准是根据行业的特点而制定的，还有一些大型的数据中心，结合国家标准制定了适用于自身机房的标准。以金融行业为例，关于金融行业数据中心建设的标准如表 10-3 所列。

金融行业数据中心建设标准 **表 10-3**

序号	标准号	标准名称
1	JR/T 0011—2004	《银行集中式数据中心规范》
2	JR/T 0026—2006	《银行业计算机信息系统雷电防护技术规范》
3	JR/T 0044—2008	《银行业信息系统灾难恢复管理规范》
4	JR/T 0068—2012	《网上银行系统信息安全通用规范》
5	JR/T 0003.1—2001	《银行卡联网联合安全规范》

国外的数据中心相关标准发展得更为完善，制定的标准更符合实际发展需要。在我国一些大型、先进的数据中心在设计、建设时也参考国外的一些标准，向国际水平靠拢。部分数据中心建设国际标准如表 10-4 所示。

部分数据中心建设国际标准及规范 **表 10-4**

序号	标准号	标准名称
1	TIA—942	《数据中心通信设施标准》
2	ANSI/BICSI 002—2011	《数据中心设计与实施的最佳实践》
3	2011 ASHRAE	《数据设备环境指南》
4	IEEE-1100	《电子设备供电和接地操作规程》
5	UPTIME INSTITUTE	《数据中心基础设施分级标准》
6	ANSI/BICSI 002—2011	《数据中心设计与实施的最佳实践》
7	ISO/IEC 24764—2010	《一般数据中心用有线系统》
8	ANSI/TIA-942—2005	《数据中心用远程通信基础设施标准》
9	ANSI/TIA-942-1—2008	《数据中心同轴电缆布线规范和应用距离》
10	ANSI/TIS-942-2—2010	《数据中心用附加指南》
11	BS EN 50173-5—2007	《通用布线系统》

需要指出的是，标准也不是一成不变的，也需要跟随技术的发展而不断变化。在这个领域长期以来一直是技术走在前，推动标准去发展，标准所发布的内容往往是滞后的，有时也并不适合指导数据中心的建设，所以要综合看待数据中心的标准，以数据中心的标准作为依据，但不能全面照搬。因地制宜地，结合数据中心实际需要，建设适合自己业务的数据中心。现在有关数据中心的标准也非常多，国际的、国内的、行业的都有，都要参考，有时会无所适从，采用最适合自己的才是最明智的。没有规矩不成方圆，数据中心的发展离不开标准的制定和规范，只有通过标准才能保证这个行业健康、高速地发展。

二、我国数据中心的相关政策

在欧美等发达国家，政府已经开始部署国家级云计算基础设施，为政务、经济、民生等领域的信息化发展提供技术保障。以英国为例，英国政府云平台已开始运行，超过 2/3 的英国企业开始使用云计算服务，降低的能源消耗超过 30%。

在我国，随着云计算等新概念、新技术的迅速发展，在给 IT 产业和用户带来革命性改变的同时，也使数据中心基础设施建设与运维面临着更多的挑战。降低能耗、节省成本，成为建设绿色数据中心的核心目标。2011 年，在国家发展改革委、工业信息化部和财政部联合开展的云计算示范工程中，明确要求数据中心的 PUE 小于 1.5。在 2012 年全国“两会”上，代表委员们密切关注我国云计算产业的发展情况，认为云计算能降低数据中心的 PUE，建议将云计算提升为国家战略性新兴产业，给予政策扶持，助力中国低碳社会的建设。

从 2010 年到 2012 年，国务院发布了一系列相关的政策，特别是在 2013 年，国务院《关于刺激消费扩大内需的规划》里就提到各级基础设施要纳入规划中，给予必要的政策和资金的支持。在关于加快节能环保产业的意见中也具体提出了扩大数据中心节能改造的具体要求。2014年11月召开的国务院常务会议确定了促进云计算创新发展措施，提出通过积极支持云计算与物联网、移动互联网、大数据等融合发展，培育壮大新业态、新产业。

我国对数据中心也提出了一系列的政策，包括《“十三五”国家战略性新兴产业发展规划》《“十三五”国家信息化规划》等，对数据中心的如何节能改造和运营管理都提出了要求。同时，为了整顿数据中心行业的发展，2008年工业信息化部停止了数据中心牌照发放的申请，随着云计算业务的大量发展，2012年底又放开了牌照的申请，鼓励全国的政府机构不再建数据中心，而采用云服务。截至2014年11月底，收到的申请是85份，已经发出了56张跨地区的业务许可证；收到了省局的申请243份，发出的是147张省内许可证。

2013年1月，工业信息化部联合国家发展改革委等五部门共同发布《关于数据中心建设布局的指导意见》，这是我国首个关于数据中心的指导意见，但还有很多细节的内容并没有阐述。指导意见从能源、气候、地质以及市场需求、环境友好等几个角度对全国进行了分类，对超大型、大型和中小型的数据中心该如何建设做了指引。对符合条件的数据中心，特别是绿色水平比较高的，新建的数据中心PUE小于1.5会有相应的优惠政策。对数据中心合理建设布局、绿色节能、提高技术水平、应用引领、安全保障等方面都提出了要求。提出的相关原则已经在国内主要数据中心企业逐步形成共识，在数据中心合理规划、实现资源共享、避免浪费等方面发挥了积极的作用。

2015年3月23日，工业和信息化部、国家机关事务管理局、国家能源局联合印发《关于国家绿色数据中心试点工作方案》（以下简称工作方案），提出到2017年，围绕重点领域创建百个绿色数据中心试点，试点数据中心能效平均提高8%以上，制定绿色数据中心相关国家标准4项，推广绿色数据中心先进适用技术、产品和运维管理最佳实践40项，制定绿色数据中心建设指南。

2019年2月12日，工业和信息化部、国家机关事务管理局、国家能源局又联合发布了《关于加强绿色数据中心建设的指导意见》，提出：建立健全绿色数据中心标准评价体系和能源资源监管体系，打造一批绿色数据中心先进典型，形成一批具有创新性的绿色技术产品、解决方案，培育一批专业第三方绿色服务机构。要求：到2022年，数据中心平均能耗基本达到国际先进水平，新建大型、超大型数据中心的PUE值达到1.4以下，高能耗老旧设备基本淘汰。

2019年6月13日，国家发展改革委员会等七部委联合发布《绿色高效制冷行动方案》，提出“实施数据中心制冷系统能效提升工程，落实《关于加强绿色数据中心建设的指导意见》，支持老旧数据中心（包括公共机构数据中心）等开展节能和绿色化改造工程，……因地制宜采用自然冷源等制冷方式，推动与机械制冷高效协同，大幅提升数据中心能效水平。”

另外，地方政府也推出相应的政策措施。为规范公共机构数据中心建设、改造思路和规划方法，指导数据中心的标准化设计，降低数据中心能耗，2014年3月13日北京市发展改革委组织起草了《北京市公共机构绿色数据中心评价标准》（征求意见稿）。2018年北京市政府公布《北京市新增产业的禁止和限制目录》（2018年版），要求“全市层面禁止新建和扩建互联网数据服务、信息处理和存储支持服务中的数据中心（PUE值在1.4以下的云计算数据中心除外）；中心城区全面禁止新建和扩建数据中心。”2019年上海市经济信息化委发布了《上海市推进新一代信息基础设施建设助力提升城市能级和核心竞争力三年行动计划（2018-2020年）》的通知，提出：存量改造数据中心PUE不高于1.4，新建数据中心 PUE 限制在 1.3 以下。

目前数据中心行业在布局方面、配套政策方面、在老旧数据中心改造及政府采购云服务方面都还存在着一定的问题，因此，要更好地发挥政府的引导作用和企业的主导作用，让市场在资源配置中起决定性作用。一方面，进一步落实对云计算的扶持。政府部门带头采用云服务，云计算相关服务内容已经纳入了《政府采购品目分类目录（试用）》，一些部委和地方政府已经在积极探索将政府办公等应用向云服务迁移。

另一方面，进一步提升用户使用云服务的信心。用户对云服务的安全性、可靠性、服务质量的信心不足，是阻碍公共云大规模使用的主要因素。

三、我国数据中心布局及趋势

2011 年至 2013 年上半年，我国数据中心建设规模是 255 个，投产率不太高。从布局方面，65 个超大型的数据中心，一半都靠近能源充足和气候严寒的地区。同时在能效方面也有显著的提升，近 90%数据中心设计的 PUE 都小于 2.0。在政策支持方面，60 多个大型和超大型的数据中心中，70%以上获得了大工业的用电或者直供电的支持政策，电价方面目前最低的水平是 0.3 元/kWh。

根据中国 IDC 圈发布的《2013—2014 年度中国 IDC 产业发展研究报告》，用户对带宽和出口的要求，导致了我国 IDC 数据中心分布并不平衡，IDC 机房主要集中在上海、广州和北京等经济发达地区，而非发达地区 IDC 数据中心发展缓慢，IDC 机房建设很少，大部分第三方数据中心无法实现全国覆盖。来自赛迪顾问《中国数据中心布局特点与发展策略研究》也显示，北京、上海、广州等地受经济实力的拉动和区位优势的影响，数据中心的机房面积和机房数量在全国遥遥领先。不过目前随着政策形势的利好，河北、内蒙古、贵州等自然冷源丰富的地区已然形成新的数据中心选址区域。

另外，政府、电信、金融是推动数据中心发展的中坚力量。伴随行业数据大集中趋势，机构业务的快速扩张，以及新兴应用不断深化，我国数据中心建设进入快速发展阶段。政府机构、电信运营商、金融机构成为数据中心建设的中坚力量。主要驱动力来源于电子政务协同办公、容灾与备份、高性能计算、公共服务平台、应急指挥平台等建设需求。据统计，政府全国建设数据中心数量已经超过 15 万个，面积超过 500 万 m^2。

在电信行业，三大基础电信运营商及大型 IDC 服务商是数据中心建设的主体，其中，中国电信全网 IDC 机房数量达到近 375 个，其中对外服务的约有 320 个，机房面积超过 39.2 万 m^2。中国联通的 IDC 机房数量 196 个，机房面积达到 18.4 万 m^2。中国移动有 7 个一类 IDC，10 个二类 IDC，机房面积达到 10.5 万 m^2。

在金融行业，四大国有商业银行、全国性股份制银行数据中心建设较完善，基本完成"两地三中心"建设，城市商业银行次之，98%已设立生产中心，80%设立同城数据级灾备中心。银行数据中心规模大、等级高、数量少。证券行业以"总部数据中心"＋"各营业部数据中心"为主要建设模式，数据中心规模普遍较小，但数量较多。保险行业数据中心采用完全集中模式，建立全国性数据中心或分区域数据中心，数据中心规模与档次基本与银行类似。

总体来看，我国数据中心布局渐趋完善，并逐渐呈现以下趋势：

（1）新建数据中心，尤其是大型、超大型数据中心逐渐向西部以及北上广深周边地区转移。

（2）旧厂房改造成为一线城市数据中心建设新模式。

（3）高效运维管理以及人才问题凸显，出现运维人才短缺、运维能力跟不上、产业发展要求越来越高等问题。

（4）密集型、高热流密度渐成趋势，散热要求越来越高；模块化和定制化成为新的发展趋势；对新建、扩建数据中心的能耗标准进一步提高。

本章参考文献

[1] 中国IDC圈. 2015—2016中国IDC产业发展研究报告[EB/OL].（2016-05-01）[2017-3-10]. http://news.idcquan.com/Special/2016baogao/.

[2] 中国信息通信研究院. 开放数据中心委员会. 数据中心白皮书（2018年）[R], 2018.

[3] 中国电子技术标准研究院. 中国数据中心能效研究报告（2015）[R], 2015.

[4] 工业和信息化部电信研究院. 云计算白皮书（2012年）[R], 2012.

[5] 中华人民共和国工业和信息化部. 电信互联网数据中心（IDC）的能耗测评方法, 2013.

[6] 云计算发展与政策论坛. 数据中心能效测评指南, 2012.

[7] 皮立华, 李文杰, 刘丽. 云化数据中心的节能减排探讨[J]. 移动通信, 2012, 36（13）: 52-56.

[8] GB 50174—2017. 数据中心设计规范[S]. 北京: 中国计划出版社, 2017.

[9] 周峰. 两相闭式热虹吸管传热机理及其换热机组工作特性的研究[D]. 北京: 北京工业大学, 2011.

[10] 中国制冷学会数据中心冷却工作组. 中国数据中心冷却技术年度发展研究报告（2016）[M]. 北京: 中国建筑工业出版社, 2016.

[11] CHO J Y, LIM T, KIM B S. Viability of data center cooling systems for energy efficiency in temperate or subtropical regions: case study [J]. Energy and Buildings, 2012, 55（10）: 189-197.

[12] HAM S W, KIM M H, CHOI B N, et al. Energy saving potential of various air-side economizers in a modular data center [J]. Applied Energy, 2015, 138: 258-275.

[13] Maydanik Y F. Loop heat pipes [J]. Applied Thermal Engineering, 2005, 25（5-6）: 635-657.

[14] 金鑫. 微通道型分离式热管通讯基站节能特性研究[D]. 上海: 上海交通大学, 2012.

[15] 田浩, 李震. 基于环路热管技术的数据中心分布式冷却方案及其应用[J]. 世界电信, 2011（10）: 48-52.

[16] 田浩. 高产热密度数据机房冷却技术研究[D]. 北京: 清华大学, 2012.

[17] Tong Z, Ding T, Li Z, et al. An experimental investigation of an R744 two-phase thermosyphon loop used to cool a data center [J]. Applied Thermal Engineering, 2015, 90: 362-365.

[18] Maydanik Y F, Vershinin S V, Pastukhov V G, et al. Loop Heat Pipes for Cooling Systems of Servers [J]. IEEE Transactions on Components & Packaging Technologies, 2010, 33（2）: 416-423.

[19] Li J, Wang D, Peterson G P B. A Compact Loop Heat Pipe With Flat Square Evaporator for High Power Chip Cooling [J]. IEEE Transactions on Components Packaging & Manufacturing Technology, 2011, 1（4）: 519-527.

[20] Jouhara H，Meskimmon R. Heat pipe based thermal management systems for energy-efficient data centres [J]. Energy，2014，77 (C)：265-270.
[21] 石文星，韩林俊，王宝龙. 热管/蒸发压缩复合空调原理及其在高发热量空间的应用效果分析 [J]. 制冷与空调，2011，11 (1)：30-36.
[22] 张海南，邵双全，田长青. 机械制冷/回路热管一体式机房空调系统研究 [J]. 制冷学报，2015，36 (3)：29-33.
[23] ZHANG H N，SHAO S Q，XU H B，et al. Numerical investigation on fin-tube three-fluid heat exchanger for hybrid source HVAC&R systems [J]. Applied Thermal Engineering，2016，95：157-164.
[24] ZHANG H N，SHAO S Q，XU H B，et al. Numerical investigation on integrated system of mechanical refrigeration and thermosiphon for free cooling of data centers [J]. International Journal of Refrigeration，2015，60：9-18.
[25] Crepinsek M，Park C. Experimental analysis of pump-assisted and capillary-driven dual-evaporators two-phase cooling loop [J]. Applied Thermal Engineering，2012，38：133-142.
[26] Jiang C，Liu W，Wang H C，Wang D D，Yang J G，Li J Y，Liu Z C. Experimental investigation of pump-assisted capillary phase change loop [J]. Applied Thermal Engineering，2014，71 (1)：581-588.
[27] Yan G，Feng Y，Peng L. Experimental analysis of a novel cooling system driven by liquid refrigerant pump and vapor compressor [J]. International Journal of Refrigeration，2015，49：11-18.
[28] Udagawa Y，Sekiguchi K，Yanagi Y，et al. Development of an Air-Cooled Package Air Conditioner with Refrigerant Pump for Data Centers [C]. Cryogenics and Refrigeration-Proceedings of ICCR2013. 2013，B-3-08.
[29] 王铁军，王飞，李宏洋，等. 动力型分离式热管设计与试验研究 [J]. 制冷与空调，2014，14 (12)：41-43.
[30] 王飞. 30kW 动力型分离式热管设计与试验 [D]. 合肥：合肥工业大学，2014.
[31] 王铁军，王冠英，王蒙 等. 高性能计算机用热管复合制冷系统设计研究 [J]. 低温与超导，2013，41 (8)：63-66.
[32] 马国远，周峰，张双 等. 一种自然冷却用的液泵驱动热管冷却装置：201110123424. 3 [P].
[33] 马国远，周峰. 一种复叠机械制冷的液泵驱动热管装置及运行方法：201210084797. 9 [P].
[34] 马国远，魏川铖，张双，周峰. 某小型数据中心散热用泵驱动回路热管换热机组的应用研究 [J]. 北京工业大学学报，2015，41 (3)：439-445.
[35] 张双，马国远，周峰 等. 数据机房自然冷却用泵驱动回路热管换热机组性能实验研究 [J]. 土木建筑与环境工程，2013，35 (4)：145-150.
[36] 王绚，马国远，周峰. 泵驱动两相冷却系统性能优化与变工质特性研究 [J]. 制冷学报，2018，39 (04)：89-98.
[37] ZHOU F，WEI，C C，MA G Y. Development and analysis of a Pump-driven Loop Heat Pipe Unit for Cooling a Small Data Center [J]，Applied Thermal Engineering，2017，124：1169-1175.
[38] 白凯洋，马国远，周峰 等. 全年用泵驱动回路热管及机械制冷复合冷却系统的性能特性 [J]. 暖通空调，2016，46 (9)：109-115.
[39] 王绚. 泵驱动两相复合制冷系统性能特性与优化研究 [D]. 北京：北京工业大学，2017.
[40] 2013—2014 年度中国 IDC 产业发展研究报告. http://www.idcquan.com/Special/2014baogao/.